Zusammenwirken von natürlicher und künstlicher Intelligenz

Reinhold Haux · Klaus Gahl · Meike Jipp ·
Rudolf Kruse · Otto Richter
(Hrsg.)

Zusammenwirken
von natürlicher und
künstlicher Intelligenz

 Springer VS

Hrsg.
Prof. Dr. Reinhold Haux
Peter L. Reichertz Institut
TU Braunschweig
Braunschweig, Deutschland

Prof. Dr. Meike Jipp
Deutsches Zentrum Luft- und
Raumfahrt e. V.
Braunschweig, Deutschland

Prof. Dr. Otto Richter
Institut für Geoökologie
TU Braunschweig
Braunschweig, Deutschland

Prof. Dr. Klaus Gahl
Braunschweigische Wissenschaftliche
Gesellschaft
Braunschweig, Deutschland

Prof. Dr. Rudolf Kruse
Institut für Intelligente Kooperierende
Systeme, Otto-von-Guericke-Universität
Magdeburg
Magdeburg, Deutschland

Diese Publikation wurde gefördert durch den Open-Access-Publikationsfonds der Technischen Universität Braunschweig.

ISBN 978-3-658-30881-0   ISBN 978-3-658-30882-7   (eBook)
https://doi.org/10.1007/978-3-658-30882-7

Die Deutsche Nationalbibliothek verzeichnet diese Publikation in der Deutschen Nationalbibliografie; detaillierte bibliografische Daten sind im Internet über http://dnb.d-nb.de abrufbar.

Planung/Lektorat: Cori Antonia Mackrodt
Springer VS ist ein Imprint der eingetragenen Gesellschaft Springer Fachmedien Wiesbaden GmbH und ist ein Teil von Springer Nature.
Die Anschrift der Gesellschaft ist: Abraham-Lincoln-Str. 46, 65189 Wiesbaden, Germany

Vorwort der Herausgeber

Wie wird das Zusammenleben in Zeiten zunehmender Digitalisierung in Zukunft aussehen? Welche Synergien ergeben sich durch das nun mögliche Zusammenwirken von Menschen, Tieren und Pflanzen einerseits und Maschinen andererseits, in anderen Worten durch das Zusammenwirken von natürlicher und künstlicher Intelligenz? Dieses erweiterte Zusammenwirken wird unser Leben in erheblichem Maße verändern. Die Veränderungen gehen unseres Erachtens mit großen Chancen einher, sie bergen aber auch Risiken.

Um diese wichtige Thematik fachübergreifend zu bearbeiten, wurde in der Braunschweigischen Wissenschaftlichen Gesellschaft (BWG) 2017 eine Kommission *Synergie und Intelligenz: technische, ethische und rechtliche Herausforderungen des Zusammenwirkens lebender und nicht lebender Entitäten im Zeitalter der Digitalisierung* (SYnENZ) gebildet. Unter deren Federführung veranstalteten die BWG und die Technische Universität Braunschweig gemeinsam mit weiteren Forschungseinrichtungen am 14. und 15. Februar 2019 ein Symposium über das Zusammenwirken von natürlicher und künstlicher Intelligenz.

Das vorliegende Buch basiert in großen Teilen auf Ausarbeitungen der dort gehaltenen Vorträge. Zudem gingen die geführten Diskussionen in die Ausarbeitungen mit ein. Die Thematik des Zusammenwirkens von natürlicher und künstlicher Intelligenz lässt sich nur fachübergreifend bearbeiten. Um eine interdisziplinäre Zusammenarbeit zu erreichen (und um, sozusagen, ein 'multidisziplinäres Nebeneinander' zu vermeiden), war es den Organisatoren des Symposiums wie auch den Herausgebern dieses Buches wichtig, dass auch Ausarbeitungen von Wissenschaftlerinnen und Wissenschaftlern unterschiedlicher Fachgebiete gemeinsam erfolgten. Dies spiegelt sich in diesem Buch wider.

Diese Publikation wurde gefördert durch den Open-Access-Publikations-fonds der Technischen Universität Braunschweig. Dank dieser Förderung sind die Manuskripte im Open Access frei verfügbar und können damit einen breiten Leserkreis erreichen.

Wir danken den Autorinnen und Autoren für ihre Beiträge in diesem Buch. Wir sind insbesondere dankbar, dass sie auf den Wunsch der Herausgeber ein-gegangen sind, in ihren Beiträgen auf Aspekte des genannten Zusammen-wirkens einzugehen. Dennoch spiegeln die Inhalte der Beiträge die Ansichten der Autor(inn)en wider und sind deren Texte durch die jeweiligen fachlichen Hinter-gründe geprägt. Wir danken zudem auch allen anderen Personen, die uns bei der Herausgabe dieses Bandes unterstützt haben. Unser besonderer Dank gilt Frau Dr. Cori Antonia Mackrodt vom Springer Verlag, Frau Nadine Maxrath von der TU Braunschweig, Frau Nezahat Mumcu von der BWG und Frau Katrin Stump von der TU Braunschweig.

Nicht zuletzt hoffen die Herausgeber, dass die Veröffentlichung dieses Buches zu einer intensiven, sachlich fundierten und fachübergreifenden Diskussion des Zusammenwirkens von natürlicher und künstlicher Intelligenz beitragen wird.

Braunschweig   Reinhold Haux
im Februar 2020   Klaus Gahl
                                                     Meike Jipp
                                                     Rudolf Kruse
                                                     Otto Richter

Vorwort

Das Zusammenwirken von künstlicher und natürlicher Intelligenz ist seit dem Aufkommen der Computer gängiges Thema in der Science-Fiction Literatur. Wer kennt nicht den Computer *HAL* aus Arthur C. Clarks (2001) *Odyssee 2001*, der die Ängste vor Fehlfunktionen so trefflich bedient hat. Der Begriff künstliche Intelligenz wurde 1956 auf dem *Dartmouth Summer Research Project on Artificial Intelligence* (Moor 2006) geprägt. Die rasante Entwicklung in den letzten Jahren durch den enormen Zuwachs an Rechenleistung und durch neuartige mathematische Verfahren wird erhebliche Auswirkungen auf unsere Gesellschaft haben. Die aktuelle Diskussion ist geprägt durch Schlagworte wie *Ubiquitous, Pervasive and Ambient Computing, Supercomputer, Big Data* und *Quantencomputer*. Wir sind mitten in einem sich beschleunigenden Prozess. Zeit also, innezuhalten, um eine Bestandsaufnahme zu machen, Science-Fiction von Science zu trennen und mögliche Implikationen für die Zukunft zu bedenken. Das vorliegende Werk führt mehrere Institutionen der Forschungsregion Braunschweig zusammen: Die Braunschweigische Wissenschaftliche Gesellschaft, die Technische Universität Braunschweig, das Deutsche Zentrum für Luft-und Raumfahrt (DLR) und das Thünen-Institut. Das Zustandekommen dieses Buches zeigt, welches Potenzial für das Angehen komplexer interdisziplinärer Thematiken in der Forschungsregion Braunschweig vorhanden ist. Die Beiträge des Buches widmen sich der Frage, welche Synergieeffekte durch neue Kommunikations-, Interaktions- und Kooperationsformen zwischen lebenden und nicht lebenden Entitäten sich ergeben und wie diese aus rechtlicher und ethischer Sicht zu bewerten sind. Vorbild ist die ASILOMAR Konferenz *Beneficial AI*, in der Leitsätze für die Entwicklung von KI formuliert wurden. Der aus meiner Sicht wichtigste Leitsatz lautet: *„KI-Systeme sollten so entwickelt und bedient werden, dass sie mit den Idealen der Menschenwürde, Menschenrechten, Freiheiten* *und kultureller Vielfalt kompatibel sind."* (Asilomar Konferenz 2018). Eines ist sicher: Wir sind Teil eines Prozesses, dessen Auswirkungen für die Gesellschaft schwer absehbar sind. Die zuständige Wissenschaftliche Gemeinschaft hat zwei Aufgaben zu erfüllen: zum einen die Aufklärung der Öffentlichkeit mit dem Ziel der Entdämonisierung und der Entmystifizierung der künstlichen Intelligenz, zum anderen, dafür zu sorgen, dass wie auch immer geartete technische Realisierungen immer unter der menschlichen Kontrolle bleiben.

Otto Richter
BWG-Präsident von 2017 bis 2019

Literatur

Asilomar Konferenz 2017. (24. Januar 2018). Die KI-Leitsätze von Asilomar. https://futureoflife.org/ai-principles-german/. Abgerufen 7. Febr. 2020.
Clark, A. C. (2001). *A space odyssey.* New American Library, 1968, ISBN 0-453-00269-2.
Moor, J. (2006). The Dartmouth College Artificial Intelligence Conference: The next fifty years. *AI Magazine, 27*(4), 87.

Inhaltsverzeichnis

Autorenverzeichnis

Prof. Dr. Susanne Beck Kriminalwissenschaftliches Institut der Leibniz Universität Hannover.

Susanne Beck ist Professorin für Strafrecht, Strafprozessrecht, Strafrechtsvergleichung und Rechtsphilosophie in Hannover. Nach Promotion und Habilitation an der Universität Würzburg erfolgte 2013 der Ruf nach Hannover. Sie ist Mitbegründerin der Forschungsstelle RobotRecht in Hannover und arbeitet seit über einem Jahrzehnt an Fragen der Regulierung neuer technologischer sowie medizinischer Entwicklungen. Sie ist u.a. Mitglied der Plattform Lernende Systeme, von acatech sowie der Akademie für Ethik in der Medizin.

Prof. Dr. Klaus Gahl Vizepräsident der Braunschweigischen Wissenschaftlichen Gesellschaft.

Studium der Humanmedizin. Wissenschaftlicher Assistent und Oberarzt in der Medizinischen Klinik der Medizinischen Hochschule Hannover (MHH). Weiterbildung zum Facharzt für Innere Medizin/Kardiologie. Habilitation an der MHH; apl. Professor seit 1978. 1982 bis 2002 Chefarzt der Medizinischen Klinik 2 im Städtischen Klinikum Braunschweig. Mitglied der Akademie für Ethik in der Medizin und der Viktor von Weizsäcker Gesellschaft.

Dr. Bruno Gransche Der Philosoph und Zukunftsforscher forscht und lehrt in den Bereichen Technikphilosophie/Ethik und Zukunftsdenken mit Fokus auf „Philosophie neuer Mensch-Technik-Relationen". Gransche arbeitet seit 2017 am Forschungskolleg FoKoS der Universität Siegen. Er ist u. a. Mitherausgeber der Reihe *Techno:Phil – Aktuelle Herausforderungen der Technikphilosophie* sowie Fellow am Fraunhofer-Institut für System- und Innovationsforschung ISI in Karlsruhe, wo er bis 2016 in der Abteilung Foresight arbeitete.

Prof. Dr. Reinhold Haux Peter L. Reichertz Institut für Medizinische Informatik der TU Braunschweig und der Medizinischen Hochschule Hannover (PLRI).

Reinhold Haux ist Professor für Medizinische Informatik am PLRI. Nach Professuren an Universitäten in Tübingen, Heidelberg und Innsbruck folgte er 2004 einem Ruf an die TU Braunschweig. Er war Präsident der International Medical Informatics Association und Hrsg. der Zeitschrift Methods of Information in Medicine. Er ist Honorarprofessor an der Univ. Heidelberg und kooptiertes Mitglied des Lehrkörpers der MHH. Derzeitige Aufgaben: Sprecher der SYnENZ-Kommission der BWG, Präsident der Int. Academy of Health Sciences Informatics. Weitere Informationen auf www.plri.de.

Prof. Dr. Meike Jipp Institut für Verkehrssystemtechnik des Deutschen Zentrums für Luft- und Raumfahrt (DLR) e.V., Braunschweig.

Meike Jipp ist Professorin für „Human Factors im Verkehr" an der Fakultät für Lebenswissenschaften der Technischen Universität Braunschweig und an das DLR beurlaubt. Dort leitet Meike Jipp die Abteilung „Human Factors" des Instituts für Verkehrssystemtechnik. In ihrer Forschung konzentriert sich Meike Jipp auf die Optimierung der Schnittstelle zwischen Mensch und Technik im bodengebundenen Verkehr.

Prof. Dr. Nicole Karafyllis Vorsitzende der Geisteswissenschaftlichen Klasse der Braunschweigischen Wissenschaftlichen Gesellschaft. Seminar für Philosophie der TU Braunschweig. Nicole C. Karafyllis ist seit 2010 Professorin für Philosophie an der Technischen Universität Braunschweig. Ihre Schwerpunkte sind Technik-, Wissenschafts- und Naturphilosophie sowie Phänomenologie. In ihrer Forschung untersucht sie Technikkonzepte, die sowohl Hochtechnologien (v.a. Biotechnologien), Kulturtechniken sowie das Handwerk umfassen.

Prof. Dr. Dr.h.c. Andreas Kruse Institut für Gerontologie der Ruprecht-Karls-Universität Heidelberg.

Andreas Kruse studierte Psychologie, Philosophie, Psychopathologie und Musik. Von 1998 bis 2002 war er Mitglied des 15-köpfigen Expertenkomitees der Vereinten Nationen zur Erstellung des Weltaltenplans, von 2009 bis 2014 Mitglied der Synode der Evangelischen Kirche Deutschlands. Seit 2003 ist er Vorsitzender der Altenberichtskommission der Bundesregierung, seit 2016 ist er Mitglied des Deutschen Ethikrates. In seinem 2013 veröffentlichten Werk über die Grenzgänge des Johann Sebastian Bach beschäftigt er sich vor allem mit dem Alterswerk Bachs. Weitere Informationen auf www.gero.uni-heidelberg.de.

Prof. Dr. Rudolf Kruse Institut für Intelligente Kooperierende Systeme der Otto-von-Guericke-Universität Magdeburg.

Rudolf Kruse ist Professor für Informatik. Nach seiner Professur an der TU Braunschweig folgte er 1996 einem Ruf an die OVGU Magdeburg. Zu seinen Forschungsgebieten zählen Computational Intelligence und Data Sciences. Er ist Fellow der European Association for Artificial Intelligence (EurAI) und Fellow des Institute of Electrical and Electronics Engineers (IEEE).

Prof. Dr. Karsten Lemmer Vorstand Energie und Verkehr des Deutsches Zentrums für Luft- und Raumfahrt (DLR) e. V., Köln.

Karsten Lemmer vertritt seit 2017 die Bereiche Energie und Verkehr im Vorstand des DLR. Er verantwortet die strategische Ausrichtung und Weiterentwicklung der Forschung von rund 1200 Wissenschaftlerinnen und Wissenschaftlern, die mit einem breiten Kompetenzspektrum zur Energie- und Verkehrsforschung beitragen. Davor arbeitete der Elektrotechniker an der Universität und in der Industrie, bevor er 2001 als Institutsdirektor ins DLR kam.

Prof. Dr. Otto Luchterhandt Studium der Rechts- und Staatswissenschaften, Slawistik und Osteuropäischen Geschichte in Freiburg/Br. und Bonn; 1. und 2. Juristisches Staatsexamen. Dr. iur. sowie Habilitation an der Universität zu Köln; Forschungsassistent am Institut für Ostrecht der Universität zu Köln; 1990 bis 2008 Professur für Öffentliches Recht mit dem Schwerpunkt Ostrecht und Direktor der Abteilung für Ostrechtsforschung, Fakultät für Rechtswissenschaft der Universität Hamburg. Schriften zum Recht der osteuropäischen Staaten, der DDR und zum Völkerrecht.

Sebastian Mai, M.Sc. Institut für Intelligente Kooperierende Systeme der Otto-von-Guericke-Universität Magdeburg.

Sebastian Mai ist Wissenschaftlicher Mitarbeiter am Lehrstuhl für Computational Intelligence und dem SwarmLab an der Universität Magdeburg. In seiner Forschung beschäftigt er sich mit den Navigationsproblemen in Multiagentensystemen und in der Schwarmrobotik.

Prof. Dr. Dr. Michael Marschollek Peter L. Reichertz Institut für Medizinische Informatik der TU Braunschweig und der Medizinischen Hochschule Hannover (PLRI).

Michael Marschollek ist seit 2015 Professor für Medizinische Informatik am PLRI, Standort MHH, und kooptiertes Mitglied des Lehrkörpers der TU Braunschweig. Zu seinen Forschungsgebieten gehören Assistierende Gesundheitstechnologien, Medizinische Informationssysteme, klinische Entscheidungsunterstützung und semantische Interoperabilität. Er ist gewähltes Mitglied der

International Academy of Health Sciences Informatics. Weitere Informationen auf www.plri.de.

Prof. Dr. Sanaz Mostaghim Institut für Intelligente Kooperierende Systeme der Otto-von-Guericke-Universität Magdeburg.

Sanaz Mostaghim ist Professorin für Informatik. Sie ist Leiterin des Lehrstuhls für Computational Intelligence und die Gründerin des SwarmLabs an der Universität Magdeburg. In ihrer Forschung arbeitet sie an Methoden der Computational Intelligence und insbesondere Optimierung, kollektiven und individuellen Entscheidungsfindungsalgorithmen, Schwarmintelligenz und Schwarmrobotik.

Prof. Dr. Otto Richter Präsident (2017-2019) der Braunschweigischen Wissenschaftlichen Gesellschaft. Institut für Geoökologie der TU Braunschweig.

Otto Richter ist Professor a.d. für Agrarökologie. Nach Habilitation in Biomathematik und Medizinischer Statistik an der Universität Düsseldorf und einer Professur für Angewandte Mathematik und Statistik an der Universität Bonn folgte er 1988 einem Ruf an die TU Braunschweig. Dort war er Mitbegründer der Studiengänge Geoökologie und Umweltingenieurwissenschaften.

Prof. Dr. Stefan Selke Stefan Selke lehrt Soziologie und gesellschaftlichen Wandel an der Hochschule Furtwangen und ist dort zugleich Forschungsprofessor für Transformative und Öffentliche Wissenschaft. Als disziplinärer Grenzgänger und öffentlicher Soziologe entwickelt er Positionen zu gesellschaftlich umstrittenen Themen. Seine aktuellen Forschungsgebiete sind Digitalisierung, Utopien sowie Weltraumexploration.

Prof. Dr. Jochen Steil Institut für Robotik und Prozessinformatik (IRP) der TU Braunschweig.

Jochen Steil ist Professor für Robotik am IRP. Nach Habilitation in Neuroinformatik an der Universität Bielefeld leitete er dort das Institut für Kognition und Robotik, bevor er 2016 einem Ruf nach Braunschweig folgte. Zu seinen Forschungsgebieten zählen Roboterlernen, Mensch-Maschine Interaktion und der Einsatz von Neuronalen Netzen in technischen Systemen. Als Mitglied der nationalen Plattform Lernende Systeme berät er Politik, Industrie und Gesellschaft zu Digitalisierung und Roboterassistenz.

Dr. Klaus-Hendrik Wolf Peter L. Reichertz Institut für Medizinische Informatik der TU Braunschweig und der Medizinischen Hochschule Hannover (PLRI).

Klaus-Hendrik Wolf ist wissenschaftlicher Mitarbeiter am PLRI. Nach dem Studium der Medizinischen Informatik an der Universität Hildesheim und der TU Braunschweig war er seit 2000 im PLRI zunächst an der TU Braunschweig und seit 2018 an der Medizinischen Hochschule Hannover tätig. Er war Chair der Working Group Wearable Sensors in Healthcare der International Medical Informatics Association. Zu seinen Forschungsschwerpunkten zählen Assistierende Gesundheitstechnologien und Virtuelle Medizin.

Prof. Dr. Lars Wolf Institut für Betriebssysteme und Rechnerverbund der TU Braunschweig.

Lars Wolf ist seit 2002 Professor für Informatik und Institutsleiter an der TU Braunschweig. Nach Studium und Promotion in Informatik war er zuvor bei IBM, TU Darmstadt und Universität Karlsruhe tätig, wo er neben einer Informatik-Professur auch die stellvertretende Leitung des Rechenzentrums innehatte. Mit seiner Abteilung Connected and Mobile Systems forscht er an vernetzten Systemen.

Erweitertes Zusammenwirken von natürlicher und künstlicher Intelligenz: Einführung in die Thematik

Reinhold Haux

Zusammenfassung

In praktisch allen Bereichen unserer Gesellschaften verändert die Digitalisierung unsere Lebenswelten. Dieses Buch befasst sich mit aktuellen Entwicklungen des Zusammenwirkens von natürlicher und künstlicher Intelligenz. Der Beitrag möchte in diese Thematik einführen und auf technische, ethische und rechtliche Herausforderungen des Zusammenwirkens lebender und nicht lebender Entitäten im Zeitalter der Digitalisierung hinweisen.

Schlüsselwörter

Zusammenwirken · Natürliche Intelligenz · Menschliche Intelligenz · Künstliche Intelligenz

Der Autor ist Sprecher der Kommission Synergie und Intelligenz der Braunschweigischen Wissenschaftlichen Gesellschaft. In diesen einführenden Bemerkungen berichtet der Autor über Arbeiten aus der Kommission Synergie und Intelligenz der Braunschweigischen Wissenschaftlichen Gesellschaft. An den Arbeiten der Kommission waren alle Kommissionsmitglieder beteiligt; besonders intensiv Klaus Gahl, Meike Jipp und Rudolf Kruse. Insofern ist dieser Beitrag zwar durch den Verfasser entstanden und dieser ist auch allein für dessen Inhalt verantwortlich. Es sei jedoch ausdrücklich erwähnt, dass an den Ergebnissen der Kommissionsarbeit alle Mitglieder – diese sind in Abschnitt 4 genannt – beteiligt waren.

R. Haux (✉)
Peter L. Reichertz Institut für Med. Informatik der TU Braunschweig und der Med. Hochschule Hannover, Braunschweig, Deutschland
E-Mail: Reinhold.Haux@plri.de

© The Author(s) 2021
R. Haux et al. (Hrsg.), *Zusammenwirken von natürlicher und künstlicher Intelligenz*, https://doi.org/10.1007/978-3-658-30882-7_1

1

1   Einleitung

Es besteht mittlerweile ein vermutlich weltweiter Konsens darüber, dass die Digitalisierung erhebliche Veränderungen in praktisch allen Bereichen unserer Gesellschaften bewirkt und dass dadurch unsere gesamten Lebenswelten verändert werden. Dieses Buch befasst sich mit aktuellen Entwicklungen des Zusammenwirkens von natürlicher und künstlicher Intelligenz und daraus resultierenden Fragen, insbesondere für die Forschung. Das Buch steht in engem Zusammenhang zu den Arbeiten der Kommission *Synergie und Intelligenz: technische, ethische und rechtliche Herausforderungen des Zusammenwirkens lebender und nicht lebender Entitäten im Zeitalter der Digitalisierung* (kurz: Synergie und Intelligenz bzw. SYnENZ) der *Braunschweigischen Wissenschaftlichen Gesellschaft* (BWG) (SYnENZ-Kommission 2019; BWG 2019).

Diese einführenden Bemerkungen verfolgen folgende Ziele, aus denen sich auch die Gliederung dieses Beitrags ergibt. Sie möchte

- über das Entstehen der SYnENZ-Kommission berichten (Abschn. 2),
- typische Fragen, die sich aus dem Zusammenwirken von natürlicher und künstlicher Intelligenz ergeben, nennen (Abschn. 3),
- die drei Dimensionen der Arbeit der SYnENZ-Kommission mit ihren Ausprägungen vorstellen (Abschn. 4) sowie
- auf die Notwendigkeit der inter- und multidisziplinären Bearbeitung des erweiterten Zusammenwirkens von natürlicher und künstlicher Intelligenz hinweisen (Abschn. 5).

2   Über das Entstehen der SYnENZ-Kommission

Der Autor dieser Einführung ist Medizininformatiker und auf diesem Gebiet in der Forschung tätig. Medizininformatik-Forschung befindet sich in der Spannung, zwei Ansprüchen gerecht zu werden: Sie soll sowohl *originell* (in der Methodik) als auch *relevant* (für den Menschen und dessen Gesundheitsversorgung) sein (van Bemmel 1996; Haux 2014, S. 260). Häufig sind die originellen und relevanten Medizininformatik-Forschungsthemen nur inter- und multidisziplinär zu bearbeiten (van Bemmel 2006).

Während der letzten Jahre haben sich die Themen, die der Autor in seiner Forschung bearbeitet, erheblich verändert. Konzentrierten sich diese lange Zeit und durchaus gut begründet auf Informationssysteme des Gesundheitswesens und deren Funktionalitäten, Architekturen und Infrastrukturen (vgl. Haux 2006, 2013) so befassen sich die Arbeiten nun in verstärktem Maße mit assistierenden Gesundheitstechnologien, mit Informatik-Diagnostika und Informatik-Therapeutika bis hin zu intelligenten Wohnungen, die als *Diener* der Bewohner zur Gesundheitsversorgung in Prävention, Diagnostik, Therapie und Nachsorge beitragen sollen (vgl. Haux 2016, 2017; Haux et al. 2016a, b). Diese Entwicklungen gehen einher mit zunehmender Digitalisierung der Lebenswelten in praktisch allen Gesellschaften dieser Welt und mit zunehmend verfügbarer *Künstlicher Intelligenz,* letzteres aufgrund der heute vorhandenen (UN 2015, Punkt 15) Möglichkeiten der Erfassung, Repräsentation und Analyse von Daten durch funktional umfassende, leistungsfähige und vernetzte Maschinen.

Am 7. Februar 2018 befasste sich die BWG auf Initiative des Neuroinformatikers und Robotikers Jochen Steil in ihrem 14. Bioethik-Symposium mit der Thematik *Roboter im Operationssaal* (Gahl 2019; Steil et al. 2019). Chirurgen und Robotiker, Ethiker, Informatiker und Juristen, befassten sich mit den Auswirkungen des zunehmenden Einsatzes von Robotik und Digitaltechnologie im Operationssaal. Diskutiert wurde über die systemischen Veränderungen aus Sicht von Patienten, Ärzten und Operationsteams sowie über die Frage, wer letztendlich bei einer Operation entscheidet. Ist es wirklich (noch) der Chirurg alleine? Inwieweit entscheiden OP-Roboter als funktional umfassende Maschinen mit und, falls ja, welche Konsequenzen ergeben sich daraus?

Schon während der im Jahr 2017 begonnenen Vorbereitungen des 14. Bioethik-Symposiums regte der damalige BWG-Präsident Otto Richter an, eine Kommission zur Bearbeitung dieser sowohl für die Gesellschaft relevante als auch für die Forschung originelle Thematik einzurichten und fragte den Verfasser, ob er hier aktiv werden könnte. So wichtig das Thema Roboter im Operationssaal war, so klar wurde in den vorbereitenden Gesprächen, dass diese Thematik als eine Instanz eines umfassenderen Themenkomplexes gesehen und bearbeitet werden sollte: dem erweiterten Zusammenwirken von natürlicher und künstlicher Intelligenz.

Es bildete sich die Kommission *Synergie und Intelligenz: technische, ethische und rechtliche Herausforderungen des Zusammenwirkens lebender und nicht lebender Entitäten im Zeitalter der Digitalisierung* (SYnENZ-Kommission 2019), die im Jahr 2017 ihre Arbeit aufnahm (SYnENZ-Jahresbericht 2017, 2018, 2019). Abb. 1 enthält das Logo der SYnENZ-Kommission in deutscher und englischer Sprache.

Dieses Buch basiert in weiten Teilen auf den Ausarbeitungen von Vorträgen des 1. BWG Symposiums über das erweiterte Zusammenwirken von natürlicher und künstlicher Intelligenz (SYnENZ-Symposium 2019). Das SYnENZ-Symposium fand am 14. und 15. März 2019 statt. Es wurde von Mitgliedern der SYnENZ-Kommission initiiert und durch diese organisiert.

Abb. 1 Logo der SYnENZ-Kommission deutsch und englisch. (Quelle: SYnENZ-Kommission 2019)

3   Typische Fragen zum Zusammenwirken von natürlicher und künstlicher Intelligenz

Die auf der Presseinformation zu dem SYnENZ-Symposium genannten, an die Öffentlichkeit gerichteten Fragen waren:

> Was ist Künstliche Intelligenz und was bedeutet sie für uns Menschen? Wie verändert sie Gesundheitsversorgung, Mobilität und Landwirtschaft? Wird in der Arztpraxis eine intelligente Maschine Symptome erfragen und Diagnosen erstellen? Wie verändern autonome Fahrzeuge den Straßenverkehr für Fußgänger und Radfahrer? Falls ja: Geht das überhaupt – technisch, ethisch, juristisch? Und die wichtigste Frage: Wollen wir dies eigentlich? (TU Braunschweig 2019).

Die in der Einführung zu dem SYnENZ-Symposium einleitend genannten Fragen lauteten:

- Wie wird Zusammenleben in Zeiten zunehmender Digitalisierung in Zukunft aussehen?
- Welche Synergien ergeben sich durch das nun mögliche erweiterte Zusammenwirken von Menschen, Tieren und Pflanzen einerseits und von Maschinen andererseits, in anderen Worten durch ein solch erweitertes Zusammenwirken von natürlicher und künstlicher Intelligenz?
- Können wir zwischen bloß zeitgemäßen und angemessenen Formen des Zusammenwirkens unterscheiden?
- Und können, um angemessene Formen zu erreichen und um zwar zeitgemäße, aber problematische Formen zu vermeiden, Empfehlungen gegeben werden?
- Lässt sich der Grad des Zusammenwirkens bestimmen?

4   Die drei Dimensionen der Arbeit der SYnENZ-Kommission

Die SYnENZ-Kommission befasst sich in grundsätzlicher Weise mit den sich durch die zu Beginn genannten Entwicklungen ergebenden neuen Formen des Zusammenlebens. Dabei soll es nicht nur um neue Kommunikations- und Interaktionsformen zwischen Menschen gehen. Auch das erweiterte Zusammenwirken mit *nicht lebenden* Objekten (Maschinen) oder mit anderen Lebewesen, in welcher Art auch immer, ist Gegenstand der Kommissionsarbeit.

Die nachfolgend in Abb. 2 genannten Themen bilden die inhaltlichen Schwerpunkte für gemeinsame interdisziplinäre Forschung. Kriterien für deren Auswahl waren Originalität, Relevanz und das Potenzial, diese durch Mitglieder der Kommission gut bearbeiten zu können. Die Inhalte sind in drei Anwendungsbereiche gegliedert. Diese sollten keinesfalls als getrennte und getrennt bearbeitbare Themenbereiche, sondern vielmehr als Koordinaten – semantische Bezugssysteme – eines dreidimensionalen Raumes gesehen werden.

Anwendungsgebiete erweiterten Zusammenwirkens:

- erweitertes Zusammenwirken in Medizin und Gesundheitsversorgung
- erweitertes Zusammenwirken mit Tieren und Pflanzen in der Landwirtschaft
- physische und virtuelle Mobilitätsformen im erweiterten Zusammenwirken

ethisch-rechtliche Aspekte im erweiterten Zusammenwirken …

- zu Autonomie und Verantwortung
- zu Individualität und Kollektivität
- zu Individualisierung und Normierung

methodisch-technische Aspekte des erweiterten Zusammenwirkens …

- zu maschineller und menschlicher Intelligenz und zur Robustheit
- zur Kooperation mittels Schwarm-Intelligenz
- bei der Evaluation dieses Zusammenwirkens

Abb. 2 Die drei Dimensionen der Arbeit der SYnENZ-Kommission mit ihren Ausprägungen. (Quelle: SYnENZ-Jahresbericht 2019)

Die Beiträge in diesem Buch orientieren sich an dieser Strukturierung. Fragen in Bezug auf die ethisch-rechtlichen Aspekte sind:

- bei Individualität und Kollektivität: Wird es, beispielsweise durch intensivierte Kommunikation, durch die erweiterte Nutzung von Assistenzsystemen oder durch zusätzliche Implantate zu einem verstärkten kollektiven Zusammenwirken von Individuen kommen? Wie kann diese Kollektivität aussehen? Welche Bedeutung hat sie für die Individualität?
- bei Individualisierung und Normierung: Ist das zu erwartende erweiterte Zusammenwirken förderlich für die individuelle Entwicklung von Entitäten, insbesondere von Menschen? Oder birgt erweitertes Zusammenwirken, beispielsweise durch die Nutzung von maschinellen Systemen zu Entscheidungsunterstützung, das Risiko der Normierung menschlichen Verhaltens und persönlicher Entwicklung in sich? Wie kann Individualisierung gefördert und Normierung verhindert werden?
- bei Autonomie und Verantwortung: Welche Konsequenzen ergeben sich aus dem erweiterten Zusammenwirken insbesondere von Menschen einerseits und Maschinen andererseits für die Autonomie von (menschlichen) Entscheidungen und für die damit verbundene Übernahme von Verantwortung? Dies besonders bei Maschinen mit hoher Funktionalität, umfassender Sensorik bzw. Aktorik und/oder der Fähigkeit der Analyse großer Datenbestände?

Um trotz der hohen Komplexität dieser Thematik zu möglichst konkreten Aussagen zu kommen, werden diese Aspekte vor allem in Bezug auf die genannten drei Anwendungsgebiete behandelt. Neben eher *klassischen* methodisch-technischen Themen wurde bewusst die Evaluation erweiterten Zusammenwirkens auch als methodisches Thema mit aufgenommen und bearbeitet.

5   Notwendigkeit inter- und multidisziplinärer Bearbeitung

Angemessene Formen der heute schon vorhandenen und zukünftig zu erwartenden technischen Möglichkeiten des erweiterten Zusammenwirkens von natürlicher und künstlicher Intelligenz können nur gemeinsam mit der Behandlung damit verbundener ethischer und rechtlicher Fragen sinnvoll erarbeitet werden. Diese Überzeugung der Notwendigkeit einer inter- und multidisziplinären Bearbeitung teilt der Autor mit den anderen Mitgliedern der SYnENZ-Kommission. Das SYnENZ-Symposium hat die Notwendigkeit dieser Sichtweise klar bestätigt. Und auch dieses Buch spiegelt diese Auffassung mit seinen Autorinnen und Autoren aus Informatik, Ingenieurwissenschaften, Jura, Psychologie, Medizin, Philosophie und weiteren Fachgebieten und mit den teilweise inter- und multidisziplinär verfassten Beiträgen wider.

Abschließend seien noch die Namen der Mitglieder der SYnENZ-Kommission genannt (Stand: November 2019). Susanne Beck (Rechtswissenschaften), Klaus Gahl (Medizin), Reinhold Haux (Medizinische Informatik, Sprecher), Engel Hessel (Digitale Landwirtschaft), Meike Jipp (Human Factors, stellvertretende Sprecherin), Nicole Karafyllis (Philosophie), Joachim Klein (Chemie), Ralf Kreikebohm (Sozial- und Arbeitsrecht), Rudolf Kruse (Computational Intelligence, stellvertretender Sprecher), Karsten Lemmer (Verkehr und Energie), Otto Luchterhandt (Öffentliches Recht), Michael Marschollek (Medizinische Informatik), Sanaz Mostaghim (Intelligente Systeme), Otto Richter (Agrarökologie), Kerstin Schwabe (Experimentelle Neurochirurgie), Jochen Steil (Robotik), Lars Wolf (Connected and Mobile Systems), Klaus-Hendrik Wolf (Medizinische Informatik).

Literatur

BWG. (2019). Braunschweigische Wissenschaftliche Gesellschaft (BWG). https://bwg-nds. de. Zugegriffen: 1. Nov. 2019.

Gahl, K. (2019). Roboter im Operationssaal. Bericht über das 14. Bioethik-Symposium der BWG in Zusammenarbeit mit der TU Braunschweig. Erscheint in Braunschweigische Wissenschaftliche Gesellschaft (Hrsg.), *Jahrbuch 2018*. Braunschweig: J. Cramer. https://bwg-nds.de/veröffentlichungen-jahrbuch-und-abhandlungen/. Zugegriffen: 1. Nov. 2019.

Haux, R. (2006). Health information systems – Past, present, future. *International Journal of Medical Informatics, 75*, 268–281.

Haux, R. (2013). „Wer waren Deine wichtigsten Lehrer?". *GMS Medizinische Informatik, Biometrie und Epidemiologie*, 9(3), Doc15. https://doi.org/10.3205/mibe000143. URN: urn:nbn:de:0183-mibe0001434.

Haux, R. (2014). On determining factors for good research in biomedical and health informatics. *IMIA Yearbook of Medical Informatics, 9*, 255–264, Diskussion S. 265–72.

Haux, R. (2016). My Home is my hospital. On recent research on health-enabling technologies. *Studies in Health Technology and Informatics, 226*, 3–8.

Haux, R. (2017). On informatics diagnostics and informatics therapeutics – Good medical informatics research is needed here. *Studies in Health Technology and Informatics, 238,* 3–7.

Haux, R., Koch, S., Lovell, N. H., Marschollek, M., Nakashima, N., & Wolf, K.-H. (2016). Health-enabling and ambient assistive technologies: Past, present, future. *IMIA Yearbook of Medical Informatics, 25*(Suppl. 1), 76–91.

Haux, R., Marschollek, M., & Wolf, K.-H. (2016). Über assistierende Gesundheitstechnologien und neue Formen kooperativer Gesundheitsversorgung durch Menschen und Maschinen. In A. Manzeschke, & F. Karsch (Hrsg.), *Roboter, Computer und Hybride. Was ereignet sich zwischen Menschen und Maschinen?* (S. 131–143). Baden-Baden: Nomos.

Steil, J., Finas, D., Beck, S., Manzeschke, A., & Haux, R. (2019). Robotic systems in operating theatres: New forms of team-machine interaction in health care. On challenges for health information systems on adequately considering hybrid action of humans and machines. *Methods of Information in Medicine, 58,* e14–e25.

SYnENZ-Jahresbericht. (2017). Jahresbericht 2017 der BWG-Kommission erweitertes Zusammenwirken lebender und nicht lebender Entitäten – Technische, ethische und rechtliche Herausforderungen im Zeitalter der Digitalisierung. In Braunschweigische Wissenschaftliche Gesellschaft (Hrsg.) (2018), *Jahrbuch 2017* (S. 208–209). Braunschweig: J. Cramer. https://bwg-nds.de/veröffentlichungen-jahrbuch-und-abhandlungen/. Zugegriffen: 1. Nov. 2019.

SYnENZ-Jahresbericht. (2018). Jahresbericht 2018 der BWG-Kommission Synergie und Intelligenz: Technische, ethische und rechtliche Herausforderungen des Zusammenwirkens lebender und nicht lebender Entitäten im Zeitalter der Digitalisierung (SYnENZ). Braunschweigische Wissenschaftliche Gesellschaft (Hrsg.) (2019), *Jahrbuch 2018* (S. 231–234). Braunschweig: J. Cramer. https://bwg-nds.de/veröffentlichungen-jahrbuch-und-abhandlungen/. Zugegriffen: 1. Nov. 2019.

SYnENZ-Jahresbericht. (2019). Jahresbericht 2019 der BWG-Kommission Synergie und Intelligenz: Technische, ethische und rechtliche Herausforderungen des Zusammenwirkens lebender und nicht lebender Entitäten im Zeitalter der Digitalisierung (SYnENZ). Erscheint in Braunschweigische Wissenschaftliche Gesellschaft (Hrsg.) (2020), *Jahrbuch 2019.* Braunschweig: J. Cramer. http://bwg-nds.de/veröffentlichungen-jahrbuch-und-abhandlungen/. Zugegriffen: 1. Nov. 2019.

SYnENZ-Kommission. (2019). Kommission Synergie und Intelligenz (SYnENZ) der Braunschweigischen Wissenschaftlichen Gesellschaft. https://bwg-nds.de/kommissionen/kommission-synenz/. Zugegriffen: 1. Nov. 2019.

SYnENZ-Symposium. (2019). Zusammenwirken von natürlicher und künstlicher Intelligenz. 1. BWG-Symposium über das erweiterte Zusammenwirken lebender und nicht lebender Entitäten im Zeitalter der Digitalisierung, 14.-15.2.2019, Braunschweig. https://bwg-nds.de/kommissionen/kommission-synenz/. Zugegriffen: 1. Nov. 2019.

TU Braunschweig. (2019). Presseinformation der Technischen Universität Braunschweig vom 13.2.2019. Wie künstliche Intelligenz unser Leben verändert. https://magazin.tu-braunschweig.de/pi-post/wie-kuenstliche-intelligenz-unser-leben-veraendert/. Zugegriffen: 1. Nov. 2019.

UN 2015. Transforming our world: The 2030 Agenda for Sustainable Development. Resolution 70/1, von der Vollversammlung der Vereinten Nationen angenommen am 25 September 2015. https://www.un.org/en/development/desa/population/migration/generalassembly/docs/globalcompact/A_RES_70_1_E.pdf. Zugegriffen: 1. Nov. 2019.

van Bemmel, J. H. (1996). Medical informatics, art or science? *Methods of Information in Medicine, 35,* 157–172, Diskussion S. 173–201.

van Bemmel, J. H. (2006). The young person's guide to biomedical informatics. *Methods of Information in Medicine, 45,* 671–680.

Teil I
Gestaltung des Zusammenwirkens

Einleitende Worte zur Gestaltung des Zusammenwirkens

Meike Jipp

Die Gestaltung des Zusammenwirkens von Mensch und Technik steht im Mittelpunkt des ersten Teils des vorliegenden Buchs. Welche Chancen und Risiken haben lernende, technische Systeme für Menschen? Wie können technische Systeme so gestaltet werden, dass sie Menschen tatsächlich helfen? Was bedeutet eigentlich *helfen?* Solche Fragen können und müssen inzwischen gestellt werden, denn dank des technologischen Fortschritts können technische Systeme Menschen wertvolle Informationen bereitstellen, beim Treffen von Entscheidungen helfen, bei der Durchführung von Handlungen unterstützen und manche Aktionen auch ganz alleine realisieren. Laut Gransches Analyse können technische Systeme Menschen auf operativer Ebene (Wahl der Mittel) und strategischer Ebene (Wahl der Wege) unterstützen. Welche Unterstützungsfunktionalität nun genau bereitgestellt werden sollten, wurde im Rahmen von Studien untersucht, die im Kapitel von Jipp und Steil zusammengefasst sind. Probanden wurden wiederholt mit einer simulierten Fluglotsenaufgabe konfrontiert und bekamen Unterstützung von einem technologischen System, das Informationen über die Situation bereitstellte. Dieses System lieferte ebenfalls eine Situationsanalyse oder empfahl dem Nutzenden bestimmte Handlungen. Die Ergebnisse waren eindrucksvoll: Probanden mit höheren kognitiven Fähigkeiten erreichten bessere Leistungen, wenn sie Unterstützung von einem technologischen System bekamen, welches höhere kognitive Funktionen wie

M. Jipp (✉)
Institut für Verkehrssystemtechnik des Deutsches Zentrums für Luft- und Raumfahrt (DLR) e. V., Braunschweig, Deutschland
E-Mail: meike.jipp@dlr.de

© The Author(s) 2021
R. Haux et al. (Hrsg.), *Zusammenwirken von natürlicher und künstlicher Intelligenz*, https://doi.org/10.1007/978-3-658-30882-7_2

Informationsanalyse und Entscheidungsfindung übernahm. Eine mögliche Ursache für dieses Ergebnis findet sich in Mostaghim und Mai ebenfalls im vorliegenden Buch: Anspruchsvollere Aufgaben benötigen mehr Kommunikation und Interaktion.

Sollte das Zusammenwirken zwischen Mensch und Technik personalisiert werden? Die Ergebnisse zeigen die Notwendigkeit hierfür auf und bestätigen die Aussage von Gransche, die im entsprechenden Buchkapitel getroffen wird: „Kollektivsingulare sind mitunter ein Indiz für Vorurteile" (Gransche, im vorliegenden Buch). Um dieses Vorurteil aufzuheben, sollten die Systeme, wie es im Kapitel von Jipp und Steil formuliert ist, kognitiv empathisch agieren können. Die Systeme müssten in die Lage versetzt werden, die Einstellungen, Reaktionen, Emotionen der Nutzerinnen und Nutzer erkennen und interpretieren zu können. Abgesehen davon, dass dieser Ansatz viele Fragen aufwirft, die ebenfalls im Kapitel von Jipp und Steil herausgearbeitet werden, würde dies bedeuten, dass Menschen in Zukunft mit *listigen Systemen* konfrontiert wären und es ggf. auch heute schon sind. Gransche arbeitet in seinem Kapitel heraus, dass der Preis für die Personalisierung die Daten sind, die neuartige Geschäftsmodelle ermöglichen und über die selten offen kommuniziert bzw. informiert wird. Es geht dabei nicht um eine sogenannte *weiße List,* die, wie Gransche herausarbeitet, im Zusammenwirken von Mensch und Mensch hin und wieder verwendet wird, zum Beispiel bei der Einladung auf einen „Kaffee, auf den man noch mit reinkommt" (Gransche, im vorliegenden Buch). Es geht um die List, dass Menschen eine Unterstützung angeboten wird, bei der sich der Mensch nicht darüber im Klaren ist, dass diese List beispielsweise mit persönlichen Daten bezahlt wird. Spätestens hier stellt sich die Frage, welche Systemkomponente die Rolle des Anführers hat. Mensch und Technik können als Systemkomponenten eines übergeordneten Systems betrachtet werden. Sind dann noch weitere Menschen/technische Systeme bei der Erledigung der Aufgabe involviert, steht das Thema der Schwarmintelligenz im Fokus, auf das sich Mostaghim und Mai in ihrem Buchkapitel konzentrieren. Ein Charakteristikum der Schwarmintelligenz ist die Präsenz eines Anführers. Die Emergenz dieses Anführers ist, wie von Mostaghim und Mai betont wird, eines der wesentlichen Elemente zur Lösung einer Aufgabe. Wenn also eine technische Systemkomponente diese Rolle übernimmt, dann stellt sich die Frage, ob nicht auch die normative Ebene (Wahl der Zwecke) an die Technik delegiert werden kann. Wird diese Grenze überschritten, so wären wir gemäß Gransche an dem Punkt angekommen, dass wir von autonomen Subjekten sprechen können, die im Rahmen der eigenen Zwecksetzungsautonomie entscheiden könnten. Zu betonen ist hier, dass dies ein Recht ist, um welches Menschen gekämpft haben, zum Beispiel beim Kampf gegen Unterdrückung und Fremdbestimmung. Wollen wir dieses Recht technischen Systemen überlassen?

Steuern wir oder werden wir gesteuert? Chancen und Risiken von Mensch-Technik-Interaktion

Meike Jipp und Jochen Steil

Zusammenfassung

Neue technologische Möglichkeiten und künstliche Intelligenz ermöglichen in der Mensch-Technik Interaktion immer neue und zunehmend anspruchsvollere Assistenzfunktionen. Dieser Beitrag widmet sich dabei den Fragen, welche Assistenz und wieviel Assistenz sinnvoll ist. Die aktuelle Forschung zeigt, dass die Beantwortung dieser Fragen nicht trivial ist, denn technische Assistenz muss kognitiv angemessen und in der Interaktion sinnvoll eingebettet sein, um Nutzern tatsächlich bei der Erfüllung ihrer Aufgaben zu helfen. Im vorliegenden Buchkapitel liegt daher der Fokus auf der Analyse und der kritischen Reflexion genau dieser Interaktion zwischen menschlicher und künstlicher Intelligenz. Es reflektiert die Rollenverteilungen und die Wirkungen auf den jeweils anderen Interaktionspartner und zeigt auf, welche neuen Forschungsfragen in diesem Kontext diskutiert und beantwortet werden müssen, um ein sich erweiterndes Zusammenwirken zwischen Mensch und Technik gewinnbringend zu gestalten.

M. Jipp (✉)
Institut für Verkehrssystemtechnik, Deutsches Zentrums für Luft- und Raumfahrt (DLR) e. V., Braunschweig, Deutschland
E-Mail: meike.jipp@dlr.de

J. Steil
Institut für Robotik und Prozessinformatik, Technische Universität Braunschweig, Braunschweig, Deutschland
E-Mail: jsteil@rob.cs.tu-bs.de

Schlüsselwörter

Mensch−Maschine Interaktion · Assistenzsystem · Grad von Automation ·
Automatisierung · kognitive Empathie · Emotionserkennung ·
Interaktionsdynamik

1   Einleitung

Die technologischen Möglichkeiten in der Mensch-Technik Interaktion haben
sich mit dem Fortschritt der Computertechnik in den letzten Jahrzehnten enorm
vergrößert: Dies zeigt sich nicht nur in der Geschwindigkeit, mit der Daten
übertragen werden können, und der Datenmenge, die gespeichert werden
kann, sondern auch in neuartiger und kostengünstiger Sensorik und in neuen
Funktionalitäten, die technische Systeme zur Verfügung stellen können (vgl. Pan
2016; Yurish 2010). So erfassten technische Systeme in den 1950er Jahren hauptsächlich spezielle Eingabedaten, stellten diese dar und setzten sie in mechanische
Aktionen um (Parasuraman und Wickens 2008). In den 1970er Jahren wurden
zunehmend Funktionen der Informationsverarbeitung implementiert (vgl.
Wiener und Curry 1980). Besonders deutlich zeigte sich diese Funktionsent-
wicklung in der Luftfahrt (vgl. Manningham 1997): Ursprünglich steuerten
Piloten die Lage des Flugzeugs im Raum. Es gab also eine direkte Interaktion
zwischen Pilot und Flugzeug, die mit der Einführung des Autopiloten unter-
brochen wurde. Die Piloten bedienten nun den Autopiloten, der die Lage des
Flugzeugs im Raum steuerte. Heutzutage programmieren Piloten das sogenannte
Flight Management System, welches wiederum den Autopiloten steuert. Mit der
Einführung des Autopiloten und des Flight Management Systems verlor also der
Mensch die direkte Nutzerkontrolle. Stattdessen stieg die Systemkomplexität
an und die Teilaufgaben, die durch Maschinen erledigt werden können, werden
immer zahlreicher. Entsprechende moderne Mensch-Maschine Schnittstellen
nutzen daher auch mehr und multiple Modalitäten (Turk 2014). So können nun
etwa Fingergesten, Körperbewegungen, Gesichtsausdrücke, Sprache u. v. m.
technisch erkannt und mit anspruchsvollen *intelligenten* Algorithmen verarbeitet
werden. Im vorliegenden Buchkapitel liegt der Fokus auf der Analyse und der
kritischen Reflexion genau dieser Interaktion zwischen menschlicher und künstlicher Intelligenz. Es reflektiert die Rollenverteilungen zwischen menschlicher
und künstlicher Intelligenz und die Wirkungen auf den jeweils anderen Interaktionspartner und zeigt auf, welche neuen Forschungsfragen in diesem Kontext
diskutiert und beantwortet werden müssen, um ein sich erweiterndes Zusammenwirken zwischen Mensch und Technik positiv zu gestalten.

2 Künstliche Intelligenz: Assistenz, Automation und Autonomie

Intelligenz gilt seit vielen Jahrzehnten als die Fähigkeit des Menschen, komplexe Denkleistungen zu vollbringen und entsprechende Probleme zu lösen (Binet und Simon 1905; Deary et al. 2010; Guthke 1996). Wird der Mensch als Maschine interpretiert (vgl. Dörner 2004), lässt sich das Konstrukt der Intelligenz auf technische Systeme übertragen. Es ist daher nicht überraschend, dass Turing (1950) Intelligenz als die Fähigkeit eines Systems definierte, auf ein gegebenes Problem zu reagieren bzw. mit einer komplexen Situation adäquat umzugehen. Ein technisches System gilt also als künstlich intelligent, wenn es Leistungen in Analogie zum menschlichen Denken realisieren kann (Nilsson 2009). Demnach müssen künstlich intelligente Systeme Symbole verarbeiten, interne Weltmodelle entwickeln, Handlungspläne mental simulieren und ggf. umsetzen, mit Unsicherheiten und bisher unbekannten Situationen umgehen sowie Entscheidungen mehr oder weniger autonom treffen können (vgl. Rasmussen et al. 1994).

Insbesondere der Begriff der Autonomie wird auf unterschiedliche Art und Weise verwendet (s. auch Feil 1987). So definierte zum Beispiel Kant (1785) *Autonomie* als Selbstbestimmung im Rahmen einer übergeordneten Moral. Ein autonomes System bestimmt demnach unabhängig und selbst, was zu tun ist, und nutzt für seine Entscheidung moralische Grundsätze. Von moralischen Maschinen ist der Stand der Technik jedoch weit entfernt, und so ist *autonom* technisch meist eher im Sinne einer automatisierten, d. h. ohne menschlichen Eingriff durchgeführten Erledigung von Teilaufgaben definiert. Ein automatisiert fahrendes Fahrzeug führt zum Beispiel die Fahraufgabe in bestimmten Situationen selbstständig durch und fährt ohne menschliches Eingreifen (SAE 2018). Eine Motivation, die der Entwicklung solcher Systeme zugrunde liegt, ist die Erhöhung der Verkehrssicherheit bzw. im Allgemeinen die Minimierung des Einflusses der Variabilität menschlicher Leistung auf die Erfüllung der Aufgabe (Bainbridge 1983; Maurer 2015; Sarter et al. 1997). Da der Mensch allerdings nicht immer aus der Regelschleife entfernt werden konnte und somit vollständig automatische Systeme für komplexe Aufgaben in einer offenen Welt nicht implementiert werden konnten, fokussierten sich Forscher auf die Entwicklung von hochautomatisierten Systemen (s. Bainbridge 1983; Sarter et al. 1997).

Ein *Automationssystem* nutzt die immer umfassender vorhandene künstliche Sensorik, um Daten aus der Umgebung zu erfassen, es verarbeitet die Daten, trifft Entscheidungen und greift auf Aktoren zurück, um mechanische Handlungen umzusetzen. Es kommuniziert außerdem mit Menschen (Moray et al. 2000). Je selbstständiger das System eine Aufgabe erledigt, also mit weniger Eingriffen des Menschen, desto höher ist der *Grad der Automation* des technischen Systems (vgl. Parasuraman et al. 2000). Auch hier galt lange die Maxime, Systeme mit einem möglichst hohen Automationsgrad zu entwickeln (Bainbridge 1983; Sarter et al. 1997). Der Mensch sollte die Systeme idealerweise nur überwachen und rechtzeitig und korrekt eingreifen, wenn das System mit einer Aufgabe konfrontiert wurde, für die dieses nicht programmiert wurde oder wenn es in einen Fehlerzustand geriet (Bainbridge 1983). Auch hiermit sollte der Einfluss der Variabilität menschlicher Leistung reduziert werden. Es wurde also vom Mensch, der als nicht leistungsstark genug eingeschätzt wurde, erwartet, die Situation zu lösen, wenn das technische System nicht mehr in der Lage war, dies selbst zu tun. Dieses Paradoxon fasste Bainbridge (1983) unter dem Begriff der *Ironie der Automation* zusammen.

Die praktische Erfahrung mit hoch automatisierten Systemen zeigte, dass der Mensch die passive Rolle nicht ausfüllen konnte (Jipp 2016b; Sarter et al. 1997): Die menschliche Leistungsfähigkeit brach innerhalb der ersten 5–15 min ein, wenn – wie bei Überwachungsaufgaben der Fall – Daueraufmerksamkeit gefordert wurde (vgl. Helton et al. 2007). Zu Beginn der Aufgabe stieg die Beanspruchung an (vgl. Warm et al. 2015), dann verlor der Mensch sein Task Engagement und schließlich brach dessen Leistung ein (Szalma et al. 2004; Warm et al. 2008). Langfristig degradierten manuelle Fertigkeiten sowie die mentalen Modelle des Menschen über die Aufgabe und die Funktionsfähigkeit der technischen Systeme (vgl. Kessel und Wickens 1982; Norman et al. 1988). Ein hoher Erfüllungsgrad der Aufgabe konnte daher mit hoch automatisierten Systemen, die Mensch-Maschine Interaktionen bzw. einen menschlichen Eingriff weitgehend zu vermeiden versuchen, nicht erreicht werden.

Vor diesem Hintergrund bildeten sich komplexere Sichtweisen im Sinne eines soziotechnischen Systemansatzes, die technische Systeme so zu entwickeln versuchten, dass diese optimal mit Menschen interagieren (Billings 1997; Trist und Bamforth 1951). Die Aufgabe, die Mensch und Technik erledigen sollten, wurde dafür in generische Funktionen untergliedert (vgl. Endsley und Kaber 1999; Kantowitz und Sorkin 1987; Parasuraman und Riley 1997; Parasuraman et al. 2000), sodass eine feinkörnigere Analyse und Gestaltung von Mensch-Maschine Interaktionen möglich wurde. Von einem stark vereinfachten Modell der menschlichen Kognition ausgehend, unterschieden zum Beispiel Parasuraman et al. (2000) die Funktionen

- Informationsaufnahme,
- Informationsverarbeitung,
- Entscheidungsfindung und
- Umsetzung in der Handlung.

Dabei konnte jede dieser Funktionen zu einem unterschiedlichen Grad automatisiert werden. Je größer die Rolle des Menschen war, desto geringer war der Grad der Automation dieser Funktion. Jipp und Ackerman (2016) stellten daran anschließend den Grad der Automation als Quadrupel dar, in dem die Einträge den jeweiligen Grad der vier genannten Funktionen angeben. So zeichnet sich zum Beispiel ein technisches System mit dem Grad der Automation (niedrig, hoch, hoch, niedrig) dadurch aus, dass der Mensch die Informationsaufnahme und die Umsetzung in eine Handlung übernimmt. Das technische System verarbeitet die Informationen und entscheidet über eine geeignete Handlung. Das System gilt dann als *Assistenzsystem,* solange es einen niedrigen Grad der Handlungsautomation nutzt. In der Praxis begegnen uns insbesondere Informationsassistenzsysteme überall; sie sind jedoch in sehr unterschiedlichem Maße interaktiv und lernfähig (Steil und Wrede 2019). Durch die unterschiedlichen Grade der Funktionsautomation und insbesondere durch die wechselseitige Anpassung von Menschen und adaptiven, lernfähigen technischen Systemen entstehen dann *hybride Systeme,* in denen menschliche und künstliche Intelligenz zusammenwirken, um auf Anforderungen ihrer Umwelt angemessen und flexibel zu reagieren. Solche Systeme stehen heute im Fokus großer Forschungsprogramme (BMBF, Mensch-Technik Interaktion) und sind mitentscheidend für die Akzeptanz neuer Technologien für die Anwender.

3 Zur Interaktion von menschlicher und künstlicher Intelligenz

Eine naive Betrachtung des Zusammenwirkens von menschlicher und künstlicher Intelligenz könnte davon ausgehen, dass mehr oder höhere Automation zu besserer Interaktion und Aufgabenerfüllung führt. In zahlreichen Evaluationsstudien wurde daher untersucht, inwieweit menschliche und künstliche Intelligenz gemeinsam in der Lage sind, adäquat auf eine Frage zu reagieren (vgl. Brandenburger et al. 2019; Calhoun et al. 2009; Endsley und Kiris 1995; Kaber et al. 2000; Manzey et al. 2011; Manzey et al. 2012; Moray et al. 2000). Die Ergebnisse variieren und widersprechen sich zum Teil deutlich: So berichteten zum Beispiel Manzey et al. (2011), dass sich die Leistung von Studierenden in einer medizinischen Aufgabe *verschlechterte,* wenn der Automationsgrad nach der Taxonomie von Jipp und Ackermann (2016) von *mittel, mittel, mittel, mittel* auf *mittel, mittel, niedrig, niedrig* sank. Umgekehrt berichteten Calhoun et al. (2009), dass Piloten ihre Aufgabe *besser* erledigten, wenn der Automationsgrad von *hoch, hoch, mittel, niedrig* auf *hoch, hoch, niedrig, niedrig* sank. Die Inkonsistenz der Effekte wurde im Rahmen von Meta-Analysen über verschiedene Aufgaben hinweg bestätigt (Onnasch et al. 2014; Wickens et al. 2010).

Unterschiede in menschlicher, kognitiver Leistungsfähigkeit können diese inkonsistenten Ergebnisse erklären (Jipp 2016a; Jipp und Ackerman 2016): Im Vergleich der Studien von Manzey et al. (2011) und Calhoun et al. (2009) ist nämlich auch zu beachten, dass nicht nur die Automationsgrade und Aufgaben variierten, sondern auch die Teilnehmergruppen, denn Studierende und Piloten unterscheiden sich sicherlich auch in ihrem kognitiven Fähigkeitsprofil voneinander. Solche Differenzen können Effekte von Automationssystemen auf Leistungsmaße moderieren. Dies ist der Fall, da die Komplexität der menschlichen Aufgabe steigen kann, wenn der Grad der Informationsverarbeitungs- und der Entscheidungsfindungsautomation steigt: Der Mensch muss dann nämlich nicht nur ein mentales Modell über die eigene Aufgabe, sondern auch ein Modell des technischen Systems und dessen Aufgabe im Arbeitsgedächtnis aktiv halten (Jipp und Ackerman 2016). Dieses Modell wird komplexer, wenn kognitive Funktionen wie Informationsverarbeitung und Entscheidungsfindung automatisiert werden (für Details: Jipp und Ackerman 2016; Kaber et al. 2005). Das Arbeitsgedächtnis und die menschliche Informationsverarbeitungskapazität – gemäß des Berliner Intelligenzstrukturmodells ein Faktor der menschlichen Intelligenz (Jäger 1984) – können also stärker belastet werden.

Den potenziellen Effekt der stärkeren Belastung der Arbeitsgedächtniskapazität und der menschlichen Informationsverarbeitungskapazität kann das Elaboration Likelihood Modell von Petty und Cacioppo (1986) erklären:

- Menschen, die eine geringere Arbeitsgedächtniskapazität sowie eine niedrigere Informationsverarbeitungskapazität haben, vermeiden kognitive Anstrengung, bauen das mentale Modell mit einer geringeren Wahrscheinlichkeit auf und wenden einfache Heuristiken zur Erledigung ihrer Aufgabe an (vgl. Atwood und Polson 1976).
- Menschen, die eine höhere Arbeitsgedächtniskapazität sowie eine höhere Informationsverarbeitungskapazität haben, verarbeiten die zusätzlichen Informationen, entwickeln das mentale Modell und erreichen mit einer höheren Wahrscheinlichkeit eine geringere Fehlerwahrscheinlichkeit.

In Folge dieser theoretischen Überlegungen untersuchten also Jipp (2016a) und Jipp und Ackerman (2016) die Hypothesen,

- dass Personen mit *höheren* kognitiven Fähigkeiten eine bessere Leistung liefern, wenn sie eine Aufgabe mit einem technischen System erledigten, welches einen höheren Grad an Informationsverarbeitungs- und Entscheidungsfindungsautomation besitzt.

- dass Personen mit *niedrigeren* kognitiven Fähigkeiten eine bessere Leistung liefern, wenn sie die Aufgabe mit einem technischen System erledigten, welches einen niedrigeren Grad an Informationsverarbeitungs- und Entscheidungsfindungs-automation besitzt.

Erfasst wurden die individuellen Unterschiede mit standardisierten Testverfahren (vgl. Jäger et al. 1997). Die Autoren konnten die Hypothesen in zwei unabhängigen Studien in einer Fluglotsensimulationsaufgabe empirisch bestätigen. Zusammenfassend bedeutet dies also, dass menschliche und künstliche Intelligenz zwar gemeinsam eine Aufgabe erledigen können, das Zusammenwirken aber essenziell davon abhängt, inwieweit die menschliche und künstliche Intelligenz aufeinander und auf die zu erledigenden Aufgaben abgestimmt sind.

4 Menschliche und künstliche Intelligenz im Gleichgewicht: Eine Funktion kognitiver Empathie?

Eine adäquate Arbeitsteilung zwischen menschlicher und künstlicher Intelligenz lässt sich auf verschiedene Arten und Weisen erreichen: Einerseits kann die menschliche Intelligenz an die künstliche Intelligenz „angepasst" werden. Methoden dafür können Personalauswahl und Training sein. Im beruflichen Kontext könnte mithilfe von Personalauswahl dafür gesorgt werden, dass nur Personen mit einem bestimmten Fähigkeitsprofil für die Ausübung eines Berufs mit einem technischen System mit einem bestimmten künstlichen Intelligenzlevel zugelassen werden (vgl. Krause 2017). Weiter könnte adäquates Training im Umgang mit künstlich intelligenten Systemen zu einem Gleichgewicht zwischen menschlicher und künstlicher Intelligenz führen (vgl. Robst 2007). Die Notwendigkeit einer solchen Auswahl oder eines solchen Trainings ist jedoch in gewissem Sinne paradox, ist doch eines der großen Versprechen technischer Assistenz, dass mehr Menschen mit weniger Kenntnissen mehr Aufgaben erfüllen können.

Andererseits könnten künstlich intelligente Systeme über einen variablen Automationsgrad verfügen und sich somit an die kognitive Leistungsfähigkeit des Menschen anpassen (vgl. Hancock et al. 1985). Zur Realisierung dieser Anpassung sind verschiedene Strategien möglich:

- *Adaptierbare Systeme* nutzen speziell entwickelte Interfaces und überlassen dem Menschen die Einstellung des adäquaten Automationsgrads (vgl. Miller und Parasuraman 2007; Parasuraman et al. 2005).
- *Adaptive Systeme* nutzen Algorithmen, die die Leistungsfähigkeit des Menschen messen oder vorhersagen und darauf aufbauend den Automationsgrad ableiten, mit dem die bestmögliche Leistung erreicht wird (vgl. Hancock und Chignell 1988; Parasuraman et al. 1990; Scerbo 1996, 2001).
- Eine Realisierung adaptiver Systeme sind *lernende Systeme*. Sie variieren und personalisieren die Arbeitsteilung je nach der spezifischen Interaktionshistorie des Systems mit den Nutzern und bilden ein Modell der Nutzer, aufgrund dessen Vorhersagen über das zukünftige Verhalten möglich sind. Dies ist ein weiteres der vielen großen Versprechen der Verbindung von künstlicher Intelligenz mit technischen Assistenzsystemen (Steil 2019).

Prinzel et al. (2000) demonstrierten beispielsweise den Wert eines adaptiven Systems. Deren technisches System erfasste Signale eines Elektroenzephalogramms (EEG), um das aktuelle Beanspruchungsniveau der Bediener zu diagnostizieren. Je nach aktuellem Beanspruchungsniveau wurde dann der Automationsgrad gesenkt oder erhöht, um ein optimales Beanspruchungsniveau beim Menschen zu erreichen. Damit balancierte das System das menschliche Beanspruchungsniveau und sollte somit langfristig eine hohe Leistungsfähigkeit des Menschen erreichen. Trotz der positiven Evaluationsergebnisse kann der Ansatz der adaptiven Systeme kritisiert werden:

- Erstens determiniert nicht nur die unmittelbare Beanspruchung die zukünftige, menschliche Leistung. Weitere affektive, kognitive und behaviorale Zustände, die ebenfalls prädiktiv für die zukünftige Leistung sein können, werden bei adaptiven Systemen kaum berücksichtigt (vgl. Jeon 2015).
- Zweitens lässt sich ein technisches System nicht nur durch dessen Grad der Automation charakterisieren. Je nach Anwendungskontext kann es durchaus Sinn ergeben, andere Charakteristika – wie zum Beispiel die Art und Weise der Kommunikation mit Menschen – anzupassen (vgl. Hayes und Miller 2010).

Es ist daher nicht überraschend, dass das Konzept der adaptiven Systeme generalisiert und das psychologische Konzept der Empathie auf technische Systeme übertragen wurde (vgl. Ihme et al. 2018b; Tews et al. 2011).

Empathie beschreibt die (menschliche) Fähigkeit, Gedanken, Emotionen, Einstellungen anderer Personen zu erkennen und zu verstehen (Hall und Bernieri 2001). *Emotionale Empathie* ist dabei die Fähigkeit zu fühlen, was Andere fühlen (Ekman 2007). *Kognitive Empathie* hingegen beschreibt die Fähigkeit, die Emotionen, Gedanken und Absichten anderer Menschen zu erkennen (Hall und Bernieri 2001). Insbesondere höhere Maße an kognitiver Empathie führten zu besseren Ergebnissen in diversen sozialen Interaktionssettings (z. B. in der medizinischen Versorgung bei Fields et al. 2011 und Kaplan et al. 2012). Die Hoffnung ist, dass diese positiven Effekte auch von technischen Systemen erreicht werden, wenn diese kognitiv empathisch agieren können (Ihme et al. 2018b; Tews et al. 2011).

Die kognitive Empathiefähigkeit von technischen Systemen beinhaltet das Erkennen und Identifizieren von emotionalen Artikulationen von Menschen sowie die Berücksichtigung dieser Reaktionen in den eigenen Entscheidungsmechanismen über mögliche Handlungen (z. B. Ihme et al. 2018b; Manzeschke und Assadi 2019). Die Schwierigkeiten in der Realisierung dieser Empathiefähigkeit sind aber nicht zu unterschätzen: Die Systeme müssen zunächst die Artikulationen identifizieren und interpretieren können. Sie müssen aber auch mögliche Ursachen für die Artikulationen identifizieren können, um erstens beurteilen zu können, ob der aktuelle Zustand der Nutzer und Bediener relevant für die Interaktion mit den Systemen ist und um zweitens mögliche Handlungen ableiten zu können. Basierend auf diesen Informationen müssen sie dann das eigene Verhalten adäquat anpassen können (s. Ihme et al. 2018b). Die Entwicklung solch kognitiv empathischer Systeme steht sicherlich noch am Anfang und ist vielleicht auch insgesamt unrealistisch.

Was jedoch zunehmend zur Verfügung steht, sind Algorithmen, die bestimmte emotionale Zustände von Nutzern durch die Interpretation von Sensordaten erkennen können, beispielsweise durch Analyse der Sprache und Sprachsignale oder durch Kameradaten in Fahrzeugen. Letztere werden beispielsweise verwendet, um Veränderungen in der Gesichtsmuskelaktivierung zu erkennen und darauf aufbauend das aktuelle Frustrationsniveau von Fahrern zu diagnostizieren (vgl. Ihme et al. 2018a, b). Dies bedeutet, dass ein Fahrzeug zwar erkennen kann, ob der Fahrer frustriert ist oder nicht. Solange dem System aber keinerlei Wissen darüber zur Verfügung steht, ob diese Frustration für die aktuelle Aufgabe des Fahrers relevant ist oder in Zukunft relevant sein wird, und wie eine potenziell negative Auswirkung verhindert werden kann, ist das Wissen wenig relevant. Dies bedeutet, es müssten weitere Algorithmen zur Verfügung stehen,

- die mindestens erkennen könnten, ob die Frustration aufgabenrelevant ist oder nicht,
- die die Entwicklung des Frustrationsniveaus des Fahrers valide vorhersagen können,
- die wissen, dass Frustration zu sicherheitskritischem Fahren führen kann und
- die geeignete Handlungen auswählen könnten, um einer ansteigenden Frustration entgegen wirken zu können.

Wäre dies realisierbar, dann stünden technische Systeme zur Verfügung, die sich – auf eine kognitiv empathische Art und Weise – an Menschen anpassen können und damit eine hoffentlich bessere Teamleistung erreichen können.

Evidenzbasierte Studien zur Wirkung empathischer Systeme stehen jedoch auch noch aus. Es ist daher nicht sicher, ob technische Systeme mit der Komplexität des menschlichen (emotionalen) Verhaltens tatsächlich Schritt halten können. Falls ein technisches System valide erkennt, dass ein Mensch frustriert ist, bedeutet dies tatsächlich, dass eine Maschine empathisch agieren/reagieren kann? Wie valide muss die Erkennung funktionieren? Was passiert, wenn ein Algorithmus in ein Produkt integriert wird, der nicht Frustration, sondern zum Beispiel Ärger oder Beanspruchung misst? Ändert sich durch die Konfrontation der Gesellschaft mit diesen Produkten die Bedeutung der Begrifflichkeiten Ärger, Frustration, Beanspruchung? Die Entwicklung kognitiv empathischer Systeme steht zwar noch am Anfang, aber solche Fragen sollten bei der Entwicklung, Gestaltung und Evaluation von Mensch-Maschine Interaktionen von Anfang an immer mitgedacht werden.

5   Interaktionsdynamik und wechselseitige Anpassung

Schon die oben beschriebene Ironie der Automatisierung deutet darauf hin, dass die Entwicklung von Mensch-Maschine Interaktion und Assistenz mit angemessenen Automatisierungsgraden immer auch die Rückwirkung auf die Nutzer mitdenken muss: Der immerzu lernende Mensch passt sich an (vgl. Hoffman et al. 2014). Wenn sich dazu das technische System auf den Menschen adaptiert oder sogar vom und mit dem Menschen interaktiv lernt, dann entsteht Interaktionsdynamik. Neben den schon genannten langfristigen Lerneffekten oder dem Verlust von Fertigkeiten, gibt es neben der Verminderung von situationsbezogener Aufmerksamkeit (vgl. Gombolay et al. 2017; Kaber et al. 2000) auch weitere kurzfristigere Effekte, die für die Gestaltung von Interaktion wichtig sind. In physischer Mensch-Maschine Interaktion wurde gezeigt, dass Menschen sehr schnell und vollständig unbewusst ein Modell des Maschinenverhaltens durch haptische Identifikation lernen, ihr eigenes Verhalten anpassen und so gemeinsam ausgeführte Aufgaben besser erledigen (Li et al. 2017). Ähnliches geschieht auf kognitiver Ebene: Menschen, die beispielsweise einen Roboter belehren sollten, passten sich in ihrem Interaktionsverhalten auf die vermuteten Fähigkeiten des Roboters an (Vollmer et al. 2014). Wird also Interaktion auf eine emotionale oder kognitive Ebene gehoben, so wie in der sozialen Robotik üblich, dann entstehen typische Muster. Zunächst entsteht bei Nutzern eine starke Neugier, die dann schnell nachlässt, wenn die Funktionen des technischen Systems exploriert wurden (Kanada et al. 2004), was wir in dem Zusammenhang dieses Beitrags als fehlgeschlagene Interaktion interpretieren können. Von Sciutti et al. (2018) wurde dazu in Bezug auf Roboter – ähnlich wie bei Ihme et al. (2018b) für allgemeine Mensch-Maschine Interaktion – argumentiert, dass es für die Gestaltung der Interaktion weniger auf die Erscheinung der Technologie als auf eine umfassende *Humanisierung der Interaktion* ankommt, d. h. dass das technische System ein umfassendes Modell des menschlichen Nutzers braucht, um dessen Bedürfnisse, Intentionen und Limitationen zu verstehen. Das erscheint in diesem umfassenden Anspruch kaum realistisch und ist zurzeit eher ein Forschungsprogramm als Realität. Es bleibt daher die Frage, wie die Gestaltung von Interaktionsdynamik im Design von Mensch-Maschine-Interaktion konkret operationalisiert werden kann.

6 Kritische Bewertung: Chancen und Risiken des Zusammenwirkens menschlicher und künstlicher Intelligenz

Dank des technologischen Fortschritts entwickelt sich das Zusammenwirken von Mensch und Technik rasant weiter. Während technische Systeme in den 1950er Jahren hauptsächlich einfache Messdaten aus der Umgebung lieferten, Anweisungen aufnahmen und in mechanische Aktionen umsetzten, stehen inzwischen künstlich intelligente Systeme im Fokus der Forschung und Entwicklung, die nicht nur kognitiv komplexe Funktionen wie Informationsverarbeitung und Entscheidungsfindung automatisieren, sondern auch die Art und Weise revolutionieren können, mit der wir mit technischen Systemen interagieren. Sie können zum Beispiel mithilfe der Auswertung von Kameradaten Informationen über den aktuellen, emotionalen Zustand von Menschen liefern und ihre eigene Funktionalität an diese Zustände adaptieren.

Die Implementierung von höheren Automationsgraden in den Funktionen der Informationsverarbeitung und Entscheidungsfindung liefert sicherlich die Chance, dass eine bessere Leistung durch das Team Mensch-Technik erreicht wird. Es ist jedoch naiv zu glauben, dass diese quasi automatisch mit zunehmendem Automatisierungsgrad oder umfassenderer Funktionalität erreicht wird. Im Gegenteil birgt auch die Mensch-Maschine Interaktion das Risiko, dass die Aufgabe, die der Mensch zu realisieren hat, komplexer und kognitiv anspruchsvoller wird. Gerade im beruflichen Kontext wäre hier also zu diskutieren, wie auf diese veränderten Anforderungen eingegangen wird: Ist die Personalauswahl anzupassen, sodass *nur* noch Menschen mit höheren kognitiven Fähigkeiten Systeme mit hoher Informationsverarbeitungs- und Entscheidungsfindungsautomation bedienen dürfen? Ist dies eine Entwicklung, die für die Gesellschaft förderlich ist? Ändert sich die Einschätzung, wenn nicht die Personalauswahl, sondern ein künstlich intelligenter Algorithmus die Entscheidung trifft? Darf künstliche Intelligenz dafür genutzt werden, menschliche Intelligenz bzw. Leistungsfähigkeit zu diagnostizieren? Welche Menschenbilder und Intelligenzdefinitionen lägen dem zugrunde? Ist die Technik dann für die Leistung verantwortlich? Belohnen Maschinen dann nicht das Nichtstun des Menschen, indem sie Menschen essenzielle Aufgaben abnehmen?

Die Implementierung der Anpassungsfähigkeiten an Menschen, insbesondere durch lernende Systeme, basiert auf der Erfassung von Daten über Menschen und deren Auswertung. Auch hier entsteht die Chance, dass sich technische Systeme auf deren Nutzer einstellen und diesen somit eine Last nehmen. Gleichzeitig funktioniert dieser Mechanismus aber nur dann, wenn die technischen Systeme sehr viele Daten erfassen, die Rückschlüsse auf die Person zulassen. Abgesehen von der Sicherheit der Daten und den abgeleiteten Informationen stellt sich hier auch die Frage, ob Menschen dann im Laufe der Zeit nicht auf das Messbare reduziert werden.

Ein möglicher Fortschritt ist, technische Systeme zu kognitiver Empathie zu befähigen, d. h. insbesondere menschliche Emotionen zu erkennen und darauf zu reagieren. Kritisch zu hinterfragen ist dabei aber auch, welches Konzept von menschlichen Emotionen dem technischen System eingeschrieben wird (Manzeschke und Assadi 2019). Wird also der Mensch auf das reduziert, was von künstlich intelligenten Systemen erfasst werden kann? Ist Empathie nicht eine inhärent menschliche Eigenschaft, die verloren geht, wenn sie auf technische Systeme übertragen wird? Wie wird sich unser Verständnis von sozialen

Interaktionen, Empathie, Emotion und Kooperation durch hybrides Zusammen-wirken verändern? Es könnte auch, analog zur klassischen Ironie der Automation, zu einer Art höherstufiger Ironie der Automatisierung in Mensch-Maschine Interaktion kommen, in der Menschen durch die implizite Normierung in der technisch vermittelten Interaktion die Reichhaltigkeit ihrer emotionalen Ver-haltensweisen verloren zu gehen droht.

Die aufgeworfenen Fragen sind sicherlich nicht leicht zu beantworten und können im Rahmen dieses Buchkapitels kaum beantwortet werden. Nichtsdesto-trotz sollte darauf verwiesen werden, dass ähnliche Diskussionen im Kontext der Industrialisierung und des Taylorismus schon einmal geführt wurden (Ulrich 1994). Hier wurde das Kriterium der Persönlichkeitsförderlichkeit zur Bewertung menschlicher Tätigkeiten eingeführt (Hacker und Richter 1984). Tätigkeiten sollten also so gestaltet sein, dass diese die (Weiter-)Entwicklung kognitiver und sozialer Kompetenzen, das menschliche Selbstkonzept und die Leistungs-motivation des Menschen fördern. Dieses Kriterium sollte bei der Gestaltung von technischen Systemen berücksichtigt werden. Die Gefahr, dass wir uns *zu Tode assistieren* (Gransche 2017) und dabei wichtige, auch kognitive Fähigkeiten und Fertigkeiten verlieren, sollte aktiv betrachtet werden. In ihrer Betrachtung zur Rolle von Robotern und der Mensch-Roboter Interaktion in der digitalen Arbeits-welt kamen Steil und Maier (2018) daher auch zu der Einschätzung, dass es wesentlich auf die Arbeitsgestaltung ankommt, ob die neuen Spielräume durch Mensch-Maschine Interaktion in für Nutzer förderlichem Sinne genutzt werden. Ein kritisches Hinterfragen, ob die aktuellen technologischen Entwicklungen auch bei allgemeinerem Mensch-Maschine-Zusammenwirken solchen Kriterien genügen, wird sicherlich helfen, Antworten auf die aufgeworfenen Fragen zu finden.

Literatur

Atwood, M. E., & Polson, P. G. (1976). A process model for water jug problems. *Cognitive Psychology, 8,* 191–216.

Bainbridge, L. (1983). Ironies of automation. *Automatica, 19,* 775–779.

Billings, C. E. (1997). *Aviation automation: The search for a human-centred approach.* Mahwah: Lawrence.

Binet, A., & Simon, T. (1905). New methods for the diagnosis of the intellectual level of subnormals. In H. H. Goddard (Hrsg.), *Development of intelligence in children (the Binet-Simon Scale).* Baltimore: Williams & Wilkins.

Brandenburger, N., Naumann, A., & Jipp, M. (2019). Task-induced fatigue when implementing high grades of railway automation. *Cognition, Technology & Work.* https://doi.org/10.1007/s10111-019-00613-z.

Calhoun, G. L., Draper, M. H., & Ruff, H. A. (2009). Effect of level of automation on unmanned aerial vehicle routing task. In *Proceedings of the Human Factors and Ergonomics Society 53rd Annual Meeting* (S. 197–201). Santa Monica, CA: Human Factors and Ergonomics Society.

Deary, I. J., Penke, L., & Johnson, W. (2010). The neuroscience of human intelligence differences. *Nature Reviews Neuroscience, 11*(3), 201.

Dörner, D. (2004). Der Mensch als Maschine. In G. Jüttemann (Hrsg.), *Psychologie als Humanwissenschaft* (S. 32–45). Göttingen: Vandenhoeck & Ruprecht.

Ekman, P. (2007). *Gefühle lesen.* München: Spektrum.

Endsley, M. R., & Kaber, D. B. (1999). Level of automation effects on performance, situation awareness and workload in a dynamic control task. *Ergonomics, 42,* 462–492.

Endsley, M. R., & Kiris, E. O. (1995). The out-of-the-loop performance problem and level of control in automation. *Human Factors, 37,* 381–394.

Feil, E. (1987). *Antithetik neuzeitlicher Vernunft –‚Autonomie – Heteronomie' und‚rational irrational'.* Göttingen: Vandenhoeck & Ruprecht.

Fields, S., Mahan, P., Tillman, P., Harris, J., Maxwell, K., & Hojat, M. (2011). Measuring empathy in healthcare profession students using the jefferson scale of physician empathy: Health provider-student version. *Journal of Interprofessional Care, 25,* 287–293.

Gombolay, M., Bair, A., Huang, C., & Shah, J. (2017). Computational design of mixed-initiative human-robot teaming that considers human factors: Situational awareness, workload, and workflow preferences. *The International Journal of Robotics Research, 36,* 597–617. https://doi.org/10.1177/0278364916688255.

Guthke, J. (1996). *Intelligenz im Test. Wege der psychologischen Intelligenzdiagnostik.* Göttingen: Vanderhoeck & Ruprecht.

Gransche, B. (2017). Wir assistieren uns zu Tode. In P. Biniok & E. Lettkemann (Hrsg.), *Assistive Gesellschaft. Öffentliche Wissenschaft und gesellschaftlicher Wandel.* Wiesbaden: Springer.

Hacker, W., & Richter, P. (1984). *Psychologische Bewertung von Arbeitsgestaltungsmaßnahmen. Ziele und Bewertungsmaßstäbe.* Berlin: Springer.

Hall, J. A., & Bernieri, F. J. (Hrsg.). (2001). *Interpersonal sensitivity: Theory and measurement.* Mahwah: Lawrence.

Hancock, P. A., & Chignell, M. H. (1988). Mental workload dynamics in adaptive interface design. *IEEE Transactions on Systems, Man, and Cybernetics, 18,* 647–658.

Hancock, P. A., Chignell, M. H., & Lowenthal, A. (1985). An adaptive human-machine system. *Proceedings of the IEEE Conference on Systems, Man, and Cybernetics, 15,* 627–629.

Hayes, C. C., & Miller, C. A. (Hrsg.). (2010). *Human-computer etiquette: Cultural expectations and the design implications they place on computers and technologies.* New York: Taylor & Francis.

Helton, W. S., Hollander, T. D., Warm, J. S., Tripp, L. D., Parsons, K. S., Matthews, G., Dember, W. N., Parasuraman, R., & Hancock, P. A. (2007). The abbreviated vigilance task and cerebral hemodynamics. *Journal of Clinical and Experimental Neuropsychology, 29,* 545–552.

Hoffman, R. R., Ward, P., Feltovich, P. J., DiBello, L., Fiore, S. M., & Andrews, D. H. (2014). *Accelerated expertise: Training for high proficiency in a complex world.* New York: Psychology Press.

Ihme, K., Dömeland, C., Freese, M., & Jipp, M. (2018a). Frustration in the face of the driver: A simulator study on facial muscle activity during frustrated driving. *Interaction Studies, 19*, 487–498.

Ihme, K., Preuk, K., Drewitz, U., & Jipp, M. (2018b). Putting people center stage: To drive and to be driven. *Tagungsband der 4. Internationalen ATZ-Fachtagung „Automatisiertes Fahren", 18*, 1–15.

Ihme, K., Unni, A., Zhang, M., Rieger, J., & Jipp, M. (2018). Recognizing frustration of drivers from face video recordings and brain activation measurements with functional near-infrared spectroscopy. *Frontiers in Human Neuroscience, 12*, 327. https://www.ncbi.nlm.nih.gov/pmc/articles/PMC6109683/.

Jäger, A. O. (1984). Intelligenzstrukturforschung: Konkurrierende Modelle, neue Entwicklungen, Perspektiven. *Psychologische Rundschau, 35*, 21–35.

Jäger, A. O., Süß, H.-M., & Beauducel, A. (1997). *Berliner Intelligenzstruktur-Test. Form 4*. Göttingen: Hogrefe.

Jeon, M. (2015). Towards affect-integrated driving behaviour research. *Theoretical Issues of Ergonomics Science, 16*, 553–585.

Jipp, M. (2016a). Expertise development with different types of automation: A function of different cognitive abilities. *Human Factors, 58*, 92–106.

Jipp, M. (2016b). Reaction times to consecutive automation failures: A function of working memory and sustained attention. *Human Factors, 58*, 1248–1261. https://doi.org/10.1177/0018720816662374.

Jipp, M., & Ackerman, P. (2016). The impact of higher levels of automation on performance and situation awareness: A function of information processing ability and working-memory capacity. *Journal of Cognitive Engineering and Decision Making, 10*, 138–166.

Kaber, D. B., Onal, E., & Endsley, M. R. (2000). Design of automation for telerobots and the effect on performance, operator situation awareness, and subjective workload. *Human Factors and Ergonomics in Manufacturing & Service Industries, 10*, 409–430.

Kaber, D. B., Wright, M. C., Prinzel, L. J., & Clamann, M. P. (2005). Adaptive automation of human-machine system information-processing functions. *Human Factors, 47*, 730–741. https://doi.org/10.1518/001872005775570989.

Kanda, T., Hirano, T., Eaton, D., & Ishiguro, H. (2004). Interactive robots as social partners and peer tutors for children: A field trial. *Human-Computer Interaction, 19*, 61–84. https://doi.org/10.1207/s15327051hci1901&2_4.

Kant, I. (1785). Grundlegung zur Metaphysik der Sitten. In W. Weischedel (Hrsg.), *Werke in zehn Bänden* (Bd. 6). Darmstadt: Wissenschaftliche Buchgesellschaft.

Kantowitz, B. H., & Sorkin, R. D. (1987). Allocation of function. In G. Salvendy (Hrsg.), *Handbook of human factors* (S. 355–369). New York: Wiley.

Kaplan, R. M., Satterfield, J. M., & Kington, R. S. (2012). Building a better physician: The case for the new MCAT. *The New England Journal of Medicine, 366*, 1265–1268.

Kessel, C., & Wickens, C. D. (1982). The transfer of failure detection skills between monitoring and controlling dynamic systems. *Human Factors, 24*, 49–60.

Krause, D. E. (2017). *Personalauswahl: Die wichtigsten diagnostischen Verfahren für das Human Resources Management*. Wiesbaden: Springer.

Li, Y., Jarrassé, N., & Burdet, E. (2017). Versatile interaction control and haptic identification in humans and robots. In J. P. Laumond, N. Mansard, & J. B. Lasserre (Hrsg.), *Geometric and numerical foundations of movements* (S. 187–206). Cham: Springer.

Manningham, D. (1997). The cockpit: A brief history. *Business & Commercial Aviation, 80,* 6.

Maurer, M. (2015). Einleitung. In M. Maurer, J. C. Gerdes, B. Lenz, & W. Winner (Hrsg.), *Autonomes Fahren* (S. 1–8). Heidelberg: Springer Vieweg.

Manzeschke, A. & Assadi, G. (2019). Emotionen in der Mensch-Maschine-Interaktion. In K. Liggieri & O. Müller (Hrsg.), Mensch-Maschine-Interaktion (S. 165–171). Stuttgart: J.B. Metzler.

Manzey, D., Luz, M., Mueller, S., Dietz, A., Meixensberger, J., & Strauss, G. (2011). Automation in surgery: The impact of navigated-control assistance on performance, workload, situation awareness, and acquisition of surgical skills. *Human Factors, 53,* 584–599.

Manzey, D., Reichenbach, J., & Onnasch, L. (2012). Human performance consequences of automated decision aids: The impact of degree of automation and system experience. *Journal of Cognitive Engineering and Decision Making, 6,* 57–87.

Miller, C. A., & Parasuraman, R. (2007). Designing for flexible interaction between humans and automation: Delegation interfaces for supervisory control. *Human Factors, 49,* 57–75.

Moray, N., Inagaki, T., & Itoh, M. (2000). Situation adaptive automation, trust and self-confidence in fault management of time-critical tasks. *Journal of Experimental Psychology: Applied, 6,* 44–58.

Nilsson, Nils J. (2009). *The quest for artificial intelligence: A history of ideas and achievements.* New York: Cambridge University Press.

Norman, S., Billings, C. E., Nadel, D., Palmer, E., Wiener, E. L., & Woods, D. D. (1988). *Aircraft automation philosophy: A source document (Technical Report).* Moffett Field: NASA Ames Research Centre.

Onnasch, L., Wickens, C. D., Li, H., & Manzey, D. (2014). Human performance consequences of stages and levels of automation: An integrated meta-analysis. *Human Factors, 56,* 476–488.

Pan, Y. (2016). Heading toward artificial intelligence 2.0. *Engineering, 2*(4), 409–413.

Parasuraman, R., Bahri, T., Deaton, J. E., Morrison, J. G., & Barnes, M. (1990). *Theory and design of adaptive automation in adaptive systems* (Progress Report No. NAWCADWAR-92033-60). Warminster, PA: Naval Air Warfare Center, Aircraft Division.

Parasuraman, R., Galster, S., Squire, P., Furukawa, H., & Miller, C. (2005). A flexible delegation-type interface enhances system performance in human supervision of multiple robots: Empirical studies with RoboFlag. *IEEE Transactions on Systems, Man, and Cybernetics, 35,* 481–493.

Parasuraman, R., & Riley, V. A. (1997). Humans and automation: Use, misuse, disuse, abuse. *Human Factors, 39,* 230–253.

Parasuraman, R., Sheridan, T. B., & Wickens, C. D. (2000). A model for types and levels of human interaction with automation. *IEEE Transactions on Systems, Man, and Cybernetics, 30,* 286–296.

Parasuraman, R., & Wickens, C. D. (2008). Humans: Still vital after all these years of automation. *Human Factors, 50,* 511–520.

Petty, R. E., & Cacioppo, J. T. (1986). The elaboration likelihood model of persuasion. In L. Berkowitz (Hrsg.), *Advances in experimental social psychology* (S. 123–205). New York: Academic.

Prinzel, L., Freeman, F., Scerbo, M., Mikulka, P., & Pope, A. (2000). Effects of a psycho-physiological system for adaptive automation on performance, workload and a closed-loop system for examining psychophysiological measures for adaptive task allocation. *International Journal of Aviation Psychology, 10,* 393–410.

Rasmussen, J., Pejtersen, A. M., & Goodstein, L. P. (1994). *Cognitive systems engineering.* New York: Wiley.

Robst, J. (2007). Education and job match. The relatedness of college major and work. *Elsevier. Economics of Education Review, 26,* 397–407.

SAE. (2018). Taxonomy and definitions for terms related to driving automation systems for on-road motor vehicles. *SAE International.* https://doi.org/10.4271/J3016_201806.

Sarter, N. B., Woods, D. D., & Billings, C. E. (1997). Automation surprises. In G. Salvendy (Hrsg.), *Handbook of human factors & ergonomics.* New York: Wiley.

Scerbo, M. W. (1996). Theoretical perspectives on adaptive automation. In R. Parasuraman & M. Mouloua (Hrsg.), *Automation and human performance: Theory and application* (S. 37–63). Mahwah: Lawrence Erlbaum.

Scerbo, M. W. (2001). Adaptive automation. In W. Karwowski (Hrsg.), *International encyclopedia of ergonomics and human factors* (S. 1077–1079). London: Taylor and Francis.

Sciutti, A., Mara, M., Tagliasco, V., & Sandini, G. (2018). Humanizing human-robot inter-action: On the Importance of mutual understanding. *IEEE Technology and Society Magazine, 37*(1), 22–29.

Steil, J. J. (2019). Roboterlernen ohne Grenzen? Lernende Roboter und ethische Fragen. In C. Woopen & M. Jannes (Hrsg.), *Roboter in der Gesellschaft. Schriften zu Gesundheit und Gesellschaft – Studies on Health and Society* (Bd. 2, S. 15–33). Berlin: Springer.

Steil, J. J., & Maier, G. W. (2018). Kollaborative Roboter: Universale Werkzeuge in der digitalisierten und vernetzten Arbeitswelt. In G. Maier, G. Engels, & E. Steffen (Hrsg.), *Handbuch Gestaltung digitaler und vernetzter Arbeitswelten. Springer Reference Psychologie.* Berlin: Springer.

Steil, J. J., & Wrede, S. (2019). Maschinelles Lernen und lernende Assistenzsysteme – Neue Tätigkeiten, Rollen und Anforderungen für Beschäftigte? Berufsbildung in Wissenschaft und Praxis. *BWP, 3,* 14–18.

Szalma, J. L., Warm, J. S., Matthews, G., Dember, W. N., Weiler, E. M., Meier, A., & Eggemeier, F. T. (2004). Effects of sensory modality and task duration on performance, workload, and stress in sustained attention. *Human Factors, 46,* 219–233.

Tews, T.-K., Oehl, M., Siebert, F. W., Höger, R., & Faasch, H. (2011). Emotional human-machine interaction: Cues from facial expressions. In D. Hutchison, T. Kanade, J. Kittler, J., M. Kleinberg, F. Mattern, J. C. Mitchell, . . . (Hrsg.), *Lecture Notes in Computer Science. Human Interface and the Management of Information. Interacting with Information* (Bd. 6771, S. 641–650). Berlin: Springer.

Turing, A. M. (1950). Computing machinery and intelligence. *Mind, 49,* 433–460.

Turk, M. (2014). Multimodal interaction: A review. *Pattern Recognition Letters, 36,* 189–195.

Trist, E., & Bamforth, K. (1951). Some social and psychological consequences of the long wall method of coal getting. *Human Relations, 4,* 3–38.

Ulrich, E. (1994). *Arbeitspsychologie.* Stuttgart: Poeschel.

Vollmer, A.-L., Mühlig, M., Steil, J. J., Pitsch, K., Fritsch, J., Rohlfing, K., & Wrede, B. (2014). Robots show us how to teach them: Feedback from robots shapes tutoring behavior during action learning. *PLoS ONE, 9*(3), e91349.

Warm, J. S., Finomore, V. S., Vidulich, M. A., & Funke, M. E. (2015). Vigilance: A perceptual challenge. In R. R. Hoffman, P. A. Hancock, M. W. Scerbo, R. Parasuraman, & J. L. Szalma (Hrsg.), *The Cambridge handbook of applied perception research* (S. 241–283). New York: Cambridge University.

Warm, J. S., Matthews, G., & Finomore, V. S. (2008). Workload, stress, and vigilance. In P. A. Hancock & J. L. Szalma (Hrsg.), *Performance Under Stress* (S. 115–141). Brookfield: Ashgate.

Wickens, C. D., Li, H., Santamaria, A., Sebok, A., & Sarter, N. B. (2010). Stages and levels of automation: An integrated meta-analysis. In *Proceedings of the Human Factors and Ergonomics Society 54th Annual Meeting* (S. 389–393).

Wiener, E. L., & Curry, R. E. (1980). Flight-deck automation: Promise and problems. *Ergonomics, 23*, 995–1011.

Yurish, S. Y. (2010). Sensors: smart vs. intelligent. *Sensors & Transducers, 114*(3), I.

Wie technische Systeme aus uns schlau werden. Von maschineller Auslegung und Festlegung

Bruno Gransche

Zusammenfassung

Das Zusammenwirken von natürlicher und künstlicher Intelligenz kann aus philosophischer Perspektive als ein Fall von allgemeineren Mensch-Technik-Relationen gefasst werden. Dieser Beitrag nimmt einerseits eine solche allgemeinere Perspektive ein, betrachtet andererseits die Assistenzrelation zwischen lernenden Assistenzsystemen und Menschen als wiederum einen Fall solchen Zusammenwirkens.

Dazu werden zunächst einige Begriffe abgeschritten, die die philosophische Perspektive etwa im Gegensatz zur informatischen oder psychologischen benötigt. Nach einigen handlungstheoretischen Grundlagen rückt die Perspektive auf aktuelle und im Entstehen befindliche Mensch-Technik-Relationen in den Mittelpunkt. Als ein Unterfall von Mensch-Technik-Welt-Verhältnissen hat Don Ihde die sogenannte hermeneutische Relation herausgestellt. Diese besagt: Menschen interpretieren die Welt vermittelt durch Technik. Kern des hier vorliegenden Beitrags ist die These von der Inversion dieser hermeneutischen Relation durch lernende Technik bzw. künstliche Intelligenz. Diese Inversion besagt: Technik ‚interpretiert' Menschen vermittelt durch Daten und arrangiert entsprechend die Welt. In beiden Relation geht es um deuten und gedeutet werden und damit immer auch um den Kampf um Deutungshoheiten.

B. Gransche (✉)
Institute of Advanced Studies FoKoS, University of Siegen, Siegen, Deutschland
E-Mail: mail@brunogransche.de

© The Author(s) 2021
R. Haux et al. (Hrsg.), *Zusammenwirken von natürlicher und künstlicher Intelligenz*, https://doi.org/10.1007/978-3-658-30882-7_4

Schlüsselwörter

Technikphilosophie · Digitalisierung · Maschinelles Lernen ·
Technikhermeneutik · Technische Assistenzsysteme · Postphänomenologie ·
List der Systeme

1 Begriffliches zur interdisziplinären Verständlichkeit

Statt von *Natürlicher Intelligenz* (NI) und *Künstlicher Intelligenz* (KI) soll hier
von *Mensch* und *Technik* die Rede sein. Grund dafür sind einerseits gewisse
Nachteile der Begriffe NI und KI und andererseits Vorteile der Begriffe Mensch
und Technik. Es ist nämlich weder in der öffentlichen Debatte noch den verschiedenen Disziplinen inklusive der Philosophie klar, was natürlich, künstlich
oder Intelligenz denn überhaupt sein sollten. Der Begriff der Intelligenz teilt
seine Unbestimmtheit mit weiteren unerlässlichen, aber notorisch vieldeutigen
Begriffen wie Information, Leben (z. B. *bios* oder *zoe*), Kultur, aber auch Mensch
und Technik. Mit der hier vorgenommenen Begriffsdifferenzierung soll vor allem
Aufmerksamkeit darauf gelenkt werden, dass Begriffe wie KI oder auch *Autonome Technik,* die derzeit große politische, wissenschaftliche und wirtschaftliche
Aufmerksamkeit erfahren[1], vielfältige und teils widersprüchliche Vorstellungen
oder Phänomene in sich vereinen. Im Gegensatz zur Intelligenz werden die
Begriffe Mensch und Technik in der Philosophie einerseits als *Inbegriffe* (Menge
von kategorial verschiedenen Entitäten, die von einem gemeinsamen Interesse
zusammengehalten werden[2]) reflektiert (etwa Technik als Inbegriff der Mittel).[3]
Andererseits sind sie philosophisch präsent als *Reflexionsbegriffe*, also Namen

---

[1]Etwa die KI-Strategie der Bundesregierung von 2018 (Bundesregierung 2018) oder die
Einigung von 42 Ländern auf einen einheitlichen Umgang mit KI-Entwicklungen unter
Empfehlung des Rats zu künstlicher Intelligenz der OECD von 2019 (OECD 2019).

[2]„Ein Inbegriff entsteht, indem ein einheitliches Interesse und in und mit ihm zugleich ein
einheitliches Bemerken verschiedene Inhalte für sich heraushebt und umfasst. […] Fragen
wir, worin die Verbindung bestehe, wenn wir z. B. eine Mehrheit so disparater Dinge wie
die Röte, der Mond und Napoleon denken, so erhalten wir die Antwort, sie bestehe bloss
darin, dass wir diese Inhalte zusammen denken, in einem Acte denken." (Husserl 1891,
S. 79).

[3]Dies wäre eine Technik-Definition, die hier nicht geteilt wird, aber als Beispiel taugt. Vgl.
zur Kritik an Technik als Inbegriff der Mittel (Hubig 2006).

von Strategien, unter denen Vorstellungen über Technik oder Mensch, Menschliches und Nichtmenschliches oder Technisches und Nichttechnisches erzeugt werden.[4] Schließlich hat Intelligenz gewissermaßen einen a-philosophischen Klang, da in der Philosophie eher Weisheit, Klugheit oder Besonnenheit diskutiert wurden. Mit dem Adjektiv *schlau* versucht dieser Beitrag bereits im Titel begrifflich eine philosophische Sicht auf Intelligenz anzukündigen. Wenn dabei wie von NI und KI als Kontrastbegriffen die Rede ist, lohnt es nicht, in Scheinantagonismen und Abgrenzungsdispute zu verfallen, wie es die Anthropologie etwa lange zur Frage *Was ist der Mensch?* getan hat, da jegliche Grenzziehung die Grenzübertretung schon heraufbeschwört. Ironisch konterkariert wurde diese Dynamik bereits in der Antike durch den *Hahn des Diogenes*.[5] Fruchtbarer wäre es also, statt von Mensch, Technik, Natur oder dem Künstlichen zu sprechen, erkenntnisgeleitet zu hinterfragen, welche Aspekte an einem komplexen Phänomen – bspw. Intelligenz, Klugheit, Lernfähigkeit – etwas Menschliches, Technisches, Natürliches oder Künstliches aufweisen und was daraus etwa an Übertragbarkeit folgt.

Bei der Annäherung über die Begriffe Mensch und Technik muss wie bei NI und KI beachtet werden, dass dabei zwar oft der Singular gebraucht wird – Kollektivsingulare sind mitunter ein Indiz für Vorurteile –, dass aber eine wesentliche und oft unterschlagene Frage diejenige ist, welche Menschen oder Systeme jeweils gemeint sind. Ob etwa *die Technik* bald *den Menschen* intelligenzleistungsmäßig übertreffe, hängt stark davon ab, *welche* Technik (unsere alltäglichen *consumer electronics,* Forschungsprototypen oder Höchstleistungsrechenzentren?) *welche* Menschen (welchen Bildungsstandes, mit welchen materiellen, geistigen und sozialen Ressourcen?) worin genau (Schachspielen, Schachboxen oder Schachturnier-Regeln erfinden?) übertrifft.

In diesem Beitrag ist zudem von Assistenzsystemen die Rede, womit im weitesten Sinne lernende Systeme gemeint sind, die bereits heute oder in naher Zukunft im Alltag der Menschen mitwirken; Systeme, die über maschinelles Lernen datenintensiv ihr Systemverhalten personalisiert situationsspezifisch adaptieren. Assistenz durch solche Systeme wird verstanden als Sonderfall von Mensch-Technik-Relationen, welche wiederum nur einen Fall neben den

---

[4]Vgl. zu Technik, Natur und Kultur als Inbegriffe und als Reflexionsbegriffe (Hubig 2011).

[5]„Als Platon definierte: ,Ein Mensch ist ein zweifüßiges Tier, das ungefiedert ist', und Billigung fand, rupfte Diogenes einen Hahn, brachte ihn in die Schule mit und sagte: ,Das ist der Mensch des Platon'. Daher wurde dem Begriffe das Merkmal ,breitnagelig' hinzugesetzt." (Kirchner et al. 1998, S. 254).

technisch vermittelten Mensch-Mensch-Relationen darstellen. Im Assistenz-
verhältnis wird in besonderer Weise ein Zusammenwirken von menschlichen/
natürlichen und technischen Leistungsmerkmalen in den Blick genommen. Des
Weiteren wird Mensch-Technik-*Zusammenwirken* als eine Art des Agierens verstanden, das als Hybrid aus menschlichen Handlungsaspekten und technischem
Prozessieren zu verorten wäre zwischen Handlungen (von Menschen intendiert
herbeigeführten Ereignissen) und Vorgängen (von Menschen nicht herbeigeführten Ereignissen).[6] Eine solche Aktion würde sich als *Inter*aktion darstellen,
wenn die Aktionen der einen Instanz auf die (Re-)Aktionen der anderen Instanz
gerichtet sind und sich Erwartungserwartungen über das Wechselspiel bilden. Sie
würde sich als *Ko*aktion darstellen, wenn zahlreiche menschliche und technische
Aktionsinstanzen parallel zueinander zu einem Gesamtergebnis ursächlich beitragen, ohne ihre Einzelaktionen aufeinander und gemeinsam auf das Ziel zu
richten (wie etwa im Börsenhandel) (Vgl. zu Aktion, Interaktion und Koaktion
Gransche et al. 2014).

2   Assistenzimpertinenz und Systemlist

„FAUST: Mein schönes Fräulein, darf ich wagen, Meinen Arm und Geleit Ihr
anzutragen? MARGARETE: Bin weder Fräulein, weder schön, Kann ungeleitet
nach Hause gehn." (Goethe 1986, S. 75). Diese Szene verdeutlicht eine
Ambivalenz von Hilfe, die in den Schmieden der technischen Unterstützungs-
systeme oft naiv auf ihre positive Seite verengt wird; nämlich die eigentlich
ungerechtfertigte Annahme, dass Menschen Hilfe wollen. Im Gegensatz zu
Smart Everything (Smart home etc.) Assistenzsystemen fragt Faust hier immerhin noch, ob mit dem Arm unterstützt und begleitet bzw. geleitet werden darf –
eine Wahl vor die die meisten Systemnutzer heute kaum mehr gestellt werden.[7]

---

[6]Neben nicht herbeigeführten Ereignissen (Vorgängen) und intendiert herbeigeführten
Ereignissen (Handlungen) wären noch die nicht intendiert herbeigeführten Ereignisse (Verhalten) abzugrenzen (vgl. Gransche und Gethmann 2018).

[7]Es ließe sich einwenden, dass man eine entsprechende App ja nicht installieren oder ein
entsprechendes System nicht nutzen *müsse;* über mehrheitliche Nutzung entstehen aber
soziale Zwänge sowie massive Gratifikationsentzüge durch strafende Netzwerkeffekte,
die man sich leisten und die man aushalten können muss. So *muss* im strengen Sinne
heute niemand eine Emailadresse oder ein Bankkonto haben, allerdings um den Preis, an
weiten Teilen der Gesellschaft (z. B. den meisten Arbeitsplätzen) nicht mehr teilnehmen zu
können. So wird eine prinzipielle Wahl faktisch zum praktischen Zwang.

Arm und Geleit kommen selten als harmloses Hilfsangebot daher und Faust hofft hier auf intime Gegenleistung durch Gretchen. Diese durchschaut das und weist das Gesamtpaket aus Hilfsangebot und Erwiderungserwartung als Assistenz-impertinenz mit dem Hinweis *Ich kann selbst!* von sich: „Kann ungeleitet nach Hause gehn" (Goethe 1986, S. 75) – wer kann das gegenüber Google Maps und Navigationssystemen unserer Autos heute noch von sich behaupten?[8] Es werden wohl immer weniger.[9] Mit intimen Gegenleistungen wird Assistenzsystem-Geleit aber auch in diesen Fällen bezahlt – wenn noch nicht mit Beischlaf, so doch mit intimsten Einblicken und Auskünften (Daten). Nur durchschauen wir das weniger, als Gretchen Faust durchschaut.[10] Würden wir nicht sonst öfter die Assistenzimpertinenz des Smart Everything mit dem Hinweis ablehnen: *Ich kann selbst!*? Wir begreifen dies weniger als jeder, der weiß, dass die Frage *Can I buy you a drink?* selten *Trinken* zum Gegenstand hat – genauer: Die Frage präsentiert Trinken zwar als Zweck, verbirgt jedoch einen anderen Zweck, zu dem Trinken wiederum das Mittel ist. Analog präsentiert bspw. Spotify mit seinem Streaming Angebot ein Mittel zum Zweck des Musikkonsums, verbirgt aber einen dahinter-stehenden Zweck der Nutzerprofilierung, zu dem Musikkonsum selbst nicht mehr Zweck, sondern wiederum Mittel ist. Das Vorzeigen eines vermeintlichen bei gleichzeitigem Verbergen eines eigentlichen Zwecks, bzw. die Transformation eines Zwecks (Assistenz, Drinks, Musik) in ein Mittel zu einem anderen Zweck

---

[8]Aus technisch informierter Sicht wäre das Phänomen der Assistenzimpertinenz noch ver-stärkt aufseiten *adaptiver Automation* zu finden – bei dieser geht die Optionenselektion und Interaktionsaufteilung zwischen Mensch und System vom System aus, der Mensch bekommt Optionen nach Maßgabe des Systems zugeteilt. Im Gegensatz dazu steht die *adaptierbare Automation*, bei der der Mensch entscheidet, wie die Optionen und Inter-aktionsanteile zugeteilt werden (Kaber und Prinzel 2006). Eine ähnliche Anpassungs-differenz findet sich bei der Personalisierung (vgl. Peppers und Rogers 1997), bei der systemseitig Anpassungen vorgenommen werden, und der Individualisierung (vgl. Davis 1997), bei der die Anpassungen von den Menschen bzw. Nutzern ausgehen.

[9]Auch hier hat man zwar prinzipiell noch die Wahl, z. B. sich ohne Navigationsdienste zu orientieren. Hier zeigt sich neben den praktischen Zwängen, aber eine weitere Dimension: in dem Maße, in dem Assistenz angenommen wird, schwindet die Kompetenz bezüglich der dauerhaft delegierten Aufgabe. Wer sich also dauerhaft nach Hause geleiten lässt, kann irgendwann nicht mehr ungeleitet nach Hause gehen (vgl. Münzer et al. 2012).

[10]Hier gibt es sicher prinzipielle Durchschauens-Unterschiede; informierte, mündige Nutzer wären dazu eher in der Lage als weniger informierte. Nur steigt die Anforderung, adäquat informiert zu sein und zu bleiben – zeitlich wie bezüglich Bildung und kognitiver Kapazitäten – mit jedem zusätzlichen System, jeder zusätzlichen Systemkomponente und Drittanbieterdienst sowie mit steigender Vernetzung und Komplexität der Systeme selbst.

(physischer oder informationeller Intimkontakt) ist *listig;* verborgene Zwecktransformation ist die Struktur der *List*.[11]

Im Falle von Arm und Geleit, den *Free Drinks* oder dem schon fast sprichwörtlichen Kaffee, auf den man noch mit reinkommt, ist die List offengelegt.[12] Es gibt hier also keine wirklich Überlisteten, sondern allenfalls Mitspieler, die sich wiederum listig als Überlistete darstellen. Solcherlei Listen werden durch entsprechende Kulturtechniken – Rituale, Scripts, Üblichkeiten – schadlos gehalten; sie können – analog dazu, was Robert Pfaller aufbauend auf Kants „schuldlose Täuschung" (Kant 1798, S. 151) „Lügen ohne Belogene" oder „weiße Lügen" (Pfaller 2018, S. 70–111) nennt – als *weiße Listen* bezeichnet werden. Kaum jemand, der mit dem entsprechenden Mitspieler die gleichen Kulturtechniken teilt, würde sich im genannten Beispiel bei Beginn der Intimitäten empört um den Kaffee betrogen sehen. Aus der Rolle, Mitspieler zu sein, resultieren keine Anspruchsrechte der anderen Mitspieler und keine Pflicht weiter zu spielen, wohl aber strukturiert die Zugehörigkeit zum Spiel (Irrtümer darüber, wo man gerade mitspielt, sind möglich!) die Erwartung und Angemessenheitsbewertungen der Beteiligten.

---

[11]Dieses Schema zeigt auch Hegels „List der Vernunft" und eine solche Überlistung charakterisiert er als Gewalt: „Daß der Zweck sich unmittelbar auf ein Objekt bezieht und dasselbe zum Mittel macht, auch daß er durch dieses ein anderes bestimmt, kann als *Gewalt* betrachtet werden [...]. Daß der Zweck sich aber in die *mittelbare* Beziehung mit dem Objekt setzt und *zwischen* sich und dasselbe ein anderes Objekt *einschiebt*, kann als die *List* der Vernunft angesehen werden." (Hegel 1999, S. 452).

[12]Für welche Nutzer Angebote wie das von Spotify quasi Einblicke in die tatsächlichen Tauschgehalte nicht (mehr) als List, sondern als bewusster Deal erscheint, wäre wiederum relativ zum Wissensstand der Nutzer. Auf unbestimmte Art hat sich der Daten-gegen-Service-Deal herumgesprochen. Genauso aber haben sich in antiken Kriegen schon trickreiche Invasionstaktiken herumgesprochen. Das schützte Troja nicht vor dem Untergang durch die List des Trojanischen Pferdes. Das tatsächliche Ausmaß des Datendeals schockiert vermeintlich mündige Nutzer wie Profis. Dieser Schock ist der Moment, in dem die eigene Überlistung bewusst wird; beispielsweise eine *The Guardian* Journalistin, die bei dem Datingservice *Tinder* Auskunft über ihre Daten verlangte: „Some 800 pages came back containing information such as my Facebook ‚likes', links to where my Instagram photos would have been had I not previously deleted the associated account, my education, the age-rank of men I was interested in, how many Facebook friends I had, when and where every online conversation with every single one of my matches happened … the list goes on." (Duportail 2017). Das Datenausmaß kann selbst Datenwissenschaftler erschrecken: „'I am horrified but absolutely not surprised by this amount of data,' said Olivier Keyes, a data scientist at the University of Washington." Ebd.

Aus technikphilosophischer Sicht ist grundsätzlich zu konstatieren, dass jeder, der Technik nutzt, listig ist. Technik ist die List der Naturüberwindung und die sprachliche griechische Wurzel der Mechanik – *mechane* – bedeutet wörtlich List (daher auch der Beiname des Odysseus *polymechanos,* der Listenreiche). Technik taugt aber nicht nur zur Naturüberlistung, sondern auch zur Überlistung anderer Menschen sowie zur Selbstüberlistung.[13] Im Falle der Listen der Systeme[14] handelt es sich derzeit meist gerade nicht um weiße Listen, und dies so lange nicht, wie die entsprechenden Kulturtechniken die Verbergensstrategien der Listigen nicht selbstverständlich transparent machen. Im Falle entsprechender datengetriebener Geschäftsmodelle wie der von Google, Facebook, Amazon, Apple oder – wenn auch erheblich kleiner – Spotify gibt es zweifellos Überlistete, Getäuschte und Belogene. Geschäftsmodelle beruhen gerade darauf, dass die Nutzer ihr Nutzungsverhalten auf den vermeintlichen und eben nicht auf den verborgenen Zweck richten. Wer Amazon Alexa nutzt, tut dies unter der – irrigen – Annahme, dass es sich bei dem Person-Alexa-Verhältnis lediglich um ein Assistenz- oder Dienstleistungsverhältnis von Alexa gegenüber der Person handelt, man also für *sein* Echo zahlt und im Gegenzug den Wasserkocher aktiviert oder Rezepte vorgelesen bekommt. Wer Spotify Premium (die kostenpflichtige und dafür werbefreie Variante) nutzt, wähnt sich in einem Musikkonsumverhältnis ähnlich dem Plattenkauf – nur, dass nicht etwa jeden Monat eine Platte gekauft und gehört würde, sondern ein Monatsbeitrag zum Zugriff auf Millionen Platten berechtigt. Während aus Sicht des Nutzers der Musikkonsum nach diesem anachronistischen Verständnis durchaus Zweck des Geschäftsverhältnisses zwischen Individuum und Spotify sein mag, so ist er für Spotify – dann als *Spotify for Brands* – Mittel zum Zweck der Profilbildung. Auf Spotify (2018) heißt es dazu:

> Je mehr unsere Nutzer streamen, desto mehr erfahren wir über sie. Das Engagement unserer Nutzer ist der Treibstoff für unsere Streaming Intelligence. Unsere Insights zeigen, wer die Menschen hinter den Geräten wirklich sind. Diese personenbezogenen Echtzeit-Einblicke gehen weit über demografische Angaben und Geräte-IDs hinaus und zeigen auch die Stimmungen, Einstellungen, Vorlieben und Verhaltensweisen unserer Hörer. Wir haben festgestellt, dass das Streaming-Verhalten viel über den einzelnen Hörer aussagt. [...] Und das Beste: Die neuen Forschungsergebnisse lassen immer öfter auch Rückschlüsse auf das Offline-Verhalten der Streaming-Generation zu.

---

[13]Mythologische Ikone einer solchen Selbstüberlistung ist wiederum Odysseus, als er sich zum Schutz vor seiner eigenen Verführbarkeit angesichts der Sirenen an den Mast binden lässt.

[14]Vgl. zum Gedanken der List der Systeme auch: (Gransche 2020).

Das *Engagement der Nutzer* erscheint zwar als erkauftes Nutzungsrecht für Abonnenten; für Spotify ist es aber nicht nur ein Mittel, sondern ein Verbrauchsgut, nämlich *Treibstoff* für lernende Systeme, die *Streaming Intelligence.* Spotify könnte diese List transparent machen und statt mit „Spotify Premium macht glücklich." (Spotify Werbeslogan von 2019; spotify 2019) etwa werben mit: *Verraten Sie uns mit ihrem Musikkonsum alles über ihren Alltag, ihre Tätigkeiten, Stimmungen, Charaktermerkmale und Konsumpräferenzen für nur 9,99 € im Monat.* Das Geschäftsmodell von Spotify stünde zumindest in Frage, wenn es seine List so als weiße kommunizieren würde. Millionen Nutzer nutzen täglich Spotify und es ist äußerst fraglich, wie viele von diesen hinter dem vermeintlichen Zweck des Musikkonsums von Spotify auch den verborgenen Zweck von *Spotify for Brands* kennen und bewusst in Kauf nehmen, mit der Konsequenz:

> We know our fans. Like, really know them. That time you skipped Britney to hear The Beatles. That time you played 'Young Dumb & Broke' 117 times in a row. That time you made a Road Trip playlist with your friends. Every swipe, search, skip, and shuffle tells us a story about our audience. (spotify for brands, Abgerufen am 03.12.2018)

Was tut Spotify – und was tun in weit größerem Ausmaß die Branchenriesen Google, Amazon, Apple, Facebook etc. – mit diesem Wissen? Die beiden Grafiken zeigen einerseits, wie viele Internetseiten (Abb. 1) und andererseits, wie viele Unternehmen (Abb. 2) schon während einer bloß 60-min Streaming-Session involviert sind.[15]

Um in obiger Analogie zu bleiben, kann man davon ausgehen, dass Millionen von Nutzern bei lernenden Systemen (und deren Betreibern) *auf einen Kaffee mit hereinkommen* und naiverweise tatsächlich glauben, nur Kaffee zu bekommen. Allerdings – und hier zeigt sich ein weiterer Unterschied – findet mit Systemen der anschließende Intimkontakt für den Datentreibstoff *Individuum* nicht direkt wahrnehmbar statt, sondern wirkt über Folgeoptionen, beispielsweise für Kredite, erst über den Umweg der beteiligten Unternehmen, die Kunden der Intimkenntnis-Hehler sind. Wo Listen genutzt werden und es sich nicht um weiße Listen handelt, stellt sich normativ die Frage, welche Dimensionen des Verbergens als unzulässig zu gelten hätten. Da es sich um Geschäftsmodelle handelt,

---

[15]Die Bilder zeigen in dieser Auflösung lediglich den hier fokussierten Punkt, dass es sich um eine sehr große Anzahl handelt. Die einzelnen Knotenbeschriftungen in den Grafiken lassen sich nachvollziehen in der Originalquelle (Mähler und Vonderau 2017).

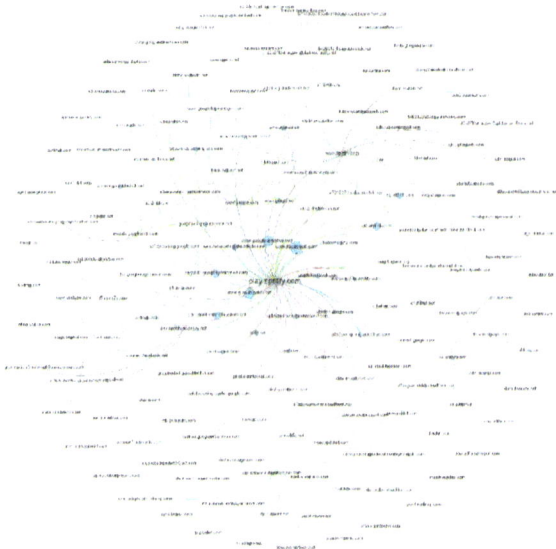

Abb. 1 Quelle: Mähler und Vonderau (2017, S. 218)

liegt als ein Beispiel solcher Normen eine wettbewerbsrechtliche Norm nahe. § 5 des Gesetzes gegen den unlauteren Wettbewerb (UWG) besagt: „Unlauter handelt, wer eine irreführende geschäftliche Handlung vornimmt, die geeignet ist, den Verbraucher oder sonstigen Marktteilnehmer zu einer geschäftlichen Entscheidung zu veranlassen, die er andernfalls nicht getroffen hätte." (Bundesamt für Justiz 2004b). Jemanden zu einer Entscheidung zu veranlassen, *die er andernfalls nicht getroffen hätte,* ist häufig Ziel der List. Die Urlist des listenreichen Odysseus, das trojanische Pferd, veranlasste die Troer, ihre Tore zu öffnen. Ohne Odysseus' List hätten sie sich schließlich anders entschieden und ihre Tore geschlossen gehalten. Der Großteil der Intentionen derer, die Datenprofile von Spotify, Google und Co. kaufen, richtet sich auf die Entscheidungs- und Handlungsbeeinflussung, was unter dem Begriff *Nudging* 2017 mit einem sogenannten Wirtschaftsnobelpreis prämiert wurde. Konstitutives Element einer jeden List sind Verbergensstrategien, die diejenigen, vor denen sie etwas verbergen, entsprechend in die Irre führen. „Unlauter handelt, wer im konkreten Fall unter Berücksichtigung aller Umstände dem Verbraucher eine wesentliche Information vorenthält." (Bundesamt für Justiz 2004a). Explizit Datentreibstoff und nicht nur

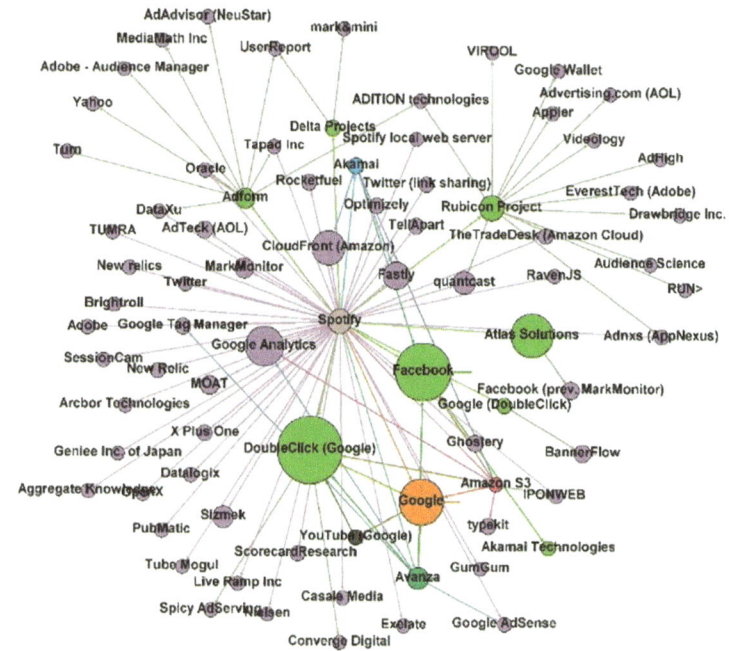

Abb. 2 Quelle: Mähler und Vonderau (2017, S. 219)

Musikkonsument zu sein, ist, zumindest für den rechtlichen Laien, eine wesentliche Information. Dies stellt die systemisch listige Entscheidungs- und Handlungsbeeinflussung damit zumindest – abgrenzend zur weißen List – unter Unlauterkeitsverdacht.

3   Zwecksetzungsassistenz – Hilf mir zu wollen!

Wer mehr erreichen will, als er alleine erreichen kann, muss sich entweder Hilfe organisieren, oder zu einer List der Widerstandsüberwindung, nämlich Technik greifen. In einer Assistenzrelation als Unterfall der Mensch-Mensch-Relationen kann der Assistierte Handlungszwecke realisieren, zu deren Erreichung seine eigenen Mittel und Vermögen nicht genügen. In der Assistenzrelation werden die Kompetenzen des Assistierten um die Kompetenzen des Assistenten so erweitert, dass ein Handlungsziel entweder überhaupt oder sehr viel müheloser erreicht werden kann. Zur Motivation des Assistenten muss entweder eine Einigung über die gemeinsame Zwecksetzung herbeigeführt werden – und sei es die Einigung auf Inkaufnahme eines Aufwandes zur Erreichung einer Vergütung –, oder aber, die unterstützungsleistende Seite muss zur Leistungserbringung gezwungen werden. In zwischenmenschlichen Assistenzrelationen werden also Leistungsvermögen entweder durch Einigung oder durch Unterdrückung zusammengeführt. Alleine kann ein Handelnder seine Zwecksetzungsautonomie ungehindert nutzen, ist aber in der Dimension infragekommender Zwecke durch sein Leistungsvermögen begrenzt. Durch die Kooperation erweitern sich die Zweckoptionen, jedoch müssen in der Einigung Kompromisse eingegangen, also vom eigenen Willen ein Stück abgerückt werden. Unterdrückung andererseits erfordert Macht und ruft Gegenkräfte hervor. Der Schlaraffenland-Traum anstrengungsloser Unmittelbarkeit der Zweckerfüllung mittels technischer Systeme stellt den Versuch dar, ohne Einigung und ohne Unterdrückung, also bei voller Zwecksetzungsautonomie dennoch mehr, andere und größere Zwecke realisieren zu können. Wem Alexa auf Zuruf das Licht einschaltet, der muss weder selbst aufstehen, noch sich mit den anderen Anwesenden einigen, noch einen Hausbediensteten für das Einschalten bezahlen oder einen Haussklaven dazu zwingen. Mit der zunehmenden Autonomie – eigentlich zunehmend höherstufiger Automatisierung[16] – der Systeme werden immer mehr Aufgaben delegierbar. Damit wächst die Menge der Zwecke technisch-assistierten Handelns. Gleichzeitig verändern sich die menschlichen Kompetenzen im Maße ihrer tatsächlichen Delegation – *use it or lose it.* Der assistierte Mensch kann immer mehr erreichen, aber immer weniger davon noch selbst. Mit einem Navigationssystem findet man überallhin, auch zu Destinationen, deren Erreichen zuvor aus Unkenntnis nicht als realisierbare Möglichkeit zur Verfügung stand. Wer aber täglich nur noch dem Navigationssystem folgt, der findet bald ohne es nicht einmal mehr eigentlich

---

[16]Die Rede von *autonomer Technik* ist – ähnlich der von KI – aus philosophischer Sicht fragwürdig, aber derart verbreitet, dass sie sich durchgesetzt hat. Auf technischer Seite stehen verschiedenste – im Wandel begriffene; bspw. in der kognitiven Robotik (Schilling et al. 2016) – Konzepte der Autonomie, wovon keine mit der philosophischen Konzeption der Autonomie bspw. bei Kant in eins fällt (vgl. Gransche et al. 2014; Gottschalk-Mazouz 2008). Genauer wäre im technischen Bereich von Automation und Automatisierungsgraden zu sprechen, z. B. die fünf Automatisierungsstufen von acatech (acatech 2015, S. 11), wobei hier in problematischer Weise häufig die fünfte Stufe wiederum als „vollständige Autonomie" bezeichnet wird (Hightech Forum und acatech 2017, S. 91–92). Die Level of Automation (LOA) haben Vorläufer bspw. bei (Sheridan und Verplank 1978; Endsely und Kaber 1999).

bekannte Ziele (vgl. Münzer et al. 2012). Unabhängig von künftiger Leistungsfähigkeit von Assistenzsystemen gilt erstens, dass Kompetenzaufbau und -erhalt
nie delegierbar sein werden: Wer einen virtuosen Roboter 24 h am Tag für sich
Klavier üben lässt, lernt nicht selbst spielen. Zweitens ist die normative Entscheidung im Rahmen der Zwecksetzungsautonomie nicht delegierbar, solange
die Systeme nicht über ein Eigeninteresse, ein postbiotisches Bewusstsein oder
Künstliche Intelligenz im starken Sinne verfügen: Ein autonomes (hochauto-
matisiertes) Auto kann Drehzahl und Geschwindigkeit, kann Fahrstil und Routen-
führung (z. B. stauvermeidend nach München zu kommen) *autonom* wählen,
es wird jedoch nie sagen: *Ich möchte heute nicht nach München.* Auch wenn
zwar auf operativer Ebene (Wahl der Mittel) und strategischer Ebene (Wahl der
Wege) Aufgaben an die Technik in der Kooperation delegiert werden können:
Auf normativer Ebene (Wahl der Zwecke) kann die Leistung nicht an Technik
delegiert werden. Im Rahmen der eigenen Zwecksetzungsautonomie zu entscheiden, ist also nicht nur umkämpftes Recht – etwa gegen Unterdrückung
und Fremdbestimmung –, sondern auch nicht delegierbare Pflicht autonomer
Subjekte. Allerdings sind Zwecke zu setzen und zwischen Optionen zu entscheiden wiederum klarerweise Fähigkeiten, die man lernen und verlernen kann.
Während also Assistenzsysteme bislang vor allem bei der Zweckrealisierung, der
Handlungsausführung unterstützten, so kommen nun mit den lernenden Systemen
vor allem Unterstützungen bei der Zweckentscheidung, der Optionenwahl
und Handlungsplanung ins Spiel. Die Zwecksetzung wird nicht delegiert, aber
dennoch assistiert. Dies findet sich vor allem in Experten-, Empfehlungs- und
Entscheidungsunterstützungssystemen. Diese Form der ‚normativen Assistenz‘
bietet Hilfe bei der Qual der Wahl, welche Zahnbürste man kaufen, welche Musik
man hören, welche Versicherungen man abschließen, welchen Partner man daten,
welche Partei man wählen solle usw. Für all diese Entscheidungen und viele mehr
gibt es technische Assistenzen.

Die Technik wird im zweifachen Sinne *zuvorkommend.* Einerseits verschiebt
sich die Assistenzleistung von der Ausführung einer entschiedenen Handlung zeitlich nach vorne manipulativ in die Handlungsplanung und Zweckentscheidung bzw. analysierend in die Handlungsentstehung hinein – wie z. B. bei
predictive analytics (Abbott 2014), *predictive maintenance* (Yan et al. 2017;
Cachada et al. 2018), *predictive pricing* (Wadivkar 2019) etc. So können Systeminterventionen zur Handlungsassistenz proaktiv der eigentlichen Assistenznachfrage *zuvorkommen.* Andererseits wird die Technik *zuvorkommend,* insofern sie
unter der Maßgabe der Anstrengungsentlastung und der Komfortmaximierung
interveniert. Um allerdings schon bei der Zwecksetzung und nicht erst bei der
Zweckrealisierung assistieren zu können, müssen Systeme die Nutzer intim

kennenlernen, bspw. hinsichtlich ihres Streaming- und Konsumverhaltens, ihrer Präferenzen und Alltagsvollzüge. Eine Bedingung für den Vorstoß technischer Assistenzfähigkeit in die Sphäre der Zwecksetzungsautonomie ist daher die Eigenschaft maschinellen Lernens sowie deren Vorbedingungen von entsprechender Rechenleistung, Lernverfahren und Datenmengen.

4 Deuten oder gedeutet werden

Der Technikphilosoph Don Ihde hatte Ende der 1970er Jahre eine Reihe von Mensch-Technik-Welt-Relationen beschrieben und an Beispielen seiner Zeit verdeutlicht.[17] In aller Kürze ist Ihdes Position die, dass das Verhältnis von Mensch und Welt durch Technik vermittelt *(machine mediated)* und also je technikspezifisch transformiert wird. Je nachdem in welchen Technikverhältnissen wir uns dabei befinden, zeigen sich unterschiedliche Effekte der Amplifikation und Reduktion in technisch vermittelter Wahrnehmung gegenüber einer – in Reinform hypothetischen – *nackten Wahrnehmung.*[18] Dabei unterscheidet er zunächst die *verkörperte Relation* („embodiment relation," „experience through machine"; Ihde 1979, S. 6–11), bei der wir Eigenschaften der Welt durch Technik erfahren – etwa so, wie ein Zahnarzt mittels einer Sonde kleinste Unebenheiten auf der

---

[17]Er ist seither mit seiner Philosophie auf viele technische Entwicklungen eingegangen. Die erwähnten Relationen aus *Technics and Praxis* von 1979 sind auch für Nicht-Philosophen sehr eingängig und – vor allem mit Blick auf die Technosphäre und *background relations* – von ungebrochener Aktualität (vgl. Ihde 1979).

[18]Dass es dieser Position nach kein Weltverhältnis gäbe, das nicht irgendwie technisch vermittelt wäre, scheint möglicherweise kontraintuitiv. Dies liegt aber daran, dass dieser Position ein umfassender Technikbegriff und die Vorstellung von *Technik als Medium* zugrunde liegt: „Während in verkürzter Sichtweise Technik als Inbegriff rational organisierter Handlungsmittel bzw. ihres Einsatzes erachtet wird, untersucht eine Reflexion der Technik als Medium, wie das System der Mittel den Möglichkeitsraum für die Wahl von Mitteln und Zwecken abgibt." (Hubig 2006, S. 259). Ihdes *machine mediation* nimmt im Sinne dieser umfassenden Vermittlung eine Unterposition mit engerem Technikbegriff ein, weshalb er von *naked perception* sprechen kann. Im Sinne der umfassenderen Position wäre jede vermeintlich *nackte* Wahrnehmung wiederum eine andere Weise technischer Vermittlung; schließlich weist jeder körpereigene Sensor (Auge, Ohren etc.) ebenfalls spezifische Transformationen auf (Stereohören, zwei Augen mit überlagernden Sichtfeldern, Grenzen spezifischer Frequenzbereiche etc.), die sich technisch erklären lassen. Weiter wäre jedes Handeln – gefasst als intendierte Herbeiführung von Ereignissen – durch die Kategorien von Handlungsmittel und Handlungszweck auf solche technische Vermittlung verwiesen, da Technik mit Hubig allererst den Möglichkeitsraum der Zweck-Mittel-Wahl abgibt.

Zahnoberfläche erspüren kann, die er ohne das Instrument nicht hätte spüren können. Gleichzeitig verschwinden Aspekte aus der Wahrnehmung, die ohne das Instrument durchaus wahrnehmbar wären, wie etwa Temperatur oder Feuchtigkeit des Zahns. In der Wahrnehmung verschwindet jedoch das Instrument und man meint, die Unebenheiten direkt zu spüren. Das Instrument erscheint somit wie ein Teil des eigenen Körpers. Eine zweite Relation bezeichnet Ihde als die *hermeneutische Relation* („hermeneutic relation," „experience of technical representation of the world"; Ihde 1979, S. 11–13), in der man Welt als durch Technik repräsentiert wahrnimmt und anhand von technischen Informationen (Anzeigen, Monitore etc.) auf die technisch vermittelten Weltzustände schließt. Hierbei muss Technik als Zeichen von Welt interpretiert werden, was diese Relation zu einer hermeneutischen macht. Eine dritte Art der Relation schließlich sieht Ihde in den *Hintergrundrelationen* („background relations"; Ihde 1979, S. 13–14), die die vernetzten Systeme der Technosphäre miteinander eingehen, ohne dass der Mensch im Umgang mit ihnen davon erfährt oder sein Handeln explizit auf diese richtet. Bei der Bedienung eines Toasters muss nicht dessen Ermöglichungsstruktur über Stromnetze und Kraftwerke mitberücksichtigt werden. Die Technikentwicklung der letzten Jahrzehnte, vor allem die Entwicklung von hochautomatisierten, vernetzten und lernenden Systemen spricht für eine enorme Ausweitung der Hintergrundrelationen der Technosphäre. Die Alltagsdurchdringung mit Technik – speziell mit lernender Technik – hat nahezu jeden Weltkontakt als Technikkontakt überformt und damit Weltwahrnehmung zu hermeneutischer Technikwahrnehmung transformiert.

Im speziellen Falle lernender Systeme, die vor allem etwas über die Nutzer lernen, zeichnet sich eine *Inversion der hermeneutischen Relation* ab. In der hermeneutischen Relation repräsentiert Technik Welt und der Mensch interpretiert die Welt über die Technik bzw. im Abgleich verschiedener technischer Repräsentationen von Welt. In der invertierten hermeneutischen Relation repräsentieren Daten Menschen, und die lernende Technik ‚interpretiert' die Menschen über diese Daten. Dabei ist zu berücksichtigen, dass in philosophischem Sinne *Interpretieren* und *Auslegen* spezifische Vorbedingungen aufweisen, die nicht ohne weiteres auf Technik übertragen werden können. Daher liegt der These von der invertierten hermeneutischen Relation genau genommen eine Übertragung zu Grunde, nämlich ein metaphorischer Gebrauch (*metapherein* bedeutet wörtlich über-tragen) der Aussage *Technik interpretiert bzw. legt aus*. Da zuvorkommende Technik die Wahrnehmungs-, Entscheidungs- und Handlungsoptionen der Menschen steigend mit dem Grad der cyber-physischen Durchdringung umfassend vorstrukturiert und die datengestützten ‚Auslegungen' der Menschen Teil der technischen Strukturierungsbedingungen sind, begegnen

Menschen einer Welt, die für sie adaptiert wurde. Die entsprechenden Konzern-versprechen besagen, dass diese Adaption eine Personalisierung darstelle und die Menschen so einem individuellen entscheidungsergonomischen Spielraum begegneten. Allerdings sind die Daten, die ein Mensch erzeugt, nicht identisch mit diesem Menschen selbst, sondern nach Digitalisierbarkeit und Nicht-Digitalisier-barkeit, nach Sensorbauart und Kommunikationsstandards etc. selektiert. Auch ist die *Auslegung* von Daten wiederum nicht identisch mit den Daten selbst, sodass in mehrfacher Hinsicht Diskrepanzen zwischen dem Menschen als Individuum, dem Nutzer als Exemplar (vgl. Gransche und Gethmann 2018, S. 29–36) und der maschinengelernten Weltausrichtung bestehen. Die personenbezogenen, wenn auch stets irgendwie verzerrten *Auslegungen* sind wiederum nur teilweise Grund-lage umfassender Optionsstrukturierung, da auch weitere Profile des Techno-sphärenkollektivs, z. B. aller Mitglieder einer technischen Lerngemeinschaft (etwa alle Echo-Nutzer, alle Spotify Kunden etc.) sowie zahlende Interessenten (die Nudging-Kunden) diese Strukturierung mitbedingen und diese dabei aber listig dennoch als *Ableitung* individuellen Agierens präsentiert wird. Die Options-strukturierung durch lernende Systeme wird dabei umso wirkungsmächtiger, je weiter die realphysische Anbindung an die Systeme in immer mehr Lebens-bereichen voranschreitet. Je mehr unser Weltkontakt primär Technikkontakt wird, desto umfassender werden systemische Vorstrukturierungen von Wahrnehmungs-, Entscheidungs- und Handlungsräumen.

Bei der invertierten hermeneutischen Relation haben wir es daher mit der ‚Auslegung' der Person anhand vergangener Präferenzen und Handlungen etc. und anhand ihrer Nutzerprofile als Exemplar zu tun. Dabei kommt vor allem ein Kategorienfehler zum Tragen nämlich, dass qua Datenbasis zwangs-läufig immer nur Vorgänge als solche (gefasst als nicht herbeigeführte Ereig-nisse) *ausgelegt* werden, denn ob eine Handlung etwa freiwillig, widerwillig, widerstrebend oder gezwungenermaßen ausgeführt wird, ob ein Ereignis über-haupt intendiert war, kann z. B. die entsprechende GPS-Spur nicht erfassen. Von den erfassten Vorgängen werden aber zur Manipulation von Handlungen (intendiert herbeigeführte Ereignisse) Schlüsse gezogen und die Wahrnehmungs-, Entscheidungs- und Handlungsoptionen werden basierend auf diesen *Aus-legungen* (vor-)strukturiert. Daraus resultiert auch für Assistenzrelationen als Fall von Mensch-Technik-Relationen eine normative Beeinflussung bei der Wahl der Handlungszwecke (Zwecksetzungsassistenz) und eine Festlegung der Möglichkeiten der Person auf die daten- und vergangenheitsbasierte *Auslegung* des Exemplars – und dies unter einkaufbarer Berücksichtigung von listig ein-gebundenen Drittpräferenzen.

5   Fazit

Lernen, besser werden und Kompetenzen bilden war lange Zeit ein Ent-
wicklungspotential, das rein auf der menschlichen Seite von Mensch-Technik-
Relationen stattfand. Der Schmied lernte besser hämmern, nicht der Hammer.
Mit der Entwicklung und Ausbreitung von lernenden Systemen haben sich auch
Entwicklungspotenziale durch die Interaktionssukzession auf Technikseite
ergeben. Durch die neuartige Leistungsfähigkeit lernender, *autonomer* (hoch-
automatisierter) und vernetzter Technik steigt das Delegierungspotenzial an die
Technik, steigt die Assistenzfähigkeit. Aufgaben auf operativer und strategischer
Ebene können dabei an Technik delegiert werden, Aufgaben auf normativer
Ebene hingegen nicht. Allerdings kann lernende Technik den autonomen Zweck-
setzungsprozess unterstützen und somit geleiten und leiten, womit Assistenz sich
von der Umsetzungs- und Realisierungsunterstützung auch zur Zwecksetzungsunterstützung ausweitet. Dabei werden Entscheidungsunterstützungen bzw.
Empfehlungen als vermeintliche Ableitungen aus den Individuen präsentiert, und
die technische *Auslegung* von Menschen anhand von deren Daten wird (teilweise)
zur Grundlage umfassender Weltzurichtung als Assistenzleistung. Vor allem die
Verbergensstrategien der Listen, die unlauteren Irreführungen auch durch Ver-
schweigen wichtiger Informationen oder das schwer erkennbare und subtile
Nudging machen es äußerst schwierig, das Zusammenwirken von Mensch und
Technik bzw. von natürlicher Intelligenz und künstlicher Intelligenz korrekt zu
erfassen, entsprechend zu bewerten und im Zweifel zielgerichtet umzugestalten.
Es handelt sich bei der Opposition von Mensch und lernenden Systemen
weniger, wie oft in der KI-Berichterstattung suggeriert wird, um einen Vorherr-
schaftskampf beider *Intelligenzen;* vielmehr stellt sich bei gegenwärtigem Ent-
wicklungsstand lernende Technik v. a. als mächtiges (weil gut verbergendes,
listiges) Mittel dar, durch das Menschen andere Menschen beeinflussen können.
Damit wäre der Assistenzgedanke – doch etwas erreichen zu können, was man
eigentlich nicht erreichen kann, wozu man sich keine Hilfe organisieren oder
leisten, sich also weder einigen noch jemand unterdrücken möchte – je nach
Position heutiger technischer Macht in zweifacher Weise transformiert: Erstens
erreichen mit diesem mächtigen Mittel diejenigen an der technischen Macht ein
Entscheiden und Handeln von Anderen nach ihrem Sinne, womit die Systeme für
diese Personen zu Machtinstrumenten werden, was sich nicht zuletzt deutlich in
bislang beispiellosen Einfluss- und Reichtumskonzentrationen zeigt. Zweitens
erreichen alle anderen, der *überlistete Treibstoff* gewissermaßen, zwar, was
der Kerngedanke ausdrückte: Erreichen, was man will, mehr als man kann und

sich dabei nicht einigen, auf Kompromisse einlassen oder andere unterdrücken müssen. Nur hat sich über die *zuvorkommende Technik* eine Manipulierbarkeit der Entscheidungen im Bereich der Zwecksetzungsautonomie eingestellt, sodass man zwar alleine – lediglich mit technischer Unterstützung – erreichen kann, was man will, man aber nicht mehr alleine wollen kann, was man will.

Literatur

Abbott, D. (2014). *Applied predictive analytics. Principles and techniques for the professional data analyst*. Indianapolis: Wiley.

acatech (Hrsg.). (2015). *Neue autoMobilität. Automatisierter Straßenverkehr der Zukunft. Unter Mitarbeit von Michael Püschner, Stefanie Baumann und Tobias Hesse. Deutsche Akademie der Technikwissenschaften*. München: Utz (acatech Position). Zugegriffen: 3. März 2018.

Bundesamt für Justiz. (2004a). *Gesetz gegen den unlauteren Wettbewerb § 5a UWG Irreführung durch Unterlassen*. https://www.gesetze-im-internet.de/uwg_2004/__5a.html. Zugegriffen: 15. Apr. 2019.

Bundesamt für Justiz. (2004b). *Gesetz gegen den unlauteren Wettbewerb: § 5 UWG Irreführende geschäftliche Handlungen*. https://www.gesetze-im-internet.de/uwg_2004/__5. html. Zuletzt aktualisiert und geprüft am 15. Apr. 2019.

Bundesregierung. (2018). *Strategie Künstliche Intelligenz der Bundesregierung*. https://www.bmbf.de/files/Nationale_KI-Strategie.pdf. Zugegriffen: 12. Juli 2019.

Cachada, A., Barbosa, J., Leitno, P., Gcraldcs, C. A. S., Deusdado, L., Costa, J. et al. (2018). Maintenance 4.0: Intelligent and predictive maintenance system architecture. In *2018 IEEE 23rd International Conference on Emerging Technologies and Factory Automation (ETFA). Proceedings : Politecnico di Torino, Torino, Italy, 04–07 September, 2018. 2018 IEEE 23rd International Conference on Emerging Technologies and Factory Automation (ETFA). Turin, 9/4/2018–9/7/2018* (S. 139–146). Piscataway: IEEE.

Davis, S. M. (1997). *Future perfect*. Reading: Addison.

Duportail, J. (2017). I asked Tinder for my data. It sent me 800 pages of my deepest, darkest secrets. *The guardian*. https://www.theguardian.com/technology/2017/sep/26/tinder-personal-data-dating-app-messages-hacked-sold. Zugegriffen: 12. Juli 2019.

Endsely, M. R., & Kaber, D. B. (1999). Level of automation effects on performance, situation awareness and workload in a dynamic control task. *Ergonomics, 42*(3), 462–492.

Gottschalk-Mazouz, N. (2008). *„Autonomie" und die Autonomie „autonomer technischer Systeme"*. XXI. Deutscher Kongress für Philosophie: Lebenswelt und Wissenschaft. DGPhil2008. https://www.dgphil2008.de/fileadmin/download/Sektionsbeitraege/07_Gottschalk-Mazouz.pdf. Zuletzt aktualisiert am 30. Juli 2008, Zuletzt geprüft am 13. Juli 2019.

Gransche, B. (2020). Technogene Unheimlichkeit. In A. Friedrich, P. Gehring, C. Hubig, A. Kaminski, & A. Nordmann (Hrsg.), *Unheimlichkeit und Autonomie. Jahrbuch Technikphilosophie 2020*. Baden-Baden: Nomos, 33–51.

Gransche, B., & Gethmann, C. F. (2018). *Digitalisate zwischen Erklären und Verstehen. Chancen und Herausforderungen durch Big Data für die Kultur- und Sozialwissenschaften – Eine wissenschaftstheoretische Desillusionierung.* https://www.abida.de/sites/default/files/ABIDA%20Gutachten%20Digitalisate.pdf. Zuletzt aktualisiert am 31. März 2018, Zuletzt geprüft am 28. Febr. 2019.

Gransche, B., Shala, E., Hubig, C., et al. (2014). *Wandel von Autonomie und Kontrolle durch neue Mensch-Technik-Interaktionen. Grundsatzfragen autonomieorientierter Mensch-Technik-Verhältnisse.* Stuttgart: Fraunhofer.

Hegel, G. W. F. (1999). *Wissenschaft der Logik II. Erster Teil. Die objektive Logik. Zweites Buch. Zweiter Teil. Die subjektive Logik* (2.–5. Aufl.). Frankfurt a. M.: Suhrkamp.

Hightech Forum & acatech. (2017). *Fachforum Autonome Systeme. Chancen und Risiken für Wirtschaft, Wissenschaft und Gesellschaft. Abschlussbericht – Langversion.* Zugegriffen: 12. Juli 2019.

Hubig, C. (2006). *Die Kunst des Möglichen I. Grundlinien einer dialektischen Philosophie der Technik; Technikphilosophie als Reflexion der Medialität* (Bd. 2). Bielefeld: transcript.

Hubig, C. (2011). „Natur" und Kultur. Von Inbegriffen zu Reflexionsbegriffen. *ZKphil, 5*(1), 97–119.

Husserl, E. G. (1891). *Philosophie der Arithmetik. Psychologische und logische Untersuchungen.* Halle (Saale): Pfeiffer (1). urn:nbn:de:bsz:25-opus-61596. Zugegriffen: 13. Jan. 2013.

Ihde, D. (1979). *Technics and praxis.* Dordrecht: Reidel (Synthese library, 130).

Kaber, D., & Prinzel, L. J. (2006). *Adaptive and adaptable automation design. A critical review of the literature and recommendations for future research* (NASA/TM-2006–214504). Zugegriffen: 10. Juli 2019.

Kant, I. (1798). Der Streit der Fakultäten, Anthropologie in pragmatischer Hinsicht. *Immanuel Kant: Gesammelte Werke. Akademieausgabe – Elektronische Edition,* VII. https://korpora.zim.uni-duisburg-essen.de/kant/aa07/Inhalt7.html.

Kirchner, F., Michaelis, K. T., Hoffmeister, J., Regenbogen, A., & Meyer, U. (Hrsg.). (1998). *Wörterbuch der philosophischen Begriffe. Bd. 500: Philosophische Bibliothek.* Hamburg: Meiner.

Mähler, R., & Vonderau, P. (2017). Studying ad targeting with digital methods: The case of Spotifyi. *Culture Unbound 9*(2), 212–221. Zugegriffen: 10. Dez. 2018.

Münzer, S., Zimmer, H. D., & Baus, J. (2012). Navigation assistance: A trade-off between wayfinding support and configural learning support. *Journal of Experimental Psychology. Applied, 18*(1), 18–37. https://doi.org/10.1037/a0026553

OECD. (2019). *Empfehlung des Rats zu künstlicher Intelligenz.* https://www.oecd.org/berlin/presse/Empfehlung-des-Rats-zu-kuenstlicher-Intelligenz.pdf. Zugegriffen: 12. Juli 2019.

Peppers, D., & Rogers, M. (1997). *The one to one future. Building relationships one customer at a time* (1. Aufl.). New York: Currency Doubleday.

Pfaller, R. (2018). *Erwachsenensprache. Über ihr Verschwinden aus Politik und Kultur* (3. Aufl.). Frankfurt a. M.: Fischer.

Schilling, M., Kopp, S., Wachsmuth, S., Wrede, B., Ritter, H., Brox, T., et al. (2016). Towards a multidimensional perspective on shared autonomy. Technical report FS-16-05. *The 2016 AAAI fall symposium series: Shared autonomy in research and practice*, S. 338–344.

Sheridan, T. B., & Verplank, W. L. (1978). *Human and computer control of undersea teleoperators. MIT Man-Machine Systems Lab.* Cambridge: Massachusetts Institute of Technology. Zugegriffen: 12. Juli 2019.

spotify. (2018). *Spotify for Brands. Zielgruppen.* https://spotifyforbrands.com/de-DE/audiences/. Zuletzt aktualisiert am 8. Mai 2018, Zuletzt geprüft am 14. Mai 2018.

spotify. (2019). *Musik für alle.* https://www.spotify.com/de/premium/?checkout=false. Zugegriffen: 15. Apr. 2019.

spotify for brands. (2018). *Audiences.* https://spotifyforbrands.com/en-GB/audiences. Zugegriffen: 3. Dez. 2018.

von Goethe, J. W. (1986). *Faust. Der Tragödie erster Teil* (Universal-Bibliothek, Bd. 1, Durchges. Ausg). Stuttgart: Reclam.

Wadivkar, O. (2019). *Predictive pricing hits bigtime in chemicals.* https://www.accenture.com/us-en/blogs/blogs-predictive-pricing-hits-bigtime-chemicals. Zugegriffen: 12. Juli 2019.

Yan, J., Meng, Y., Lu, L., & Li, L. (2017). Industrial big data in an industry 4.0 environment. Challenges, schemes, and applications for predictive maintenance. *IEEE Access, 5,* 23484–23491. https://doi.org/10.1109/ACCESS.2017.2765544

Kooperation mittels Schwarmintelligenz

Sanaz Mostaghim und Sebastian Mai

Zusammenfassung

Technische Systeme haben in den vergangenen Jahrzehnten große Fortschritte gemacht. Heute sind entsprechende Systeme überall im Einsatz und haben die Fähigkeit, miteinander zu kommunizieren. Solche verteilten Systeme ermöglichen die Handhabung komplexer Probleme aus der Industrie und den Naturwissenschaften. Hierbei stellen die komplexen Probleme neue Herausforderungen an die Entwicklung von Algorithmen zu deren Steuerung. In den letzten Jahren orientieren sich viele Wissenschaftler an bioinspirierten Algorithmen. Biologische Systeme lösen hierbei durch dezentral agierende Strukturen und einfachen Aufbau außerordentlich komplexe Aufgaben. Dieser Artikel bezieht sich auf die Methoden der Schwarmintelligenz, die ein kollektives Lernverfahren darstellt. Solche Systeme können sich an Veränderungen der Umgebung sehr gut anpassen und erzeugen ein flexibles und zugleich robustes Verhalten. Ein besonderes Merkmal der Schwarmintelligenz ist die entstehende Selbstorganisation von einfachen Individuen, die gemeinsam ein globales emergentes Verhalten erzeugen. Die Herausforderung besteht darin, die Effekte der Selbstorganisation so zu beeinflussen, dass das entstehende Verhalten den Anforderungen tatsächlich entspricht.

S. Mostaghim (✉) · S. Mai
Institut für Intelligente Kooperierende Systeme der Otto-von-Guericke-Universität Magdeburg, Magdeburg, Deutschland
E-Mail: sanaz.mostaghim@ovgu.de

S. Mai
E-Mail: sebastian.mai@ovgu.de

55

Schlüsselwörter

Schwarmintelligenz · Kollektives Verhalten · Kollektives Lernen ·
Kooperation · Emergenz · Selbstorganisation · Evolutionäre Algorithmen

1   Einleitung

Schwärme in der Natur, also größere Gruppen von Tieren, zeigen oft ein
sogenanntes *emergentes* Verhalten. Emergenz bezeichnet dabei die Herausbildung
von neuen Eigenschaften oder Strukturen eines Systems infolge des Zusammen-
spiels seiner Elemente. In der Informatik wird *emergentes* Verhalten bewusst
erzeugt, um eine Gruppe von Individuen (z. B. Roboter, Sensoren oder virtuelle
Agenten) zu steuern.

Dieser Artikel gibt einen Überblick über künstliche Schwarmintelligenz in
technischen Systemen. Emergentes Verhalten wird dabei als grundlegendes
Merkmal der Schwarmintelligenz erklärt. Das Hauptaugenmerk liegt dabei
auf zwei Aspekten: die Rolle der Anführer und die Möglichkeit, ein selbstorganisierendes System (Schwarm) durch externe Einflüsse (Umwelt) zu steuern.

Innerhalb eines Schwarms ist die Rolle von (temporären) Anführern von
besonderer Bedeutung, da in dieser Rolle *Individualität und Kollektivität*
zusammentreffen. Zu diesem Zweck wird der Einfluss der individuellen Entscheidungsfindung in Kollektiven erläutert. Zusätzlich werden die Auswirkungen
der Umwelt auf den Schwarm gezeigt, die die Möglichkeit geben, das kollektive
Verhalten zu steuern. Anhand der kollektiven Wahrnehmung werden dabei die
Auswirkungen von Umweltveränderungen auf das emergente Verhalten des
Schwarms betrachtet. Zudem wird die Möglichkeit betrachtet, das Verhalten der
Individuen mithilfe evolutionärer Algorithmen zu erlernen.

2   Schwarmintelligenz: „Das Ganze ist mehr als die Summe seiner Teile"

Schwarmintelligenz beschreibt das kollektive Verhalten einer Gruppe von
Individuen, die nur lokal miteinander kommunizieren und interagieren können.
Das Ergebnis dieser lokalen Interaktion ist normalerweise ein globales,
kollektives Verhalten, das für die einzelnen Individuen unbekannt ist (Bonabeau

et al. 1999). Viele solcher Phänomene existieren in der Natur: Ameisen, Herdentiere, Vögel und Fische bilden Schwärme (Camazine et al. 2003). In einem Schwarm sind sich die Individuen nicht bewusst, dass sie Teil des globalen Verhaltens sind. Das globale Verhalten kann Emergenz im oben genannten Sinne zeigen (Müller-Schloer et al. 2011, S. 39). Einfacher ausgedrückt wird von emergentem Verhalten gesprochen, wenn gilt: „Das Ganze ist mehr als die Summe seiner Teile".

Das folgende einfache Beispiel verdeutlicht das Prinzip emergenten Verhaltens: Mehrere Individuen bewegen sich zufällig in einem zweidimensionalen Raum und haben die Aufgabe, farbige Objekte zu transportieren. Jedes Individuum handelt nach den folgenden Anweisungen (Regeln):

1. *Wenn du gerade kein Objekt trägst, hebe ein Objekt auf.*
2. *Ansonsten lege dein Objekt neben ein Objekt der gleichen Farbe.*

Obwohl der Algorithmus einfach ist, ist überraschenderweise das globale Verhalten dennoch komplex und nicht leicht vorhersagbar. In Simulationen zeigt der Schwarm *emergentes* Verhalten: Der Schwarm sortiert die Objekte. Die Objekte verschiedener Farben werden nach Farben in Haufen angeordnet, wie die Abb. 1 zeigt. Eine Besonderheit an diesem Sortierverfahren ist, dass die Haufen an anderen Positionen entstehen, wenn der Schwarm mit unterschiedlichen Anfangsverteilungen beginnt.

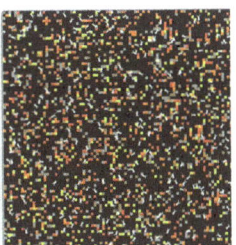

Abb. 1 Kollektives Sortieren in der Ebene, Links: Ausgangszustand, Mitte: sortiert, Rechts: neu sortiert (Quelle: eigene Abbildungen)

2.1   Schwarmintelligenz in Gruppen von Menschen

Auch Gruppen von Menschen zeigen unter bestimmten Bedingungen ein Schwarmverhalten. Dabei ist interessant zu wissen, welche Faktoren (Kommunikation, Führung, Einflüsse der Umwelt) benötigt werden, damit ein *kollektives* Verhalten entstehen kann. Um individuelles Verhalten in einem Schwarm zu analysieren, haben wir ein Schwarmexperiment mit 200 Menschen durchgeführt. Im Gegensatz zum vorherigen Beispiel wurde das globale Ziel des Schwarmverhaltens (z. B. Sortierung) vorgegeben.

Das Ziel des Experiments war, den Umfang der Interaktion und Kommunikation der Teilnehmenden bei der Lösung von vier Aufgaben mit verschiedenen Schwierigkeitsgraden zu untersuchen und Verhaltensmuster zu finden. Ähnlich wie bei früheren Experimenten (Palmer et al. 2003) erhielten die Teilnehmenden T-Shirts mit mehreren Merkmalen, die für die Aufgaben von Bedeutung waren.

In der ersten Aufgabe sollten die Teilnehmenden sich nach den Farben der T-Shirts (blau, orange, dunkelrot, grün) gruppieren. In der zweiten Aufgabe sollten sie sich wieder gruppieren, diesmal allerdings nach einer von vier geometrischen Figuren, die auf die Vorder- und Rückseite der T-Shirts gedruckt waren. In der dritten Aufgabe (Abb. 2) sollten sich die Teilnehmenden in einer Reihe aufstellen, wobei die Reihenfolge durch die Zahl auf der Vorderseite des T-Shirts vorgegeben war. Die vierte und schwierigste Aufgabe bezog sich auf den Buchstaben, der auf der Rückseite des jeweiligen T-Shirts gedruckt war. Die Teilnehmenden sollten damit Wörter bilden, ähnlich wie im Spiel Scrabble. Die Häufigkeit der Buchstaben auf den T-Shirts wurde nach der Häufigkeit der Buchstaben der deutschen Sprache (Beutelspacher 2009) vergeben. In allen vier Aufgaben bestand die Schwierigkeit für die Teilnehmenden darin, dass die Personen

Abb. 2 SchwarmExperiment, 2015 – Aufgabe 3. (Quelle: eigene Photographie)

nur die Merkmale in ihrer Nähe beobachten und deswegen nur mit ihren Nachbarn interagieren konnten.

Die Analyse der Videoaufzeichnung der Experimente erbrachte folgende Ergebnisse:

- Für das erste Experiment bedurfte es einer weniger intensiven Kommunikation, da die Teilnehmenden die verschiedenen Farben leicht über größere Entfernungen hinweg erkennen konnten.
- Die zweite Aufgabe erforderte im Vergleich mehr Kommunikation und zusätzliche Führung aus dem Schwarm heraus. Die Experimente zeigten, dass mehr als 20 % der Personen die Anführer-Rolle übernommen hatten, jedoch immer nur für einen sehr kurzen Zeitraum.
- Bei der dritten Aufgabe mussten die Individuen mehr interagieren, um sich in die Reihe einordnen zu können. Hier war Führung (aus dem Schwarm heraus) bei der Organisation des Schwarms unverzichtbar. Während dieser Aufgabe gab es insgesamt weniger Teilnehmende in der Anführer-Rolle, jedoch wurde diese Rolle wesentlich länger beibehalten.
- Die Lösung von Aufgabe vier dauerte wesentlich länger. Die Wörter, die von den Teilnehmenden gebildet wurden, waren häufig nur kurz. Außerdem wurde bei dieser Aufgabe mehr Interaktion beobachtet, da sich die Teilnehmenden innerhalb von Gruppen auf ein konkretes Ziel (Wort) einigen mussten, was sich in der langen Zeit zur Lösung der Aufgabe niederschlägt.

Die Ergebnisse zeigen, dass Führung (aus dem Schwarm heraus) und Kommunikation (der Teilnehmenden) eine wesentliche Rolle beim Schwarmverhalten von Menschen spielen. Im Folgenden wird beschrieben, wie diese Erkenntnisse für Schwarmintelligenz in technischen Systemen genutzt werden können.

2.2 Schwarmintelligenz in technischen Systemen

Heutzutage sind technische Systeme wie Roboter, Sensoren, Computer, mobile Kommunikationsgeräte allgegenwärtig. Diese Systeme werden immer kleiner, zahlreicher und sind mit mehr Kommunikationsfähigkeiten ausgestattet. Das *Internet der Dinge* bietet ein gutes Beispiel für ein sich selbst organisierendes System, das aus vielen solchen Geräten besteht. Die vernetzten Geräte sollen sich an die veränderliche Umgebung und deren Dynamik anpassen, das System soll gegen Ausfälle einzelner Geräte robust sein und die Geräte sollen sich selbstorganisieren.

Mit Hilfe von Methoden aus dem Forschungsgebiet Schwarmintelligenz können solche Herausforderungen oft besser gemeistert werden. Die Hauptgründe sind:

- Skalierbarkeit: Da für alle *Individuen* einfache Regeln erstellt werden und alle Individuen gleich aufgebaut sind, können sehr viele Individuen verwendet werden, um eine Aufgabe zu bearbeiten. Dadurch kann zum Beispiel ein Schwarm von Robotern in Szenarien wie der kollektiven Suche dazu beitragen, einen größeren Bereich abzudecken als ein einzelner Roboter.
- Robustheit gegen Ausfälle: Wenn einzelne oder mehrere Individuen nicht funktionieren, kann der Schwarm die Aufgabe trotzdem erfüllen.
- Adaptives Verhalten: Schwärme können sich an Änderungen der Umgebung anpassen.

Schwarmintelligenz in der Informatik wird primär in drei Forschungsbereichen bearbeitet:

- Kollektive und Crowds,
- Kollektive Intelligenz
- Kollektives Lernen

Die erste Forschungsdomäne behandelt kollektives Verhalten, indem die Schwärme auf makroskopischer Ebene untersucht werden. Die Individuen und ihre Verhaltensweisen werden dabei nicht im Detail untersucht, sondern nur das globale Verhalten und dessen Folgen (Helbing und Molnar 1995). In der kollektiven Intelligenzwerden Individuen mit festen Regeln betrachtet. Im dritten Teilgebiet, dem kollektiven Lernen, verändern die Individuen ihre Regeln. Kollektive Suchmechanismen wie Ameisenkolonie-Optimierung (Bonabeau et al. 1999) und Partikelschwarm-Optimierung (Kennedy und Eberhart 2001), kollektive Sortieralgorithmen (Bonabeau et al. 1999), kollektive Entscheidungsfindung und kollektive Wahrnehmung (Schmickl et al. 2016) gehören zum Gebiet der Kollektiven Intelligenz. Die wichtigsten Bereiche im Gebiet des Kollektiven Lernens sind evolutionäre Algorithmen (Kruse et al. 2016) und evolutionäre Robotik (Nolfi und Floreano 2000).

Gegenstand dieses Aufsatzes sind die Bereiche Kollektive Intelligenz und Kollektives Lernen.

2.3 Komponenten der Kooperation in Schwarmintelligenz

Das kollektive Verhalten im Schwarm basiert im Wesentlichen auf drei Komponenten:

- Lokale Kommunikation und Interaktion zwischen den Individuen
- Regeln, die für alle Individuen gleich sind
- Entwicklung einer Führung, aus dem Schwarm heraus

Auch wenn ein Anführer nicht explizit festgelegt ist und die Individuen mit den gleichen Regeln programmiert werden, übernimmt ein Individuum die Rolle des Anführers. Die Rolle eines temporären Anführers ist eines der wesentlichen Elemente zur Lösung einer festgelegten Aufgabe.

Beispiele für Führung können in der Natur oft beobachtet werden: In einem Schwarm von Vögeln, die nach Nahrung suchen, übernimmt ein Vogel an der Spitze die Rolle des Anführers. Selbst wenn die Rolle nicht ausdrücklich festgelegt ist, ist in einem Schwarm ein Anführer erkennbar. Der Anführer bringt seine eigene Individualität entgegen dem Schwarm zum Tragen und trägt gerade damit zum Erfolg des gesamten Schwarms bei. Dieses Verhalten kann auch in technischen Systemen beobachtet werden, zum Beispiel in kollektiven Suchszenarien in Optimierungsalgorithmen (Kennedy und Eberhart 2001) oder im Kontext kollektiver Suche mit Robotern (s. u.) beobachtet werden.

Insgesamt basiert die Selbstorganisation in der Schwarmintelligenz auf den eben genannten Komponenten. Meistens gibt es keine explizite externe Steuerung des Schwarms.

Bei der Anwendung der Schwarmintelligenz in technischen Systemen ist häufig gewünscht, das organisierte Verhalten extern zu steuern. Eine Möglichkeit, diese gesteuerte Selbstorganisation zu erreichen, besteht darin, die Randbedingungen, das Umfeld, etc. zu verändern, in der der Schwarm seine Aufgabe ausführt. Ein alltägliches Beispiel für gesteuerte Selbstorganisation sind Ampeln (kontrollierbarer Teil der Umwelt), die mehrere Fahrzeuge (Individuen im Schwarm) steuern. In der gesteuerten Selbstorganisation ist es effizienter und oft einfacher, die Umgebung zu beeinflussen und dadurch den Schwarm zu steuern, als auf einzelne oder sogar alle Individuen einzuwirken.

3   Die Rolle der Kommunikation und der Führung

Ein wichtiges Merkmal der Schwarmintelligenz in technischen Systemen ist die Rolle des Anführers. Wie bereits erwähnt, ist die Rolle des Anführers nicht vorherbestimmt. Eines der Individuen übernimmt diese Rolle für eine bestimmte Zeit. Wie bei Vögeln in der Natur übernimmt ein Vogel für einige Zeit die Führungsrolle, ein paar Sekunden später ein anderer. Die Rolle des Anführers in technischen Systemen soll am Beispiel einer kollektiven Suche (Kenndy und Eberhardt 2001) mit Anwendungen in Optimierungsproblemen und der Robotik verdeutlicht werden.

Dabei wird angenommen, dass mehrere Individuen (Roboter) nach Positionen mit hohen Temperaturwerten in ihrer Umgebung suchen. Jedes Individuum kennt seine aktuelle Position und kann dort die Temperatur messen und speichern. Die Individuen agieren nach den folgenden Regeln:

1. *Sende deine Position und die dort gemessene Temperatur zu den Nachbarn.*
2. *Bewege dich in Richtung auf das Individuum mit der höchsten gemessenen Temperatur in deiner Nachbarschaft (Soziale Bewegungs-Komponente).*
3. *Bewege dich in Richtung einer zufälligen Position in der Nähe des Ortes deines höchsten gespeicherten Temperatur-Messwertes (Kognitive Bewegungs-Komponente).*

In diesem Szenario ist das Individuum mit der aktuell höchsten Temperatur der Anführer der anderen Individuen, in dessen Richtung sich diese bewegen (soziale Bewegungs-Komponente). Dieses *„soziale"* Verhalten stimmt meist nicht mit den eigenen Messwerten des Individuums überein. Deswegen bewegt sich jedes Individuum zusätzlich zur Bewegung in Richtung zum Anführer auch in Richtung des eigenen besten Messwertes (Kognitive Bewegungs-Komponente). Ein errechneter Kompromiss aus beiden Bewegungskomponenten ergibt die tatsächliche Bewegung der Individuen. Die richtige Balance zwischen sozialer Komponente (Kollektivität) und kognitiver Komponente (Individualität) führt zur schnellen Auffindung der Position mit dem höchsten Temperaturwert.

Ein anderes Szenario, das ursprünglich von Miller et al. (2013) untersucht wurde, bezieht sich auf das kollektive Verhalten in einem Fischschwarm in einem Aquarium. Angenommen, es gibt zwei Gruppen bereits trainierter Fische. Gruppe A wurde trainiert, um in einen Bereich des Aquariums mit gestreiften Mustern zu schwimmen. Gruppe B wurde darauf trainiert, ein farbiges Gebiet der Umgebung aufzusuchen. Miller et al. (2013) haben untersucht, was passiert, wenn beide

Gruppen zusammen agieren. Einige Fische schwimmen in ein Gebiet mit einer Kombination der beiden Umgebungseigenschaften (gestreift und farbig). Dieser Bereich wird als Konsensgebiet bezeichnet.

In einer unserer Studien haben wir dieses Verhalten in einer Computersimulation untersucht und uns auf die individuelle Entscheidungsfindung konzentriert (Hassan und Mostaghim 2018). Unter gleichen Bedingungen wie bei Miller et al. (2013) wurde der künstliche Schwarm so programmiert, dass jeder Fisch entscheiden konnte: Folge ich dem Schwarm oder sollte ich in die Region schwimmen, für die ich trainiert wurde? Zu diesem Zweck haben wir das Konzept der multikriteriellen Optimierung (Deb 2001) verwendet. Wir konnten die Ergebnisse von Miller et al. (2013) reproduzieren und zeigen, dass über 50 % der Individuen dem Anführer im Schwarm und nicht ihrer individuellen Präferenz folgen.

Inspiriert von diesen Ergebnissen gehen wir im Folgenden der Frage nach, ob individuelle Entscheidungen in das Schwarmverhalten integriert werden können, damit der Schwarm davon profitiert. Wie bei Szenarien der kollektiven Suche mit Robotern modellieren wir jeden Roboter mit einer begrenzten Batteriekapazität und geben ihm die Möglichkeit, individuelle Entscheidungen zu treffen. Wir ändern dazu die zweite oben genannte Regel so, dass jedes Individuum einen Anführer anhand der eigenen Präferenz auswählen kann:

2'. Bewege dich in Richtung einer zufälligen Position in der Nähe eines Nachbarn, der einen höheren Temperaturwert hat als du selbst.

Mit der neuen Regel kann als Anführer auch ein anderes Individuum gewählt werden, das nicht das mit der höchsten Temperatur in der Nachbarschaft ist, jedoch mit geringerem Batterieverbrauch erreicht werden kann. Dies bedeutet, dass innerhalb einer Nachbarschaft kein einzelnes Individuum die Rolle des Anführers für alle innehat, sondern mehrere Anführer existieren. Unsere Experimente zeigen, dass der Schwarm sowohl hinsichtlich des gesamten Energieverbrauchs als auch der Suchzeit effizienter ist, als wenn alle Individuen denselben Anführer auswählen (Mostaghim et al. 2016; Mai et al. 2019). Dasselbe gilt für weitere Experimente (Bartashevich et al. 2017), in denen wir einen Schwarm in einer sehr dynamischen Umgebung betrachten, die die Bewegung und die Effizienz der Individuen hinsichtlich der Suchzeit beeinflusst (z. B. Quadrokopter, die vom Wind beeinflusst werden). Jetzt muss jedes Schwarmmitglied eine individuelle Entscheidung treffen: Folge ich dem Schwarm oder sollte ich dem Gegenwind entgehen und einen anderen Anführer wählen? Auch hier liefern die

Ergebnisse der einzelnen Algorithmen zur Entscheidungsfindung, die auf multi-kriterieller Optimierung basieren, eine klare Antwort: Mehr Anführer tragen zu einer insgesamt besseren Leistung des Schwarms bei. Darüber hinaus trägt die individuelle Entscheidungsfindung dazu bei, die Auswirkungen der Umwelt (z. B. Gegenwind) zu berücksichtigen.

4   Die Rolle der Umwelt

Die Herausforderung in der Anwendung der Schwarmintelligenz in technischen Systemen besteht darin, die Selbstorganisation so zu beeinflussen, dass das entstehende Verhalten des gesamten Schwarms den Wünschen der Anwender entspricht. Da die direkte Steuerung einzelner Individuen oft nicht möglich ist (z. B. bei einer großen Anzahl von Individuen), ist die Änderung der Umwelt die einzige Möglichkeit zur Steuerung solcher Systeme. *Ein Beispiel ist die (indirekte) Steuerung des Verkehrs durch Lichtsignalanlagen.*

Der Forschungsbereich Organic Computing (Müller-Schloer et al. 2011) untersucht die Methodik der „gesteuerten Selbstorganisation". Steuerung und Selbstorganisation sind zwei widersprüchliche Begriffe. Der Kompromiss aus Steuerung und Selbstorganisation wird gemessen im „Grad der Selbstorganisation", einer wichtigen Kennzahl eines selbst-organisierten Systems.

Im Folgenden werden die Methoden der Schwarmintelligenz und der Einfluss der Umwelt auf das Verhalten des Schwarms dargestellt. In einem Szenario der Kollektiven Wahrnehmung (Schmickl et al. 2016) wird überprüft, ob die negativen Auswirkungen der Umgebung in positive Effekte und dadurch zur Steuerung des Systems genutzt werden kann. Der Forschungsbereich der Kollektiven Wahrnehmung beschäftigt sich mit Methoden, mit denen man das subjektive Wissen mehrerer Individuen (z. B. fehlerbehaftete Messwerte von Robotern) zu einer besseren Wissensbasis kombinieren kann.

In dem hier betrachteten Beispiel bewegen sich zufällig mehrere Individuen in einem 2-dimensionalen Raum, der schwarze und weiße Flächen in einem Raster enthält. Die genaue Anordnung der Flächen (Abb. 3) sowie das Verhältnis von weißen zu schwarzen Flächen ist den Individuen nicht bekannt. Jedes Individuum kann die Farbe (schwarz oder weiß) an der Position, die es in den letzten n Zeitschritten besucht hat, wahrnehmen und speichern. Das Ziel des Schwarms ist es, gemeinsam die in der Umgebung vorherrschende Farbe zu bestimmen.

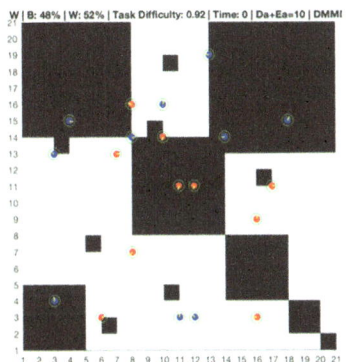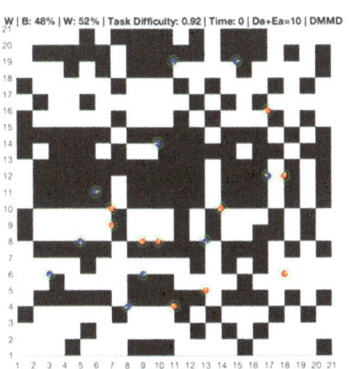

Abb. 3 Szenario der kollektiven Wahrnehmung in zwei verschiedenen Umgebungen, jedoch mit den gleichen Anteilen der schwarzen und weißen Flächen. Rechts: der Schwarm ist nicht erfolgreich, Links (transformierte Umgebung aus rechts): der Schwarm ist erfolgreich. (Quelle: eigene Abbildungen)

Die Individuen im Schwarm handeln nach den folgenden Regeln:

1. *Finde eine Entscheidung für die Frage nach der vorherrschenden Farbe, indem Du die eigenen Wahrnehmungen in den letzten n Zeitschritten analysierst.*
2. *Teile deine Entscheidung deinen Nachbarn mit.*
3. *Ändere deine Entscheidung, wenn die Mehrheit deiner Nachbarn eine andere getroffen hat.*

Mit diesem Algorithmus treffen alle Individuen nach einiger Zeit eine einheitliche Entscheidung, ob die Mehrheit der Flächen schwarz oder weiß ist. Dieser Ansatz funktioniert sehr gut, wenn der Schwarm in Umgebungen mit stark verschiedenen Anteilen der farbigen Flächen agiert. In Umgebungen mit sehr ähnlichen Verhältnissen, z. B. 48 % schwarz und 52 % weiß (Abb. 3), ist der Schwarm jedoch nicht immer in der Lage, die richtige Antwort zu finden.

Um den positiven Einfluss der Umgebung zu zeigen, wurde die Umgebung mithilfe einer isomorphen Transformation geändert (Bartashevich und Mostaghim 2019). Eine solche Transformation verändert den Anteil der Farben nicht, sondern verschiebt die farbigen Flächen an eine andere Position. Die linke Umgebung in Abb. 3 wurde mithilfe der Isomorphen Transformation erzeugt. Obwohl der Anteil der Farben nicht verändert wurde und die Individuen die gleichen Regeln befolgten, fand der Schwarm innerhalb kürzester Zeit die korrekte Lösung.

In beiden Szenarien ist die Umgebung unbekannt. So kann ein Schwarm mit vorher festgelegten Regeln ähnliche Aufgaben oft nicht lösen, vor allem wenn die Umgebung Hindernisse enthält und deswegen ein Teil der Umgebung für die Individuen nicht zugänglich ist. Eine mögliche Alternative zu fest vorgegebenen Regeln ist, die Regeln während der Bearbeitung der Aufgabe dynamisch anzupassen. Diese Methode wird im Bereich des *kollektiven Lernens* untersucht, in dem die Regeln von den Individuen während der Ausführung der Aufgabe gelernt (entwickelt oder optimiert) werden.

Basierend auf dem Konzept der evolutionären Algorithmen (Kruse et al. 2016) besteht das Ziel des kollektiven Lernens darin, von sehr einfachen, abstrakten Regeln auszugehen und diese sukzessive weiter zu entwickeln. Im folgenden Szenario *Gate Passing Experiment* agieren mehrere Individuen, die lokal ihre Umgebung wahrnehmen können und die eine Bewegungsregel erlernen sollen: Die Individuen sollen sich stets bewegen, Kollisionen vermeiden und ein schmales Tor von einem Raum zum anderen durchqueren (Abb. 4, links). Das schmale Tor (Gate) zu passieren stellt eine Herausforderung dar, weil dort Kollisionen zwischen den Individuen sehr wahrscheinlich sind.

Um dieses Verhalten zu erzeugen, wird eine Kombination aus bestimmten Bewegungsmustern wie *vorwärts-fahren, rechts-abbiegen, links-abbiegen* und *anhalten* verwendet. Diese Muster werden gespeichert und können durch Übergangsregeln kombiniert werden, in denen die Sensoren der Roboter ausgewertet werden. Zum Beispiel kann eine erlernte Verhaltensregel so aussehen: *Wenn Sensor eins den Wert null misst*, dann *vorwärts-fahren, ansonsten links-abbiegen*.

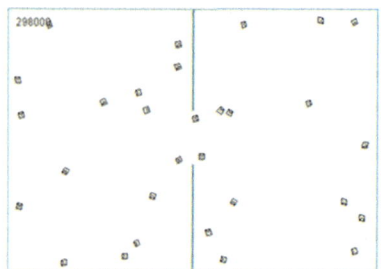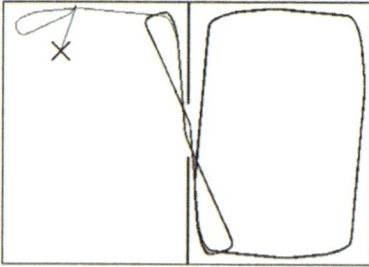

Abb. 4 Ein Beispiel für kollektives Lernen: Ein Schwarm soll lernen, sich ohne Kollisionen zu bewegen und das Tor zu passieren. Links: das Szenario, Rechts: die Bahn des entwickelten Verhaltens durch evolutionäre Robotik (Wall-following). (Quelle: eigene Abbildungen)

Der evolutionäre Ansatz funktioniert wie folgt:

1. Jedes Individuum ändert oder fügt nach jeweils *n* Zeitschritten zufällig einen neuen Baustein hinzu.
2. Die Individuen messen die Leistung (die sogenannte Fitness) ihres eigenen Verhaltens, indem sie die Anzahl ihrer Schritte und Kollisionen zählen und messen, wie oft sie das Tor passiert haben.
3. Sobald ein Individuum andere Individuen trifft, tauscht es seine Fitness mit den anderen aus. Falls es eine bessere Fitness hat, gibt es seine Verhaltensregeln an die anderen weiter, sonst löscht es das eigene Verhalten und übernimmt das beste Verhaltensmuster aus seiner Nachbarschaft.

Wenn der Schwarm über längere Zeit agiert, konvergiert er zu einem nahezu perfekten Verhalten (König et al. 2009): Alle Individuen bewegen sich an der Wand entlang, indem sie einander folgen. Dieses *Wall-following* ist ein emergentes Verhalten.

5 Zusammenfassung

Dieser Artikel bietet einen Überblick über Schwarmintelligenz in technischen Systemen. Wir haben verschiedene Aspekte des Schwarmverhaltens untersucht: Kommunikation, Führung und den Einfluss der Umgebung des Schwarms. Mithilfe dieser Techniken gelingt es, emergentes Verhalten zu erzeugen. Wir haben zudem Möglichkeiten aufgezeigt, ein selbstorganisierendes System zu schaffen, das trotzdem gesteuert werden kann.

Die Analyse von biologischen Schwärmen ist eine sehr gute Inspirationsquelle für die Realisierung technischer Schwärme. Umgekehrt tragen technische Schwärme auch zum Verständnis von Schwärmen von Tieren und Menschen bei, da diese Verhaltensmuster sehr gut simuliert werden können.

Literatur

Bartashevich, P., & Mostaghim, S. (2019). Positive impact of isomorphic changes in the environment on collective decision-making. ACM international conference GECCO.

Bartashevich, P., Koerte, D., & Mostaghim, S. (2017). Energy-saving decision making for aerial swarms: PSO-based navigation in vector fields. In *Proceedings of the IEEE Swarm Intelligence Symposium, IEEE SSCI* (S. 1848–1855).

Beutelspacher, A. (2009). *Kryptologie. Eine Einführung in der Wissenschaft vom Verschlüsseln, Vergeben und Verheimlichen* (S. 10). Wiesbaden: Vieweg + Tuebner.

Bonabeau, E., Dorigo, M., & Theraulaz, G. (1999). *Swarm intelligence: From natural to artificial systems.* New York: Oxford University Press.

Camazine, S., Deneubourg, J., Franks, N. R., Sneyd, J., Theraulaz, G., & Bonabeau, E. (2003). *Self-organization in biological systems.* Princeton: Princeton University Press.

Deb, K. (2001). *Multi-objective optimization using evolutionary algorithms.* Chichester: Wiley.

Hassan, A., & Mostaghim, S. (2018). Understanding collective decision-making in natural swarms. In *Proceedings of the IEEE swarm intelligence symposium, IEEE SSCI* (S. 1563–1570).

Helbing, D., & Molnár, P. (1995). Social force model for pedestrian dynamics. *Physics Review, 51,* 4282.

Kennedy, J., & Eberhart, R. (2001). *Swarm intelligence.* San Francisco: Kaufmann.

König, L., Mostaghim, S., & Schmeck, H. (2009). Decentralized evolution of robotic behavior using finite state machines. *International Journal of Intelligent Computing and Cybernetics, 2*(4), 695–723.

Kruse, R., Borgelt, C., Braune, C., Mostaghim, S., & Steinbrecher, M. (2016). *Computational intelligence: A methodological introduction.* London: Springer.

Mai, S., Zille, H., Steup, C., & Mostaghim, S. (2019). Multi-objective collective search and movement-based metrics in swarm robotics. ACM international conference GECCO.

Miller, N., Garnier, S., Hartnett, A. T., & Couzin, I. D. (2013). Both information and social cohesion determine collective decisions in animal groups. *Proceedings of the National Academy of Sciences, 110*(13), 5263–5268.

Mostaghim, S., Steup, C., & Witt, F. (2016). Energy aware particle swarm optimization as search mechanism for aerial micro-robots. In Proceedings of the IEEE Swarm Intelligence Symposium.

Müller-Schloer, C., Schmeck, H., & Ungerer, T. (2011). *Organic computing – A paradigm shift for complex systems.* Basel: Springer.

Nolfi, S., & Floreano, D. (2000). *Evolutionary robotics: The biology, intelligence, and technology of self-organizing machines.* Cambridge: MIT Press.

Palmer, D., Kirschenbaum, M., Murton, J., Kovacina, M., Steinberg, D., Calabrese, S., Zajac, K., Hantak, C., & Schatz, J. (2003). Using a collection of humans as an execution testbed for swarm algorithms. *Proceedings of the IEEE Swarm Intelligence Symposium, 58–64.*

Schmickl, T., Möslinger, C., & Crailsheim, K. (2016). *Collective perception in a robot swarm, international workshop on swarm robotics* (S. 144–157). Berlin: Springer.

Teil II
Anwendungen des Zusammenwirkens

Einleitende Worte zu Anwendungen des Zusammenwirkens

Otto Richter

Die möglichen Anwendungen des Zusammenwirkens künstlicher Intelligenz und lebender Entitäten sind nicht absehbar. Beinahe täglich wird in den Medien von Anwendungen berichtet, die gestern noch in den Bereich der Science-Fiction gehörten. Es gibt kaum eine Branche, die nicht von der digitalen Transformation betroffen ist. Diese Transformation hat ein enormes ökonomisches Potenzial, das in einer Studie der Fraunhofer-Allianz Big Data (2017) detailliert für einzelne Branchen analysiert wurde.

Aktuelle Entwicklungen aus dem Bereich Medizin und Gesundheitsversorgung betreffen intelligente Exoskelette für querschnittsgelähmte Menschen, intelligente persönliche Begleiter, Diagnose- und Therapie-Assistenten, Operationsroboter, empathische Assistenz im Wohnumfeld – um nur einige zu nennen. Der Beitrag von Marschollek und Wolf (in diesem Buch) zeigt als Beispiel den Impact der Wechselwirkung von künstlicher Intelligenz und körpernaher oder implantierter Systeme auf Medizin und die Gesundheitsversorgung.

Vielleicht unerwartet ist, dass die Digitalisierung in der Landwirtschaft schon sehr weit fortgeschritten ist. Laut einer von der Bitkom und dem Deutschen Bauernverband gemeinsam durchgeführten Studie aus dem Jahr 2016, in der 850 Betriebsleiter befragt wurden (Rohleder und Krüsken 2016), investieren 28 % der befragten Betriebe gezielt in den Erwerb digitaler Kompetenzen. Typische Anwendungsbereiche sind die Viehhaltung, bei der beispielsweise Melkroboter, individuelle Fütterungssysteme und Gesundheitsüberwachung zum Einsatz kommen. Der Beitrag von Wolf zeigt neuere Trends umweltschonender

O. Richter (✉)
Institut für Geoökologie der TU Braunschweig, Braunschweig, Deutschland
E-Mail: o.richter@tu-braunschweig.de

© The Author(s) 2021
R. Haux et al. (Hrsg.), *Zusammenwirken von natürlicher und künstlicher Intelligenz,* https://doi.org/10.1007/978-3-658-30882-7_6

Präzisionslandwirtschaft (Precision Agriculture) auf, die durch die Steuerung von Pflanzenbeständen mittels intelligenter Roboter realisiert wird, die beispielsweise Unkraut entfernen oder bedarfsgerecht Nährstoffe zuführen.

Im Focus des öffentlichen Interesses und der Medien steht das autonome Fahren, d. h. das Ersetzen der menschlichen Fähigkeiten im System *Fahrer – Fahrzeug – Umwelt* durch Anwendung künstlicher Intelligenz. Dieses ist nur ein Aspekt möglicher Anwendungen der KI im Bereich der Mobilität. Umfassende Vision ist, Nutzer und deren Bedürfnisse, Verkehrsmittel und Infrastrukturen zu vernetzen, sodass Verkehrsflüsse und Mobilitätsverhalten in einem Gesamtsystem gesteuert werden können (Nationaler IT-Gipfel 2015). Der Beitrag von Jipp und Lemmer (im vorliegenden Buch) behandelt insbesondere den Aspekt der Wechselwirkung zwischen System und Nutzer aus menschlicher Sicht, der häufig weniger im Fokus steht.

Literatur

Fraunhofer-Allianz Big Data, Sankt Augustin. (2017, November). Potenzialanalyse „Künstliche Intelligenz". https://www.bigdata.fraunhofer.de/de/big-data/kuenstliche-intelligenz-und-maschinelles-lernen/potenzialanalyse--kuenstliche-intelligenz-.html.

Nationaler IT-Gipfel. (2015, November). Plattform Digitale Netze und Mobilität. https://plattform-digitale-netze.de/publikationen/.

Rohleder, B., & Krüsken, B. (2016, November 2). Bitkom und Deutscher Bauernverband zur Digitalisierung der Landwirtschaft. https://www.bitkom.org/sites/default/files/pdf/Presse/Anhaenge-an-PIs/2016/November/Bitkom-Pressekonferenz-Digitalisierung-in-der-Landwirtschaft-02-11-2016-Praesentation.pdf.

Wie körpernahe und implantierte Systeme die Medizin und die Gesundheitsversorgung verändern

Michael Marschollek und Klaus-Hendrik Wolf

Zusammenfassung

Sensoren und Aktoren im persönlichen Lebensumfeld ermöglichen neue gesundheitsbezogene Dienste. Die anfallenden Daten lassen sich allein aufgrund ihrer schieren Menge nicht allein von Menschen interpretieren. Das Zusammenwirken der Patientinnen und Patienten, sowie der Ärztinnen und Ärzte mit Systemen, die aufgrund ihrer Analyse und der entsprechenden Rückmeldung die Gesundheit von Menschen beeinflussen, stellt die Medizin und die Gesellschaft vor neue Herausforderungen. Der vorliegende Beitrag stellt mehrere aktuelle Beispiele aus den Bereichen Rehabilitation, Pflege und klinische Medizin vor und zeigt jeweils Möglichkeiten und Herausforderungen des Zusammenwirkens solcher Assistenzsysteme im Kontext der sozio-technischen Systeme auf, in die sie eingebettet sind. Zusammenfassend erörtert er die möglichen Konsequenzen des Zusammenwirkens der verschiedenen ungleichen Akteure.

M. Marschollek (✉) · K.-H. Wolf
Peter L. Reichertz Institut für Medizinische Informatik der TU Braunschweig,
Medizinischen Hochschule Hannover, Hannover, Deutschland
E-Mail: Michael.Marschollek@plri.de

K.-H. Wolf
E-Mail: Klaus-Hendrik.Wolf@plri.de

Schlüsselwörter

Assistierende Gesundheitstechnologien · Telemedizin · Versorgungsmedizin ·
Ethik · Künstliche Intelligenz · Gesundheitsversorgung

1   Einleitung

Mittlerweile gibt es eine breite Fülle von Sensoren und Aktoren im persönlichen
Lebensumfeld. Diese sind sowohl in tragbare als auch raumbezogene *(ambiente)*
Systeme integriert und ermöglichen neue gesundheitsbezogene Dienste. Derartige
technische Systeme arbeiten häufig als eingebettete Systeme kontinuierlich automatisiert und ohne menschliche Interaktion im Hintergrund – beispielsweise zur
Vermessung körperlicher Aktivität oder zur Erkennung von medizinischen Notfallsituationen. Gleichzeitig gestatten neuartige Dialogschnittstellen zunehmend
auch technisch weniger erfahrenen Anwenderinnen und Anwendern geführte
Interaktionen mit technischen Systemen (*Chatbot*[1]-Ansatz) und ermöglichen ebenfalls neue Dienste, z. B. die Unterstützung kognitiver Leistungen
durch kontextabhängige Präsentation von Informationen oder die vorklinische
Diagnoseunterstützung bei Patientinnen und Patienten. Hierbei kommen vermehrt
Methoden der *Künstlichen Intelligenz*[2,3] zum Einsatz, sodass zunehmend von
intelligenten Maschinen gesprochen wird.

Die beschriebenen intelligenten Maschinen stellen neue Akteure auf dem Gebiet
der Gesundheitsdienstleistungen und der Versorgungsmedizin dar. Die Zusammenarbeit dieser neuen Akteure miteinander und mit den bereits in die multi-
disziplinäre Arbeit im Gesundheitswesen Eingebundenen führt zu Veränderungen.
Die Medizin und die Gesundheitsversorgung unterlagen und unterliegen, nicht
zuletzt durch den Einfluss von neuer Technik, einer beständigen Veränderung.

---

[1]Ein Chatbot ist ein textbasiertes Dialogsystem, das eine natürlichsprachliche Interaktion
mit einem technischen System erlaubt.

[2]„[…] Überbegriff für Anwendungen, bei denen Maschinen menschenähnliche Fähigkeiten
wie Lernen, Urteilen oder Problemlösen erlangen." (Deutscher Bundestag 2018, S. 5).

[3]Aus dem Antrag für die Dartmouth Konferenz 1956: „The study is to proceed on the basis
of the conjecture that every aspect of learning or any other feature of intelligence can in
principle be so precisely described that a machine can be made to simulate it. An attempt
will be made to find how to make machines use language, form abstractions and concepts,
solve kinds of problems now reserved for humans, and improve themselves." (Wikipedia
2019).

So haben Technologien wie das Mikroskop, das Elektrokardiogramm und Untersuchungen mit Röntgenstrahlen und Ultraschall das Spektrum der medizinischen Diagnostik erweitert. Die automatisierte Analyse von EKG-Signalen ist längst Routine und entbindet den Arzt von aufwendigen Routinetätigkeiten. Aktuell setzt die zunehmend routinemäßige Verwendung von Genom- und Proteomanalysen diese Entwicklung fort. Neben den genannten Werkzeugen zur Unterstützung der Diagnostik existieren therapeutische Werkzeuge, wie z. B. Herzschrittmacher, Hörgeräte, Cochlea-Implantate und Operationsroboter, die das Spektrum des Machbaren in der Medizin deutlich erweitern und, im Falle der Implantate, zu einem Teil des Körpers werden. Die neuen Werkzeuge kompensieren funktionelle Defizite (z. B. Herzschrittmacher) und erweitern die sensorischen (z. B. Röntgendiagnostik), kognitiven (z. B. EKG-Analyse) und motorischen (z. B. Operationsrobotik) Fähigkeiten. Wie die kontinuierlich zunehmenden Möglichkeiten des Zusammenwirkens immer ubiquitärer existierender und zunehmend allwissender und intelligenter erscheinenden und teilweise autonom agierender Werkzeuge die Gesundheitsversorgung und Medizin in der Gegenwart verändern und in der Zukunft tief greifend beeinflussen werden, ist kaum absehbar.

Zur Erörterung dieser Thematik stellt dieser Beitrag zunächst mehrere aktuelle Beispiele aus den Bereichen Rehabilitation, Pflege und klinische Medizin vor und zeigt jeweils Möglichkeiten und Herausforderungen des Zusammenwirkens solcher Assistenzsysteme im Kontext der sozio-technischen Systeme auf, in die sie eingebettet sind.

Der Beitrag gibt zunächst einen Überblick über die mit Sensoren messbaren, gesundheitsrelevanten Parameter sowie gängige Anwendungsszenarien im Bereich der nicht-klinischen und klinischen Versorgung. Beginnend mit der Anwendung in der Diagnostik, über die therapeutische und kombinierte Nutzung hin zu wissensbasierten Systemen spannt sich der Bogen der Szenarien. An konkreten Beispielen zeigt der Beitrag die neuen Formen des Zusammenwirkens von Menschen mit den neuen Technologien sowie daraus resultierende Veränderungen auf. Der Beitrag schließt mit einer zusammenfassenden Diskussion dieser Aspekte und gibt einen Ausblick auf entstehende Möglichkeiten und Risiken des Zusammenwirkens künstlicher und menschlicher Intelligenz in der Medizin.

2   Körpernahe und raumbezogene Sensoren

Innerhalb der letzten Dekade ist der Absatz tragbarer Geräte *(Wearables)* stark angestiegen (Schätzung: 2 Mio. in 2018), und insbesondere innerhalb der letzten fünf Jahre kommen immer mehr günstige Geräte (Consumer-Markt) auf den Markt, die nicht nur einfache Aktivitätsmessungen (z. B. Schrittzählungen) durchführen können, sondern zunehmend auch medizinische Parameter wie z. B. die Herzfrequenz dauerhaft und ohne zusätzliche Elektrodengurte erfassen können. Wenig untersucht ist bisher die Nachhaltigkeit der Nutzung solcher Geräte, die zurzeit häufig im Wellnessbereich eingesetzt werden. Hermsen et al. (2017) berichten von einer Studie mit 711 Teilnehmenden, die mit Aktivitätstrackern der Marke FitBit ausgestattet wurden (Hermsen et al. 2017). Nach 320 Tagen nutzten nur noch 16 % der Teilnehmenden das tragbare Gerät. Häufig lassen sich solche tragbaren Systeme an Smartphones anschließen, so dass mit diesen oder nach der Übertragung der Daten auf Server auch große Datenmengen mit komplexen Algorithmen schnell zu verarbeiten sind.

Moderne Smartphones sind ubiquitär verbreitet und verfügen in der Regel über mehr als 20 bereits integrierte Sensoren zur Positionsbestimmung, Bewegungserfassung, Bilderfassung usw. Gleichzeitig sind Speicherkapazität und Rechenleistung so hoch, dass es praktisch keine Einschränkungen in der Nutzbarkeit für die Auswertung von Daten gibt. Die mobile Internetnutzung lag 2018 in Deutschland bei 68 % und nimmt stetig zu (Initiative D21 2019). Im Jahr 2018 waren in nur einem App-Store bereits mehr als 100.000 Apps in den Bereichen Gesundheit und Wellness verfügbar (Albrecht et al. 2018).

Sensorsysteme lassen sich grob anhand ihrer Mobilität unterscheiden in mobile Systeme und raumbezogene, stationäre (ambiente) Systeme (Koch et al. 2009). Die mobilen Sensoren gliedern sich weiter in implantierte und nicht implantierte Systeme. Letztere werden weiter unterteilt in Sensoren, die direkten Kontakt zum Körper (primär der Haut) benötigen, und körpernah, z. B. in einer Tasche getragene (z. B. Smartphones). Mittels integrierter oder an tragbare Geräte angeschlossener Elektroden lassen sich Größen wie elektrische Signale des Herzens (EKG) oder der Hautleitwert erfassen. Weiterhin können die Temperatur, die Wärmekonvektion, die Körperwandbewegungen (Ballisto-/ Seismokardiografie), akustische Signale und auch chemische/biochemische Größen erfasst werden (Beispiel: kontinuierliche Blutzuckermessung mit einem semi-invasiven Sensorsystem). Im weitesten Sinne gehören zu den mobilen Sensorgeräten auch die zunehmend verbreiteten Geräte der professionellen Labordiagnostik (mobile point-of-care Messgeräte und Kits), die von Laborparametern (z. B. Hämoglobin,

Entzündungsparameter, Leberwerte, Elektrolyte, Nierenfunktionswerte, etc.) bis hin zu genetischen Tests vielfältig eingesetzt werden können.

Raumbezogene Sensoren erlauben vor allem die Erfassung von Raumnutzung und Bewegung von Personen innerhalb von einzelnen Räumen, Wohnungen, Gebäuden und Städten, aber auch Fahrzeugen. Zudem können vernetzte raumbezogene Sensoren vielfältige gesundheitsrelevante Parameter erfassen, wie z. B. das EKG über in Sitzgelegenheiten integrierte Sensorik oder die Herzfrequenz über optische Sensoren.

Im Folgenden zeigen wir mehrere Anwendungsbeispiele auf, wie tragbare und raumbezogene Sensoren gesundheitsrelevante Größen erfassen und durch intelligente Verarbeitung der Daten zur Lösung gesundheitlicher bzw. medizinischer Probleme beitragen können.

2.1   Anwendungsbeispiel: Bewegungserfassung in der medizinischen Forschung

Eines der am längsten etablierten Anwendungsfelder von Sensoren im Bereich der medizinischen Forschung ist die objektive Erfassung von Körperbewegungen. Dies reicht von einfachen tragbaren Schrittzählern, welche nur aggregierte Daten liefern können, über multisensorische tragbare Geräte, welche detaillierte Gang- und Bewegungsanalysen erlauben, bis hin zu stationären Multikamerasystemen in Ganglaboren. So breit wie die technischen Ansätze sind auch die untersuchten Fragestellungen. Mit den weit verbreiteten, mittlerweile auch in Smart Watches und Phones integrierten Beschleunigungssensoren lassen sich Schrittzahlen erfassen (zu Fehlerraten (vgl. Marschollek et al. 2008)) und der aktive Energieverbrauch der untersuchten Person schätzen. Durch den Einsatz mehrerer, synchronisierter Sensorgeräte mit Gyroskopen zur Erfassung der Winkelbeschleunigung ist die Vermessung von Gelenkbewegungen unter Alltagsbedingungen, z. B. bei der Arbeit oder beim Sport, möglich. In der Studie *Partial Knee Clinics* wiesen Calliess et al. (2014) mit einem Multisensoransatz nach, dass Unterschiede im Bewegungsablauf bei Patienten mit unterschiedlichen Knieendoprothesen vor allem beim Treppabsteigen auftreten (Calliess et al. 2014). Außerdem ließen sich Ermüdungseffekte messen. Solche Messungen sind unter stationären Laborbedingungen nicht durchführbar.

Ein wesentlicher Vorteil sensorgestützter Bewegungsmessungen liegt in deren Objektivität im Gegensatz zu der weit verbreiteten Methode der Befragung (*Recall*-Fragebögen) zur individuellen Bewegungsaktivität. Die eigene Aktivität wird häufig überschätzt. Aus diesem Grund setzen epidemiologische Studien schon seit geraumer Zeit Sensorgeräte ein, so z. B. bereits im *National Health and Nutrition Examination Survey 2005/2006* und der *UK Biobank Studie* mit 100.000 ProbandInnen (Willetts et al. 2018). Die Verfügbarkeit solch umfangreicher Daten zur Alltagsaktivität lassen nun Untersuchungen zu Assoziationen mit weiteren, z. B. genetischen Daten zu (Ferguson et al. 2018). Eigene Untersuchungen haben gezeigt, dass sich unter Verwendung eines Clusterverfahrens mit ausschließlich sensorisch erfassten Bewegungsdaten Bewegungstypen identifizieren lassen, die signifikante Unterschiede in metabolischen Parametern bzw. Risikofaktoren bezgl. Sturzgefährdung aufweisen (Marschollek 2016).

Die bisherigen Beispiele zeigen, wie technische diagnostische Systeme in den Lebensalltag vordringen und auch gerade deshalb neuartige und diagnostisch relevante Informationen liefern können. Diagnostik bleibt nicht begrenzt auf Institutionen wie Krankenhäuser und Arztpraxen. Bürgerinnen und Bürger nutzen Systeme aus dem erweiterten Gesundheitsmarkt zunächst für Komfortfunktionen oder zur Selbstvermessung mit dem Ziel der Selbstverbesserung im Bereich der körperlichen Fitness. Die automatisierten Auswertungen nutzen sie zur Steuerung ihres Trainings oder zur Veränderung ihrer Lebensweise hin zu mehr Aktivität. Die Systeme unterstützen dies mit entsprechender Motivation unter anderem durch spielerische Elemente, wie das Erreichen von gesteckten Zielen oder den Vergleich mit anderen Personen über soziale Netzwerke. Die technischen Systeme erlangen in dieser Anwendung einen Status, der mit dem eines persönlichen Trainers und Begleiters vergleichbar ist.

Zunehmend intelligentere Algorithmen erlauben sehr individuelle Steuerung des Verhaltens von Personen. Der Wert der gesammelten Informationen für die medizinische Versorgung ist noch nicht konkret abschätzbar. Interessant und wichtig wäre eine automatisierte frühzeitige Erkennung von gesundheitsrelevanten Situationen, die nur mit der Hilfe medizinischer ExpertInnen zu bewältigen sind. Ein Austausch der vorliegenden Daten mit diesen sollte dann einfach möglich sein und den ExpertInnen sollten sich die Daten, die für die vorliegende Situation relevant erscheinen, in einer einfach zu interpretierenden Form präsentieren. Durch die anlassbezogene individuelle Konfiguration vorhandener technischer Geräte und die Ergänzung um weitere diagnostisch notwendige Komponenten entsteht eine diagnostisch wirksame Lebensumgebung.

Das Zusammenwirken der technischen Systeme mit ihren NutzerInnen und medizinischen ExpertInnen führt zu völlig neuartigen Formen der Versorgung. Erst wenn die von den PatientInnen gesammelten Daten mit ihren gesundheitlichen Informationen und Daten von weiteren diagnostischen Tests zusammengeführt und mit der Unterstützung von Expertensystemen den ExpertInnen zur Auswertung und Bewertung vorliegen, lässt sich die technische Lebensumgebung ideal für die Erfassung der Gesundheit instrumentalisieren oder gestalten.

2.2   Anwendungsbeispiel: TeleReha

Neben der bisher aufgezeigten Verwendung in der Diagnostik lassen die neuen technischen Systeme auch einen Einsatz in der Therapie zu. Ein Anwendungsfeld ist die motorische Rehabilitation von Patienten mit muskulo-skelettalen Erkrankungen. Die Möglichkeiten der technischen Unterstützung reichen in diesem Bereich von der für Hilfestellung PatientInnen und TherapeutInnen z. B. bei der Auswahl von Eigenübungen durch Kataloge, die intelligente Suchen gestatten, über die Motivation und Anleitung der PatientInnen bei der Durchführung der verordneten Übungen bis hin zu Robotern, die mobilitätseingeschränkte PatientInnen über präzise Trainingsbelastungen bei der Wiedererlernung von Bewegungsabläufen helfen.

Das Projekt AGT-Reha (AGT = Assistierende Gesundheits-Technologien) hat in den letzten Jahren gezeigt, dass über die Ausstattung von PatientInnen in ihrer Häuslichkeit mit entsprechenden Hard-Software-Systemen eine bessere Kontrolle der selbstständigen Übungsausführung möglich ist (Wolf et al. 2013). Die TeilnehmerInnen in den freiwilligen Studien verwenden ein Computersystem mit einer Tiefenkamera[4], das die Durchführung von physiotherapeutischen Eigenübungen erkennen kann. Das technisch angeleitete Training sowie die automatisierte Bewertung und Rückmeldung von Quantität und Qualität der Übungsausführung durch den Computer gestattet es den Trainierenden, alle die für sie therapeutisch wirksamen Übungen genauer durchzuführen und so Fehlbelastungen zu vermeiden. Die Trainierenden berichten, dass das geführte Training mit dem System hilfreich sei, keine Übungen zu vergessen und die Übungen korrekt und vollständig auszuführen. Die Rückmeldung der Trainingserfolge an die betreuenden TherapeutInnen empfinden die TeilnehmerInnen als eine zusätzliche Motivation, und sie gibt ihnen das sichere Gefühl, während ihrer heimischen Übungen betreut zu sein. Die Nachsorge mit AGT-Reha ist zeitlich flexibel und in den eigenen Räumlichkeiten durchzuführen, wodurch AGT-Reha einigen PatientInnen die wichtige, regelmäßige poststationäre Rehabilitation erst ermöglicht.

Die therapeutischen Systeme, für die AGT-Reha nur ein Beispiel ist, erlauben neben der oben beschriebenen neuartigen Diagnostik neue Formen der Versorgung. Durch ihr Zusammenwirken von PatientInnen und TherapeutInnen

---

[4]Tiefenkameras erfassen zusätzlich zum zweidimensionalen Bild die Entfernung von Objekten zur Kamera und erleichtern hierdurch deren automatische Erkennung.

erweitern und ergänzen sie das ansonsten unmittelbare Verhältnis der menschlichen Akteure. Sie erweitern die Fürsorge der Therapeuten als deren teletherapeutische Augen und Arme und geben auch dadurch den Trainierenden ein gutes Gefühl des Umsorgtseins. Die weitgehend automatisierte Kontrolle der Qualität und Quantität des Trainings soll zu regelmäßigeren und korrekteren Trainings führen, was die Wirksamkeit erhöhen sollte. Gleichzeitig ermöglichen sie TherapeutInnen durch die Asynchronität, neue, flexiblere Arbeitszeitmodelle. Die automatisierte Kontrolle des Trainings entbindet die TherapeutInnen von Routineanteilen ihrer Arbeit und ermöglicht ihnen eine Konzentration auf die Aspekte, die eine erhöhte Wirksamkeit versprechen. Die gesammelten Informationen über die tatsächliche Durchführung der Trainings gestatten neue, objektivere Einsichten in die Wirklichkeit der selbstständigen häuslichen Therapie.

Ein Risiko der Verwendung ist das tiefe Eindringen der Systeme in die Privatsphäre der NutzerInnen. AGT-Reha interpretiert beispielsweise Videoaufnahmen der NutzerInnen in ihrer privaten Wohnumgebung. Zudem sammelt es objektive Informationen über die Adhärenz[5] der NutzerInnen. Auch wenn AGT-Reha die Bilder nicht aufzeichnet und sie somit die Wohnung der NutzerInnen nie verlassen, ist ein Missbrauch derartiger Systeme leicht vorstellbar. Dieser würde das für die Behandlung essenzielle Vertrauensverhältnis zwischen TherapeutIn und PatientIn nachhaltig beeinträchtigen. Ebenfalls ist leicht eine Nutzung der Informationen über Trainingsqualität und -quantität vorstellbar, die den PatientInnen zum Nachteil gereichen könnte. So ließen sich die Verordnung weiterer Therapien oder die Kostenerstattung von den Informationen abhängig machen.

2.3 Anwendungsbeispiel: Kombination von Modalitäten

Während AGT-Reha ein abgegrenztes System ist, das PatientInnen in ihr privates Umfeld bringen, kann die häusliche Umgebung selbst, wie oben angeführt, als diagnostischer und therapeutischer Raum dienen. Sind Wohnungen mit ambienten Sensoren ausgestattet, lassen diese sich mit weiteren Systemen (u. a. Aktoren) kombinieren, um je nach Anwendungsfall z. B. diagnostische Informationen zu erheben, algorithmisch auszuwerten und ggf. auch Entscheidungen zu treffen.

---

[5]Adhärenz bezeichnet das Ausmaß, in dem das Verhalten einer Person mit den mit ihrer TherapeutIn vereinbarten Empfehlungen übereinstimmt.

Ein Beispiel für die Verwendung verschiedener Modalitäten in realen Lebensumgebungen ist die Erkennung von Sturzereignissen in Wohnungen. In Wohnungen von insgesamt 28 sturzgefährdeten älteren Personen installierte Kamerasysteme und Mikrofone erfassten für jeweils acht Wochen im Rahmen der Arbeiten zum Forschungsverbund *Gestaltung altersgerechter Lebenswelten* die Aktivitäten der Personen (Feldwieser et al. 2014). Gleichzeitig zeichneten tragbare Sensorgeräte die Bewegungen der ProbandInnen auf. Mit spezifisch dafür entwickelten Algorithmen fusionierte ein in der Wohnung installiertes Computersystem die Sensordaten, wertete diese autonom aus und traf die Entscheidung, ob ein Sturzereignis vorliegt oder nicht.

Dieses Beispiel zeigt, wie sich die persönliche Lebensumgebung zu einem aktiven Begleiter und Akteur der Gesundheitsversorgung wandelt. Gerade im Bereich der Notfallerkennung bei solchen seltenen, häufig spät erkannten Ereignissen, die schwerwiegende Konsequenzen für die Betroffenen haben können, bietet sich die Nutzung maschineller Intelligenz an. Durch eingebaute Sensorik, Aktorik und eingebettete Systeme entwickelt sich die Wohnung selbst zu einem Akteur im Gesundheitswesen. Sie kann zum Beispiel die Veränderung der Gesundheit ihrer BewohnerInnen erkennen, ihnen geeignete Gegenmaßnahmen vorschlagen, Unterstützungsdienste anbieten und vermitteln, den Besuch einer/s MedizinerIn empfehlen und auf Wunsch die Daten, die zu der Einschätzung führten, zusammenstellen und übermitteln. In einer Notlage kann die intelligente Wohnung diese erkennen, Hilfe herbeirufen und den herbeieilenden Helfenden die Wohnungstür öffnen.

2.4 Anwendungsbeispiel: Einfach zu nutzende wissensbasierte Systeme

Ein weiteres Feld, auf dem technische Entitäten die Schnittstelle zwischen Mensch und Gesundheitswesen verändern, sind dialogbasierte Applikationen, die den AnwenderInnen einen einfachen Zugang zu medizinischem Wissen ermöglichen, das für sie in ihrem aktuellen Kontext relevant ist. Als prominentes Beispiel ist hier die Smartphone-App Ada zu nennen, die ihre NutzerInnen in einem textbasierten Dialog interaktiv zu Symptomen befragt, die Anzahl möglicher Erkrankungen eingrenzt und aus den Antworten die Wahrscheinlichkeiten möglicher Erkrankungen berechnet. Im Hintergrund arbeitet ein von ExpertInnen erstelltes und laufend gepflegtes wissensbasiertes System. Neben dem verfügbaren medizinischen Wissen fließen auch Rückmeldungen der AnwenderInnen hinsichtlich der Korrektheit der Beurteilung mit ein. Ein Zitat aus der

Beschreibung der App durch den Hersteller im Internet:„Ada wurde von mehr als 100 Ärzten und Wissenschaftlern entwickelt und kennt bereits über tausend Krankheiten mit mehreren Milliarden Symptomkombinationen – von einer einfachen Erkältung bis hin zu seltenen Erkrankungen." (appgefahren 2018).

Diese Art von Anwendungen, die AnwenderInnen eine Art Selbstbedienung und Selbstversorgung im medizinischen Kontext ermöglichen, stehen für eine neue Form der Gesundheitsversorgung. Schon seit einigen Jahren nimmt der Anteil der Patienten zu, die sich vor einem Arztbesuch im Internet über mögliche Erkrankungen informieren. Im Vergleich zu dieser Form der Vorbereitung auf (oder Entscheidung über) einen Arztbesuch versprechen intelligente Anwendungen wie Ada eine deutlich realistischere Einschätzung des aktuellen Gesundheitszustands und somit eine noch zielgenauere, rechtzeitige Versorgung. Idealerweise entlasten derartige intelligente Systeme MedizinerInnen wie PatientInnen, indem sie unnötige Arztbesuche vermeiden helfen und somit eine effizientere und passgenauere Versorgung der PatientInnen ermöglichen, die des Beistands einer/s MedizinerIn bedürfen.

Das wissensbasierte System, auf dem die Applikation beruht, bietet darüber hinaus mit AdaDX eine explizit für medizinische ExpertInnen entwickelte Schnittstelle. Ronicke et al. (2019) berichten über den Einsatz für die Diagnostik von seltenen Erkrankungen, die häufig übersehen und daher häufig erst spät therapiert werden. Die Autoren argumentieren, dass es ca. 7000 seltene Erkrankungen gibt, die auch von ExpertInnen mit allen Symptomkombinationen nur schwer zu erfassen sind. Die Applikation analysiert die Falldaten und bietet den MedizinerInnen eine Diagnoseunterstützung, indem sie zum einen die Passgenauigkeit der Daten auf verschiedene Erkrankungen berechnet, und zum anderen deren Wahrscheinlichkeiten.

Die maschinelle Intelligenz bietet hier eine kognitive Unterstützung in einer sehr wissens- und datenintensiven Umgebung. Die Versorgung von PatientInnen findet häufig unter einem enormen Zeit- und Kostendruck statt, der dazu führt, das gerade seltene Erkrankungen zu spät erkannt werden. Die finale Entscheidung über die Diagnose bleibt bei der Ärztin bzw. dem Arzt, vor allem in Bezug auf die therapeutischen Konsequenzen im Einzelfall. Hier agieren Mensch und Maschine synergistisch. Die MedizinerInnen nehmen eine wesentliche vermittelnde Rolle zwischen den PatientInnen auf der einen Seite und den menschlichen wie maschinellen Experten, Entscheidern und Handlungsträgern auf der anderen Seite ein.

Im Projekt MoCAB (Mobile Care Backup) übernimmt eine maschinelle Intelligenz in ganz ähnlicher Weise eine beratende und unterstützende Rolle für die Angehörigen von pflegebedürftigen Personen. Hier arbeitet ein

Smartphone-basiertes Dialogsystem *(Chat-Bot)* mit pflegenden Angehörigen, um deren spezifischen Informations- und Unterstützungsbedarf zu erfassen. Ein Algorithmus entscheidet dann darüber, welche spezifischen Informationen Angehörige in einer bestimmten Situation benötigen und stellt ihnen die entsprechenden Wissensmodule bereit (Wolff et al. 2018). Solche Systeme können dazu beitragen, Wissenslücken zu schließen und Barrieren zwischen ExpertInnen und Laien abzubauen.

3 Zusammenfassung und Ausblick

Mehrere Beispiele aus dem Bereich körpernaher und ambienter medizin-technischer Systeme haben die Möglichkeiten und Herausforderungen des Zusammenwirkens lebender und nicht lebender Entitäten im Bereich der Gesundheitsversorgung und Medizin verdeutlicht. Der Einsatz der technischen Systeme erfolgt zunehmend auch außerhalb des unmittelbaren medizinischen Umfelds und unabhängig von vorhandenen oder vermuteten medizinischen Problemen. Sie dringen damit zunehmend in das private Umfeld von Bürgerinnen und Bürgern vor und ermöglichen neue Formen der Gesundheitsversorgung. Die ermöglichte vergrößerte Fähigkeit zur Selbstvorsorge und Selbstversorgung und die zielgerichtete Inanspruchnahme von Gesundheitsdienstleistungen hat das Potenzial, das Gesundheitswesen in Zukunft effektiver und effizienter zu machen. Patientinnen und Patienten erhalten durch ihr Zusammenwirken mit der Technologie eine größere Verantwortung und eine bessere und informierte Mitbestimmung über ihren Gesundheitszustand.

3.1 Ethische Fragen

Neben den vielversprechenden positiven Möglichkeiten der aufkommenden Technologien entstehen neben den neuen Formen der Gesundheitsversorgung auch ethisch fragwürdige Anreize und Anwendungen der zunächst wertneutralen Technologie. Informationen über den Gesundheitszustand gehören zu den privatesten und damit schützenswertesten Informationen über ein Individuum. Die erfassten Daten über das Verhalten einer Person lassen darüber hinaus tiefe Einblicke in das Privatleben zu. Diese lassen sich im Sinne der PatientInnen zur Verbesserung des Gesundheitszustands nutzen, aber auch missbräuchliche Nutzungen sind vorstellbar. In weniger freien Gesellschaften lassen sich diese

Informationen vergleichsweise einfach zur Kontrolle von Bürgerinnen und Bürgern einsetzen.

Selbst mit den vorgesehenen Nutzungen der Technologie ergeben sich ethische Fragestellungen hinsichtlich der Einschränkung des technisch Machbaren. Einige der neuen Technologien bieten auch für gesunde Menschen Nutzungsmöglichkeiten. Im Hinblick auf die Selbstverbesserung oder Selbstoptimierung entstehen hier ähnliche Fragestellungen, wie sie im Kontext der Verbesserung der körperlichen und geistigen Leistungsfähigkeit mit Medikamenten (Doping) existieren. Ein entstehendes Risiko ist, dass die Technologie die Normen, die ein Individuum erfüllen kann, sollte oder müsste verschiebt und damit die gesellschaftliche Erwartung und der Druck auf das Individuum steigt. Diese Normierung steht konträr zur grundsätzlich bewahrenswerten Individualität und Autonomie. Hier ist ein gesellschaftlicher Diskurs über die akzeptablen Grenzen des Machbaren notwendig.

3.2   Veränderung des Zusammenwirkens in der Medizin

Dort wo intelligente Systeme zum Einsatz kommen, werden sie die Rollen der Menschen, die mit ihnen direkt oder indirekt zusammenwirken, verändern. Sie vertiefen und erweitern die objektiven Informationen über die PatientInnen und ermöglichen ihnen durch automatisierte und individualisierte Rückmeldung sowie durch unmittelbaren Dialog ein besseres Verständnis ihrer Gesundheit und machen sie somit zu informierteren Beteiligten im Gesundheitswesen, die Gesundheitsdienstleistungen präziser abrufen können. Für die MedizinerInnen bedeutet dies idealerweise eine Erleichterung ihrer Arbeit. Der Gesundheitszustand der informierten PatientInnen, über die technische Systeme viele Informationen gesammelt, verdichtet und bewertet haben, lässt sich einfacher, zielgerichteter und hoffentlich schneller diagnostizieren. Technische Systeme können die MedizinerInnen wiederum bei dieser Wissensarbeit unterstützen, beispielsweise indem sie kontextbezogen Wissen zur Verfügung stellen und auf das mögliche Vorliegen seltener Erkrankungen hinweisen. Eine weitere Fragestellung, die sich aus der Konstruktion der technischen Systeme und ihrer Entscheidungsfindung ergibt, ist die Frage der Nachvollziehbarkeit dieser Entscheidungen. Die exakte Funktion einiger Systeme, die beispielsweise in der bildbasierten Diagnose von Hautkrebs bessere Ergebnisse als menschliche Experten erzielen, lässt sich kaum nachvollziehen. Die Entscheidungsfindung stellt somit eine Blackbox dar. Hier wird die Frage zu klären sein, ob wir uns damit zufriedengeben, dass die Ergebnisse der Blackbox besser sind, oder ob es sinnvoll ist zu verlangen, dass jede Entscheidung im Detail von einem Menschen verstanden wird. Das sogenannte *responsible data science* geht in diese Richtung. Andererseits lässt sich argumentieren, dass ExpertInnen für Laien ebenfalls eine Blackbox darstellten und ihm oder ihr ihre Entscheidungsgrundlage oft auch kaum erklären können. Schließlich spielt das *Bauchgefühl*, das auf langjähriger Erfahrung und kaum explizierbarem Wissen beruht, auch bei Entscheidungen von ExpertInnen eine Rolle.

Bei der aktuellen technischen Entwicklung ist absehbar, dass in bestimmten Bereichen der Medizin computerbasierte intelligente Systeme eine Diagnose zuverlässiger stellen als die Mehrzahl der MedizinerInnen. In dieser Situation ist die Frage zu stellen, ob es nicht unmoralisch ist, wenn diese MedizinerInnen ohne technische Unterstützung eine Diagnose stellen.

Literatur

appgefahren GmbH. (2018). Ada: Gesundheitshelfer liefert Diagnosen für gängige Erkrankungen. https://www.appgefahren.de/ada-gesundheitshelfer-beantwortet-diagnostische-fragen-und-hilft-bei-krankheitssymptomen-229717.html. Zugegriffen: 10. Feb. 2020.

Albrecht, U. V., Hasenfuss, G., & von Jan, U. (2018). Description of cardiological apps from the German app store: Semiautomated retrospective app store analysis. *JMIR Mhealth Uhealth, 6*(11), e11753. 10.2196/11753

Calliess, T., Bocklage, R., Karkosch, R., Marschollek, M., Windhagen, H., & Schulze, M. (2014). Clinical evaluation of a mobile sensor-based gait analysis method for outcome measurement after knee arthroplasty. *Sensors (Basel), 14*(9), 15953–15964. 10.3390/s140915953

Deutscher Bundestag. (2018). Dokumente der Wissenschaftlichen Dienste – *Künstliche Intelligenz und Machine Learning*. https://www.bundestag.de/resource/blob/592106/74cd41f0bd7bc5684f6defaade176515/WD-10-067-18-pdf-data.pdf. Zugegriffen: 4. Jan. 2020.

Feldwieser, F., Gietzelt, M., Goevercin, M., Marschollek, M., Meis, M., Winkelbach, S., et al. (2014). Multimodal sensor-based fall detection within the domestic environment of elderly people. *Zeitschrift für Gerontologie und Geriatrie*. 10.1007/s00391-014-0805-8

Ferguson, A., Lyall, L. M., Ward, J., Strawbridge, R. J., Cullen, B., Graham, N., et al. (2018). Genome-wide association study of circadian rhythmicity in 71,500 UK biobank participants and polygenic association with mood instability. *EBioMedicine, 35*, 279–287. 10.1016/j.ebiom.2018.08.004

Hermsen, S., Moons, J., Kerkhof, P., Wiekens, C., & De Groot, M. (2017). Determinants for sustained use of an activity tracker: Observational study. *JMIR Mhealth Uhealth, 5*(10), e164. 10.2196/mhealth.7311

Initiative D21 e. V. (2019). D21-Digital-Index 2018/2019. https://initiatived21.de/publikationen/d21-digital-index-2018-2019. Zugegriffen: 4. Jan. 2020.

Koch, S., Marschollek, M., Wolf, K. H., Plischke, M., & Haux, R. (2009). On health-enabling and ambient-assistive technologies. What has been achieved and where do we have to go? *Methods of Information in Medicine, 48*(1), 29–37.

Marschollek, M. (2016). Associations between sensor-based physical activity behaviour features and health-related parameters. *Human Movement Science, 45,* 1–6. 10.1016/j.humov.2015.10.003

Marschollek, M., Goevercin, M., Wolf, K. H., Song, B., Gietzelt, M., Haux, R., & Steinhagen-Thiessen, E. (2008). A performance comparison of accelerometry-based step detection algorithms on a large, non-laboratory sample of healthy and mobility-impaired persons. *Conf Proc IEEE Eng Med Biol Soc, 2008,* 1319–1322.

Ronicke, S., Hirsch, M. C., Turk, E., Larionov, K., Tientcheu, D., & Wagner, A. D. (2019). Can a decision support system accelerate rare disease diagnosis? Evaluating the potential impact of Ada DX in a retrospective study. *Orphanet Journal of Rare Diseases, 14*(1), 69. 10.1186/s13023-019-1040-6

Wikipedia – Die freie Enzyklopädie. (o. J.). Dartmouth Conference. https://de.wikipedia.org/wiki/Dartmouth_Conference. Zugegriffen: 24. Aug. 2019.

Willetts, M., Hollowell, S., Aslett, L., Holmes, C., & Doherty, A. (2018). Statistical machine learning of sleep and physical activity phenotypes from sensor data in 96,220 UK biobank participants. *Scientific Reports, 8*(1), 7961. 10.1038/s41598-018-26174-1

Wolf, K.-H., Franz, S., Schwartze, J., Kobelt, A., Borrmann, H. P., Kasprowski, D., & Haux, R. (2013). AGT Reha: Assistierende Gesundheitstechnologien für das medizinische Tele-Reha-Training. In H. Handels & J. Ingenerf (Hrsg.), *Tagungsband der 58. gmds Jahrestagung* (S. 428–429). IOS Press, Lübeck.

Wolff, D., Behrends, M., Gerlach, M., Kupka, T., & Marschollek, M. (2018). Personalized knowledge transfer for caregiving relatives. *Studies in Health Technology and Informatics, 247,* 780–784.

Erweitertes Zusammenwirken in der Landwirtschaft – zur Diskussion

Lars Wolf

Zusammenfassung

In der Landwirtschaft wurde schon immer Technik eingesetzt, auch wenn aus heutiger Sicht viele Verfahren sehr einfach und kaum technisiert erscheinen mögen. Insbesondere in jüngerer Zeit kamen verschiedene Arten von Beobachtungs- und Prognoseverfahren hinzu, welche nun Informationen über den Zustand von Tieren und Pflanzen liefern können. Durch die informationstechnischen Entwicklungen der letzten Jahre ergeben sich somit vielfältige Fragestellungen bezüglich des Zusammenwirkens von Menschen, Tieren und Pflanzen: Welche Möglichkeiten ergeben sich durch die Digitalisierung, beispielsweise durch den Einsatz von Sensorik und die Einführung von Verfahren aus der künstlichen Intelligenz? Wie kann ein Zusammenwirken von natürlicher und künstlicher Intelligenz in der Landwirtschaft aussehen und welche Auswirkungen, welcher Art und auf was bezogen, kann es hierdurch geben?

Die Ausarbeitung basiert auf einem Vortrag, den der Verfasser gemeinsam mit Engel Hessel am 15.2.2019 auf dem 1. BWG-Symposium über das Zusammenwirken von natürlicher und künstlicher Intelligenz gehalten hatte.

L. Wolf (✉)
Institut für Betriebssysteme und Rechnerverbund der TU Braunschweig,
Braunschweig, Deutschland
E-Mail: wolf@ibr.cs.tu-bs.de

Schlüsselwörter

Digitale Landwirtschaft · Smart Farming · Precision Farming · Precision
Livestock Farming · Wireless Sensor Networks · Internet of Things ·
Künstliche Intelligenz

1 Einleitung

Schon seit jeher in der Menschheitsgeschichte gibt es ein Zusammenwirken von
Menschen, Tieren und Pflanzen. Insbesondere seit Beginn der Landwirtschaft
vor einigen Tausend Jahren hat sich dies durch Ackerbau und Viehhaltung sowie
entsprechende Nutzungskreisläufe in vielfältiger Weise verstärkt. Technik wurde
schon immer in der Landwirtschaft eingesetzt, auch wenn aus heutiger Sicht viele
Verfahren sehr einfach und kaum *technisiert* erscheinen mögen. Über die Zeit
sind viele technische, mechanische Komponenten, zum Beispiel für die Boden-
bearbeitung, eingeführt worden. Doch auch alle Möglichkeiten zum Erhalt von
Informationen über den Zustand von Tieren und Pflanzen sind von sehr großer
Bedeutung. In früheren Zeiten gab es hierfür aber meist keine technische Unterstützung, was sich in jüngerer Zeit durch verschiedene Arten von Beobachtungs-
und Prognoseverfahren substanziell geändert hat und zu neuen Möglichkeiten
führt, weil diese Methoden nun Informationen über den Zustand von Tieren und
Pflanzen liefern können.

Vor allem durch die informationstechnischen Entwicklungen der letzten Jahre
ergeben sich zusätzliche und neuartige Fragestellungen bezüglich des Zusammenwirkens von Menschen, Tieren und Pflanzen: Welche Möglichkeiten ergeben
sich durch die Digitalisierung, beispielsweise durch den Einsatz von Sensorik
und die Einführung von Verfahren aus der künstlichen Intelligenz? Wie kann ein
Zusammenwirken von natürlicher und künstlicher Intelligenz in der Landwirtschaft aussehen und welche Auswirkungen, welcher Art und auf was bezogen,
kann es hierdurch geben?

Bei einem solchen erweiterten Zusammenwirken von Menschen, Tieren,
Pflanzen und *(intelligenten)* Maschinen, also verschiedenartige lebende und
nicht lebende Entitäten, bestehen diverse Abhängigkeiten und wechselseitige
Beeinflussungen, die mit betrachtet werden müssen. Dabei ist zu beachten,
dass in der Landwirtschaft der jeweilige Anwendungskontext für den Einsatz von Technik immer wichtig ist. Zudem müssen verschiedene Herausforderungen angegangen werden. So sind Tiere und Pflanzen recht individuell
und haben unterschiedliche Eigenschaften und Umgebungsbedingungen, dies

gilt auch für mehrere Individuen einer Art. Typischerweise ist auf einen sparsamen Umgang mit Ressourcen zu achten, und dies nicht nur kurzfristig, sondern auf lange Zeiträume. Des Weiteren muss die eingesetzte Technik robust sein, sodass beispielsweise ausgebrachte Sensorik und Aktorik auch unter widrigen Einsatzbedingungen (auf dem Acker, im Stall, bei stark schwankenden Wetterbedingungen, bei deutlicher Verschmutzung etc.) längere Zeit eigenständig und zuverlässig arbeiten kann sowie auch bei sich verändernden Umgebungseigenschaften weiterhin noch möglichst nützliche Resultate liefert.

Als essenzielle Herausforderung an informationstechnische Systeme bezüglich des erweiterten Zusammenwirkens von Menschen, Tieren und Pflanzen stellt sich dann auch die Frage nach der Verlässlichkeit von Algorithmen und Systemen: Wenn Algorithmen Empfehlungen geben oder gar Entscheidungen treffen, beispielsweise bezüglich Krankheiten oder Reifezustand, was sind prinzipielle Auswirkungen auf alle direkt und auch indirekt Beteiligte?

Im folgenden Abschnitt werden zunächst einige derzeitige technische Möglichkeiten im Pflanzenbau vorgestellt. Anschließend werden die im letzten Absatz angesprochenen grundsätzlichen Fragen des Zusammenwirkens, aber auch der Auswirkungen, erneut aufgegriffen. Der vorliegende Text soll vor allem zu Gedanken sowie Diskussionen anregen; es geht weniger darum Lösungen darzustellen.

2   Einsatz von Sensorik im Pflanzenbau

Erfolgreiche Landwirtschaft braucht eine Vielzahl an Informationen, die zudem möglichst aktuell sein sollten. Hierzu gehören Informationen über Umweltaspekte wie aktuelle und kommende Wetterbedingungen und über den Zustand von Kulturpflanzen, andere Pflanzen, den Boden etc. – in Bezug auf verschiedene Parameter wie unter anderem Temperatur, Niederschlag, Luftfeuchtigkeit, Bodenfeuchte, Wind, Sonnenschein, Lichtintensität. (Fraunhofer 2014).

Solche Informationen, zum Beispiel über den Zustand von Pflanzen, können auf unterschiedliche Weise gewonnen werden, siehe u. a. (Link-Dolezal et al. 2012). In technischer Form, also nicht nur durch menschliche Beobachtung, können hierzu zum einen stationäre Sensoren auf oder gar in dem Ackerboden, dem Gewächshaus etc. eingesetzt werden (wie es in Abb. 1 (links) zu sehen ist). Zum anderen kann die Informationserfassung aber auch durch mobile Geräte oder Fernerkundung erfolgen: durch Sensoren an Landmaschinen wie Traktoren, siehe beispielsweise (Gernert et al. 2019) und Abb. 1 (rechts), oder anderen mobilen Arbeitsmaschinen während der Bearbeitung, was gegebenenfalls auch eine

Abb. 1 Sensorik zwischen Kartoffelpflanzen sowie Landmaschine mit Technik zur Übernahme von Messwerten. (Quelle: Eigene Photographien)

direkte Beeinflussung der Aktorik ermöglichen kann, oder auch durch Erfassung mittels Satelliten, Flugzeugen oder UAVs (Unmanned Aerial Vehicle).

Mit Hilfe von solchermaßen detailliert und möglichst teilflächenspezifisch erfassten Informationen können dann in Kombination mit langfristig nachgeführten Angaben zu Boden- und Klimaparametern möglichst gute Entscheidungen für die konkrete Bewirtschaftung von Flächen getroffen werden und dies unter Berücksichtigung der natürlichen sowie der betrieblichen Ressourcen. Statt nur räumlich oder zeitlich beschränkt verfügbarer Informationen, wie zum Beispiel im Falle von regionalen Wetterstationen, könnten somit feingranular aufgelöste, mikroklimatische Bedingungen einzelner Teilflächen in Prognosemodelle eingehen.

Durch neuartige Technik können sich aber auch ganz neue Möglichkeiten zur Feldbearbeitung ergeben. Statt dem bisherigen Trend in der Landtechnik zu immer größeren Arbeitsmaschinen, könnten kleinere, autonome Feldroboter eingesetzt werden (Gaus et al. 2017). Diese Roboter könnten dann auch statt des derzeitigen Ansatzes einer großflächigen Bearbeitung und Behandlung von vielen Pflanzen, hin zu einer kleinteiligen, gegebenenfalls individuellen Behandlung von Pflanzen führen, sodass beispielsweise nur an den notwendigen Stellen gedüngt oder unerwünschte Pflanzen entfernt werden. Hierzu muss der Roboter die jeweilige Situation eigenständig erkennen, analysieren, geeignete Entscheidungen fällen und diese dann umsetzen.

Nicht nur auf dem Feld, sondern auch in späteren Phasen wie dem Transport und der Lagerung des Ernteguts kann der Einsatz sensorbasierter Verfahren sehr nützlich sein. So ist die Verfügbarkeit guter Lagerungsverfahren für landwirtschaftliche Produkte von hoher Bedeutung. Beispielsweise bezogen auf die Kartoffelproduktion werden Lebensmittelverluste auf der Erzeugerstufe überwiegend durch Lagerverluste verursacht (Peter et al. 2013). Durch geeignete Nutzung von Sensorik direkt zwischen den gelagerten Produkten wie Kartoffeln, könnten die Lagerbedingungen (Temperatur, Luftfeuchte) optimiert werden, sodass Verluste reduziert werden können bei gleichzeitiger Verringerung des Ressourcenbedarfs zur Klimatisierung während der Lagerung.

Allerdings ergeben sich je nach eingesetzter Technik vielfältige Herausforderungen. Neben generellen Fragen, die beim Einsatz von verschiedenen Technologien auftreten und insbesondere im Bereich der Informationstechnologie immer wieder kritisch sind, wie sie die Interoperabilität zwischen Geräten verschiedener Hersteller und den von diesen gelieferten Daten, passende Schnittstellen etc., darstellen, ist zum Beispiel im Umfeld des Einsatzes von Sensornetzen daran zu forschen, wie Robustheit und Verfügbarkeit erreicht werden können (Hartung et al. 2017). Diese Eigenschaften müssen auch bei rauen Umgebungsbedingungen, zu niedrigen Kosten und bei beschränkten Energieressourcen (wie möglichst kleinen Batterien) bereitgestellt werden. Da das Einsatzgebiet im ländlichen Raum liegt, ist noch mehr als im urbanen Umfeld, eine Frage, wie die generierten Daten übertragen werden können, sodass sie beispielsweise auf dem Hof des Landwirts für die Auswertung und Entscheidungsfindung nutzbar sind. So muss bei der Gestaltung von Technologien berücksichtigt werden, dass im ruralen Raum typischerweise nur limitierte Konnektivität und begrenzte Datenübertragungsmöglichkeiten vorhanden sind. Auch wenn sich die Verfügbarkeit von mobilen, drahtlosen Netzen zukünftig auch auf dem Land verbessern wird, durch Mobilfunktechniken wie 4G/LTE, 5G oder auch Satellitenbasierten Netzen wie OneWeb, bleibt es aufgrund von Kostengesichtspunkten wichtig zu überlegen, welche Ansätze zur Datenübertragung genutzt werden.

3   Auswirkungen & Bedeutung

Was bedeutet nun die Verfügbarkeit von vielfältigen neuen Techniken bezüglich des Zusammenwirkens von Menschen, Tieren und Pflanzen in der Landwirtschaft?

Es ergeben sich vielfältige Herausforderungen bereits aus dem, auch als „Big Data" bezeichneten, außerordentlich umfangreichen Sammeln, Verarbeiten und Verwenden an Daten. Zum einen gibt es selbstverständlich eine Reihe an eher technischen Aspekten, zum Beispiel:

- Wie einfach können Daten erhoben werden?
- Wie einfach kann auf diese Daten zugegriffen werden?
- Wie einfach können sie verarbeitet werden?

Hierzu verwandte Überlegungen lassen sich ableiten, die dann aber nicht funktionale Aspekte betreffen. Hierzu gehören dann unter anderem Fragen wie:

- Wie sicher sind Daten & Services?
- Welche Privacy-Aspekte sind wann und wie zu berücksichtigen?

Darüber hinaus gibt es aber eine Vielzahl weiterer Aspekte, die zum Teil juristischer Natur sind, vor allem aber auch wirtschaftliche Gesichtspunkte mit einbringen. Auch wenn es zu einigen aus den entsprechenden Disziplinen Antworten gibt, so ist dennoch generell eine Erörterung sinnvoll. Zu diesen Gedanken gehören beispielsweise:

- Wer darf Daten an welchen Stellen aufnehmen? Darf beispielsweise von beliebigen Unternehmen per Satellit eine Kartographierung und Einordnung der Bodengüte eines Ackers vorgenommen werden?
- Wem gehören die Daten und wem sollten sie gehören? Demjenigen, der die (Roh)Daten erfasst hat, d. h. möglicherweise ein Unternehmen, welches im Auftrag eines Landwirts einen Bearbeitungsschritt wie die Getreideernte durchgeführt hat? Oder gehören sie dem Eigentümer des Bodens? Wie ist die Situation, wenn der Acker verpachtet ist?
- Wer profitiert von den Daten und wer sollte hiervon einen Nutzen haben können? Wie in anderen Fällen kann auch hier noch eine weitere Unterscheidung erfolgen: Wer profitiert von den Rohdaten und, vor allem, wer profitiert von den Analyseergebnissen? Auch hier gibt es, wie bei der Frage nach dem Eigentum an Daten, verschiedene Beteiligte.

Zudem gibt es viele weitere, durchaus essenzielle Fragen danach, wie sich die Verfügbarkeit von umfangreichen, extern erfassten Kenndaten und Informationen auf das Selbstverständnis der beteiligten Personen, insbesondere die Landwirte auswirkt. Bislang wurden durch diese aufgrund ihrer langjährigen Erfahrungen Entscheidungen bezüglich der Bewirtschaftung von Flächen, oder ähnliches für andere landwirtschaftliche Aufgaben, getroffen. Wie sieht dies zukünftig aus, sind diese Erfahrungen nun nicht mehr im gleichen Maße wie zuvor nötig oder wertvoll? Welche Rolle sollte der Mensch und speziell der Landwirt hierbei spielen?

Auf Tierhaltung bezogen gibt es gleichermaßen wichtige Fragen. Durch verschiedenste Arten von technischen Systemen kann das Verhalten und der Zustand von Nutztieren erfasst werden. Hieraus lassen sich dann mit Entscheidungsunterstützungssystemen durch Menschen oder auch direkt nur von Algorithmen, ohne explizite menschliche Mitwirkung, Schlussfolgerungen ziehen, wie mit welchen Tieren umgegangen werden soll. Derartige Schlussfolgerungen können dann auch auf Entscheidungen hinauslaufen, beispielsweise welches Tier eine bestimmte Behandlung bekommen wird, welches weiter gefüttert und welches geschlachtet wird. Technisch könnten dann möglicherweise auch vollautomatische Stall-/Schlachthof-/Verarbeitungszentren aufgebaut werden, wo Menschen kaum noch eine reguläre Rolle spielen, sondern alle anfallenden Arbeiten von Maschinen und Robotern sowie der dazugehörigen *intelligenten* Software übernommen werden. Auch eine gezielte Verhaltensbeeinflussung bei Tieren durch *Brain-Computer-Interfaces* könnte zukünftig möglich sein, sodass rechnerbasiert Befehle wie *gehe zum Futtertrog* oder schlussendlich auch *gehe zum Schlachtpunkt* an die Nutztiere erfolgen könnten. Wären solche *Tierprodukt-Erzeugungszentren* aus ethischer Sicht akzeptabel?

Dies bedeutet, dass sich vielfältige Gedanken über Autonomie und Verantwortung ableiten lassen, beispielsweise:

• Was bedeutet der Verlust an (landwirtschaftlicher) Kompetenz beim Menschen?
• Wie wichtig sind von Menschen getroffene Entscheidungen?
• Ist es akzeptabel, wenn ein Algorithmus entscheidet, wann ein Tier gemolken, gefüttert, … wird und letztendlich auch welches Tier geschlachtet wird?
• Wären vollautomatische Stall-/Schlachthof-/Verarbeitungszentren akzeptabel?
• Welche rechtliche und moralische Verantwortlichkeit ergibt sich?

Schließlich stellt sich für unsere Gesellschaft die Frage, wie wir zukünftig unsere Lebensmittel produzieren und welches Essen wir als Menschen verzehren wollen.

Literatur

Fraunhofer-Institut für Experimentelles Software Engineering (2014). Sensoreinsatz und Datenanalyse in der Landwirtschaft. In *digitale welt (2014)*, November (S. 28–31).

Gaus, C.-C., Minßen, T. –F., Urso, L.-M., de Witte, T., & Wegener, J. (2017). Mit autonomen Landmaschinen zu neuen Pflanzenbausystemen. Projektbericht. www.orgprints. org/32437. Zugegriffen: 26. Apr. 2019.

Gernert, B., Schlichter J., & Wolf, L. (2019). PotatoScanner – A mobile delay tolerant wireless sensor node for smart farming applications. In *Proceedings of the 15th IEEE international conference on distributed computing in sensor systems, DCOSS 2019*, Santorini Island, Greece.

Hartung, R., Kulau, U., Gernert, B., Rottmann, S., & Wolf, L. (2017). On the experiences with testbeds and applications in precision farming. In *Proceedings of the first ACM international workshop on the engineering of reliable, robust, and secure embedded wireless sensing systems, FAILSAFE 2017*, Delft, The Netherlands.

Link-Dolezal, J., Zecha, C., & Claupein, W. (2012). Sensoreinsatz und Datenanalyse in der Landwirtschaft. In *16. GMA/ITG-Fachtagung Sensoren und Messsysteme*.

Peter, G., Kuhnert, H., Haß, M., Banse, M., Roser, S., Trierweiler, B., & Adler, C. (2013). Einschätzung der pflanzlichen Lebensmittelverluste im Bereich der landwirtschaftlichen Urproduktion. In Johann Heinrich von Thünen-Institut, Max-Rubner-Institut, Julius Kühn-Institut.

Moderne Mobilitätsformen und die Bedürfnisse der Gesellschaft

Meike Jipp und Karsten Lemmer

Zusammenfassung

Menschen überwinden räumliche Distanz virtuell mithilfe von Informations- und Kommunikationstechnologien oder physisch unter Nutzung von Verkehrsmitteln wie z. B. Kraftfahrzeugen oder Bussen des öffentlichen Personennahverkehrs. Automatisierung, Digitalisierung und künstliche Intelligenz ermöglichen die Bereitstellung neuer und innovativer Lösungen insbesondere für die Realisierung physischer Mobilität. Ein Beispiel hierfür ist ein bedarfsorientierter, autonomer Shuttle des öffentlichen Personennahverkehrs. Im Rahmen dieses Buchkapitels wird erläutert, dass sich Menschen nur dann für die Nutzung solche Systeme entscheiden, wenn diese Systeme in der Lage sind, menschliche Bedürfnisse nach Sicherheit, sozialen Kontakten oder Selbstverwirklichung zu stillen. Es wird dargestellt, welche (mobilitätsfremden) Services für die Bedürfnisbefriedigung in die Shuttle integriert werden können. Abschließend wird diskutiert, wie eine maßgeschneiderte Mobilitätslösung für die Gesellschaft entstehen kann, die Mobilitäts-, Fahrzeug- und Servicekonzept integrativ verknüpft, sodass Menschen bereit sind, auf ihr individuelles Fahrzeug zu verzichten, die Flächeninanspruchnahme des Verkehrs sinkt und insbesondere Städte lebenswerter werden.

M. Jipp (✉)
Institut für Verkehrssystemtechnik, Deutsches Zentrum für Luft- und Raumfahrt (DLR) e. V., Braunschweig, Deutschland
E-Mail: Meike.Jipp@dlr.de

K. Lemmer
Deutsches Zentrum für Luft- und Raumfahrt (DLR) e. V., Köln, Deutschland
E-Mail: Karsten.Lemmer@dlr.de

© The Author(s) 2021   97
R. Haux et al. (Hrsg.), *Zusammenwirken von natürlicher und künstlicher Intelligenz*, https://doi.org/10.1007/978-3-658-30882-7_9

Schlüsselwörter

Automatisierung · Digitalisierung · Sicherheit · Mobility-as-a-Service
(MAAS) · virtuelle Mobilität · ÖPNV · Shuttle · Nutzung · Mensch

1   Einleitung

Mobilität ist ein Phänomen der Moderne (Lash und Urry 1994). Sie beschreibt
Bewegung und Veränderung in den unterschiedlichsten Aspekten der Gesellschaft. Es ist daher auch nicht überraschend, dass Menschen auf die unter-
schiedlichste Art und Weise mobil sein können (Bonß und Kesselring 1999):
Sie bewegen sich räumlich zum Beispiel von ihrer Arbeitsstätte zu ihrem Wohn-
ort und zurück (vgl. Tully und Baier 2006). Menschen bewegen sich aber auch
zwischen sozialen Positionen (vgl. Fuchs-Heinritz et al. 2011). So können
Menschen zum Beispiel in der beruflichen Hierarchie aufsteigen oder ihren
Arbeitgeber wechseln und dabei auf einer vergleichbaren Hierarchieebene
bleiben. Menschen können weiter zeitlich mobil sein und zum Beispiel Arbeitszeitmodelle veränderten Lebensbedingungen anpassen (Bonß und Kesselring
1999). Diese Formen der räumlichen, sozialen und zeitlichen Mobilität führen
zu einer Flexibilisierung der gesellschaftlichen Strukturen, die die Wissenschaft
mithilfe der Implementierung und Evaluation von Maßnahmen zur Mobilitäts-
umsetzung aktiv mitgestalten kann. Im folgenden Buchkapitel liegt der Fokus
auf der Analyse und der Gestaltung räumlicher Mobilität insbesondere aus Sicht
der Menschen. Es wird analysiert, warum Menschen mobil sind und wie diese
Bedürfnisse nach Mobilität gestillt werden können.

2   Räumliche Mobilität

Die räumliche Mobilität beschreibt die virtuelle oder physische Überwindung von
räumlicher Distanz (vgl. Zimmermann 2001; Zoche et al. 2002). Beide Formen
der Mobilität sowie deren Nutzung werden im Folgenden beschrieben.

2.1   Virtuelle Mobilität

Die virtuelle Mobilität überwindet Distanzen *ohne* physische Bewegung. Virtuell
mobil sind Menschen zum Beispiel, wenn

- sie an verschiedenen Orten sind, sich aber im Rahmen von Online-Meetings in einem virtuellen Raum treffen,
- sie in einem virtuellen Raum Produkte im Rahmen von Teleshopping-Angeboten auswählen, oder
- sich Bankkunden und deren Kundenberater virtuell beim Telebanking treffen und sich zum Beispiel über Anlagemöglichkeiten austauschen

(vgl. Rothengatter 1995). Der physische Ort, an dem sich Menschen befinden, ist irrelevant (Popitz 1989).

Virtuelle Mobilität wird inzwischen durch die Nutzung moderner Informations- und Kommunikationstechnologien ermöglicht (vgl. Scheer et al. 2003). Während die zweite Mobilfunkgeneration Global System for Mobile Communication (GSM) 1985 eine Datenübertragungsrate von 9,6 kBit/s erreichte, können heute mithilfe des Mobilfunkstandards Long Term Evolution (LTE) Datenraten von bis zu 500 MBit/s übertragen werden (Sauter 2013). Hiermit können Gesprächspartner virtuell in den eigenen Raum eingeblendet werden, sodass sich virtuelle und tatsächliche Realität überlagern (Popitz 1989). Solche Technologien zur Generierung von virtuellen Realitäten, aber auch Chat-Programme, Textnachrichten, Emails und Internet-Telefonie ggf. mit Videoübertragung, werden immer öfter herangezogen werden, um in fast allen Bereichen des Lebens mobil zu sein (Popitz 1989; Zoche et al. 2002): Freizeit, Alltagsorganisation, Bildung und Weiterbildung, soziale Interaktion sowie Arbeit. Lediglich für die Gesundheitsversorgung von Patienten wird diese Form der Mobilität kaum genutzt. Zusammenfassend stellt also die virtuelle Mobilität eine gesellschaftlich akzeptierte Form der Beweglichkeit dar (vgl. Harnischfeger et al. 1998), die allerdings die physische Mobilität nicht ersetzt, sondern diese lediglich erweitert (Rothengatter 1995; Zoche et al. 2002).

2.2 Physische Mobilität

Physische Mobilität bezeichnet die tatsächliche Überwindung von räumlicher Distanz (vgl. Zoche et al. 2002). Diese Form der Mobilität nutzen jeden Tag ca. 85 % der deutschen Bevölkerung, um – je nach Alter und Geschlecht – einer Arbeit nachzugehen, Einkäufe zu erledigen, sich zu bilden oder sich weiterzubilden, Freizeitaktivitäten nachzugehen oder andere Menschen zu begleiten (MiD 2018). In Deutschland legt dabei jede Person durchschnittlich 3,1 Wege zurück und überwindet eine räumliche Distanz von rund 39 km. Diese Mobilität wird –

mit Ausnahme von Bewegungen zu Fuß – mit Hilfe von Verkehrsmitteln realisiert (vgl. Ammoser und Hoppe 2006). Klassische Beispiele für Verkehrsmittel sind

- Fahrzeuge, von denen in jedem deutschen Haushalt ca. 1,4 Stück zur Verfügung stehen und mit denen durchschnittlich entweder ca. 43 % (Fahrer) bzw. ca. 14 % (Mitfahrer) der Wege in Deutschland zurückgelegt werden,
- Fahrräder, von denen fast jeder Bewohner in Deutschland eines besitzt und mit denen durchschnittlich ca. 11 % der Wege in Deutschland zurückgelegt werden und
- Busse, Straßenbahnen, Züge, mit denen durchschnittlich 10 % der Wege in Deutschland zurückgelegt werden (MiD 2018).

Die restlichen 22 % der Wege werden zu Fuß zurückgelegt (MID 2018).

Veränderungen in der physischen Mobilität lassen sich in zwei Kategorien einteilen: Einerseits entstehen neue Verkehrsmittel. Hierzu zählen zum Beispiel

- elektrische Scooter, bei denen der Fahrer auf einem Trittbrett zwischen zwei hintereinander angeordneten Rädern steht, welches mithilfe einer Lenkstange gesteuert wird, und deren westeuropäischer Markt gemäß Prognosen bis 2025 um 15 % wachsen wird (vgl. Andrada et al. 2016; Hardt und Bogenberger 2017) und
- Segways, bei denen der Fahrer auf einer Plattform zwischen zwei nebeneinander angeordneten Rädern steht, die durch eine Gewichtsverlagerung des Fahrers gesteuert werden und die sich inzwischen insbesondere für bestimmte Personengruppen wie Polizisten und Personen mit Mobilitätseinschränkungen als Verkehrsmittel durchgesetzt haben (vgl. Sawatzky et al. 2007).

Diese neuen Verkehrsmittel substituieren – ähnlich wie virtuelle Mobilitätsangebote – die traditionellen Verkehrsmittel nicht, sondern ergänzen diese lediglich.

Andererseits ermöglichen Technologien wie Automatisierung, Digitalisierung und künstliche Intelligenz eine Veränderung klassischer Verkehrsmittel (vgl. Perret et al. 2018). So werden zum Beispiel

- automatisierte Kraftfahrzeuge, die – je nach Automatisierungsgrad – Menschen die Fahrzeugsteuerung abnehmen (Bundesanstalt für Straßenwesen 2012),

- Leihräder, mit denen Personen kurze Strecken zumeist im urbanen Umfeld durchführen können und deren Verfügbarkeit und Nutzung in den letzten Jahren in Europa exponentiell gewachsen sind (Böhm et al. 2015; Parkes et al. 2013),
- Ridesharing-Angebote, bei denen Privatpersonen anderen Personen anbieten, sie zu einem ähnlichen Zeitpunkt zu einem ähnlichen Ziel zu fahren (vgl. Agatz et al. 2012),
- Ridepooling-Angebote, bei denen Personen mit Personenbeförderungsschein mehrere Kunden gemeinsam zu einem Ziel fahren (vgl. Perret et al. 2018) und
- bedarfsorientierter öffentlicher Personennahverkehr (ÖPNV), der Kunden zeitlich und geographisch flexibel befördert und in den traditionellen ÖPNV integriert ist (vgl. König et al. 2018),

zur Verfügung gestellt. Dank künstlicher Intelligenz können insbesondere die Flexibilisierung der Route und des Zeitplans sowie die Fahrzeugautomatisierung kombiniert werden: So werden derzeit Mobilitätsformen entwickelt, bei denen Kunden mit automatisierten Fahrzeugen bedarfsorientiert, also ohne vorab definierten Zeitplan und Route an ihren Zielort transportiert werden (vgl. Dreßler et al. 2018).

3   Evaluation der Wirksamkeit räumlicher Mobilitätsformen

3.1   Metriken

Effekte räumlicher Mobilitätsformen können mithilfe verschiedener Metriken beschrieben werden. Diese Metriken erlauben den Vergleich verfügbarer Mobilitätsformen (vgl. Umweltbundesamt 2012):

- Sicherheit beschreibt die Abwesenheit von Situationen, die Menschenleben gefährden (vgl. BMVI 2011).
- Umgebungslärm beschreibt die Belastung, die u. a. durch Mobilität entsteht. Er erhöht bei Menschen das Risiko von Erkrankungen des Herz-Kreislauf-Systems (vgl. Heinrichs et al. 2011).
- Emissionen beschreiben den Ausstoß von Treibhausgasen, Stickstoffoxiden und Feinstaub (vgl. Umweltbundesamt 2012).
- Der Flächenverbrauch beschreibt die Fläche, die Verkehrsmittel in Anspruch nehmen (vgl. Umweltbundesamt 2012).

Vergleicht man zum Beispiel traditionelle Verkehrsmittel bzgl. des Flächen-
verbrauchs, so zeigt sich, dass ein stillstehendes, privates Kraftfahrzeug eine
Fläche von ca. 13,5 m² in Anspruch nimmt. Dieser Flächenverbrauch liegt bei
einem Omnibus, der zu 20 % besetzt ist, bei 2,5 m² und bei einem Omnibus,
der zu 40 % besetzt ist, bei 1,2 m² (Umweltbundesamt 2012). Diese Flächen
werden aktuell für Verkehr frei gehalten und verhindern somit die alternative
Nutzung der Flächen für Grünanlagen oder Erholungsgebiete (Randelhoff 2014).
Städte könnten also attraktiver gestaltet werden (vgl. Greenberg 1996), wenn
die Flächeninanspruchnahme für Verkehr sinkt bzw. wenn Menschen auf ihr
individuelles Fahrzeug verzichten und Angebote des ÖPNV nutzen, da dieser
weniger Fläche verbraucht.

3.2 Mobilität zur Bedürfniserfüllung

Menschen sind insbesondere in ihrer Rolle als Verkehrsteilnehmer keine
Beförderungsobjekte, sondern entscheidungsfähige und aktiv handelnde
Individuen (vgl. Hildebrandt et al. 2001). Sie entscheiden selbst, welches Verkehrsmittel für sie geeignet ist, um Mobilitätsziele zu erreichen. Die Wahl fällt
dabei, wie Abschn. 2.2 zeigt, häufig auf individuelle Fahrzeuge. Menschen
betrachten diese Fahrzeuge also als geeignet für ihre Bedürfnisbefriedigung.
Bedürfnisse sind Motivatoren, die eine grundlegende Antriebskraft für Menschen
sind und den Fokus menschlicher Aufmerksamkeit darauf richten, einen Ist- in
einen gewünschten Soll-Zustand zu überführen (vgl. Asendorpf 2005; Disse
2016). Bedürfnisse treiben somit menschliches Verhalten an und zeigen, was
Menschen zum Erhalt und zur Entfaltung ihres Lebens benötigen (Lederer 1980).
Zahlreiche Bedürfnistheorien zeigen, welche Bedürfnisse menschliches
Verhalten antreiben (vgl. Lewin 1926; McClelland 1985; Maslow 1954). So
ordnete zum Beispiel Maslow (1954) Bedürfnisse in einer sogenannten *Bedürfnishierarchie:* Demnach streben Menschen zunächst danach, Defizitbedürfnisse
und anschließend Wachstumsbedürfnisse zu stillen. Defizitbedürfnisse entstehen
durch einen Mangel an Reizen. Bei Wachstumsbedürfnissen steht das Streben
nach Reizen im Vordergrund. Maslow (1954) ordnete auch die Defizitbedürfnisse in eine Reihenfolge: Menschen stillen zunächst primäre physiologische
Bedürfnisse (Hunger, Durst, Sauerstoff). Danach stehen Sicherheitsbedürfnisse
(Freiheit von Angst, Behaglichkeit) und soziale Bedürfnisse (Anerkennung, Vertrauen) im Fokus. Zuletzt konzentrieren sich Menschen darauf, ihr Geltungsbedürfnis zu befriedigen. Sind diese Defizitbedürfnisse gestillt, streben
Menschen nach Selbstverwirklichung – dem einzigen Wachstumsbedürfnis,

welches Maslow (1954) propagierte. Die Gründe, warum Menschen physisch und virtuell mobil sind (s. auch Abschn. 1), lassen sich genau in diese Bedürfnishierarchie einordnen:

- Die Erledigung von Einkäufen dient teilweise der Befriedigung von primären, physiologischen Bedürfnissen.
- Das Streben nach Bildung und Weiterbildung kann als Maßnahme zur Befriedigung nach Geltung gesehen werden.
- Die Begleitung anderer Menschen kann dazu dienen, soziale Bedürfnisse zu stillen.
- Freizeitaktivitäten dienen sicherlich der Selbstverwirklichung.

Satisfaktoren sind die Mittel, die Menschen heranziehen, um Bedürfnisse zu stillen (vgl. Cruz et al. 2009; Mallmann 1980). Hierbei können primäre von sekundären Satisfaktoren unterschieden werden: Primäre Satisfaktoren sind Arbeitsmittel, die die Bedürfnisbefriedigung direkt ermöglichen. So sind Lebensmittel primäre Satisfaktoren zur Befriedigung des Bedürfnisses nach Nahrung. Sekundäre Satisfaktoren sind hingegen Mittel zum Zweck. So ermöglicht zum Beispiel Geld das Einkaufen von Lebensmitteln, mit denen dann wiederum das Bedürfnis nach Nahrung gestillt werden kann. Geld dient in diesem Beispiel also als sekundärer Satisfaktor. Wird dieses Konzept auf Mobilität übertragen, dann sind Verkehrsmittel Satisfaktoren. Menschen wählen das Verkehrsmittel aus, mithilfe dessen die eigenen Bedürfnisse am besten – primär oder sekundär – gestillt werden können. Nach aktuellen Statistiken ist dies oftmals das individuelle Fahrzeug.

Sollten nun Menschen eher innovative ÖPNV-Angebote nutzen, die weniger Fläche beanspruchen, sollte untersucht werden, ob diese Angebote die menschliche Bedürfnisbefriedigung (primär oder sekundär) ermöglichen. Grippenkoven et al. (2018) untersuchten daher die Nutzungsbereitschaft von bedarfsorientierten und autonomen ÖPNV-Shuttles. Im Rahmen von Workshops baten die Autoren Probanden, einen autonomen ÖPNV-Shuttle zu nutzen, der allerdings noch nicht bedarfsorientiert eingesetzt wird. Die Probanden sollten sich vorstellen, wie das System wirkt, wenn es nicht nach Zeitplan auf einer festgelegten Route unterwegs ist. Die Probanden arbeiteten Nutzungshemmnisse heraus, die die Autoren mit Hilfe von qualitativen Inhaltsanalysen in folgende Kategorien von Nutzungshemmnissen einteilen konnten:

- Angst vor anderen Menschen: Menschen fürchteten kritische Gruppendynamiken, andere Passagiere, die sich im Bus merkwürdig benehmen, physische Gewalt, Diebstahl, Vandalismus, überfüllte Transportmittel und Mitmenschen, die nicht bereit sind, zu helfen, sollte dies notwendig werden.

- Ängste vor einem intransparenten System: Menschen fürchteten, dass der Shuttle unerwartet zum Halten kommt, dass der Shuttle unpünktlich ist, dass er eine unbekannte Route fährt und dass nicht klar wird, ob es ein mögliches Hindernis korrekt erkannt hat oder nicht.
- Ängste vor nicht-funktionsfähiger Technologie: Menschen fürchteten, dass das System schlecht/nicht gewartet ist, dass die eigenen Daten nicht sicher sind und dass sie das System nicht durch einen Notausgang verlassen können, sollte dies notwendig werden.

Werden diese Kategorien vor dem Hintergrund der Bedürfnishierarchie von Maslow (1954) analysiert, wird deutlich, dass die skizzierten autonomen und bedarfsorientierten ÖPNV-Shuttles das menschliche Bedürfnis nach Sicherheit zumindest in der untersuchten Stichprobe nicht ausreichend stillen konnten. Es ist daher auch zu erwarten, dass ein solches Verkehrssystem Menschen kaum davon überzeugen wird, vollständig auf ihr individuelles Fahrzeug zu verzichten, zumindest nicht in der skizzierten Form.

4   Bedürfnisorientierte Gestaltung von Mobilitätsangeboten

Mobilitätsangebote sollten so gestaltet werden, dass sie idealerweise die primäre und sekundäre Bedürfnisbefriedigung der Menschen erlauben. Wie dies erreicht werden kann, zeigten Grippenkoven et al. (2018) am Beispiel des Sicherheitsbedürfnisses bei der Nutzung autonomer und bedarfsorientierter ÖPNV-Shuttles. In Workshops arbeiteten die Probanden Maßnahmen aus, die gegen die vorab definierten Nutzungshemmnisse helfen und das Sicherheitsbedürfnis besser befriedigen sollten. Folgende Maßnahmen schlugen die Probanden vor:

- Individuelle Kabine: Die Probanden wünschten sich eine Kabine innerhalb des Transportvehikels, welches transparente Wände besitzt und von innen abschließbar ist. Diese Kabine sollte für Kunden in Notfallsituationen ein sicherer Raum darstellen.
- Schließsystem: Die Probanden wünschten sich ein Schließsystem für den ÖPNV-Shuttle, sodass dieser während einer Fahrt durch eine schlechte Gegend bei Bedarf von Innen verschlossen und somit verhindert werden kann, dass andere Personen einsteigen.

- Überwachungssystem für Sitzplätze: Die Probanden wünschten sich eine App, mithilfe derer freie Sitzplätze angezeigt werden können und ein eigener Sitzplatz gebucht werden kann.
- Notbremse: Die Probanden wünschten sich eine Notbremse, die von Passagieren des ÖPNV-Shuttles betätigt werden kann.
- Mobiler Sicherheitsdienst: Die Probanden wünschten sich eine Videoüberwachung des ÖPNV-Shuttles. Mit Hilfe dieser Videoüberwachung sollten Anbieter der ÖPNV-Shuttles kritische Situationen im Fahrzeug identifizieren können und dann bei Bedarf einen mobilen Sicherheitsdienst zum Fahrzeug schicken.
- Videobasiertes Assistenzsystem: Die Probanden wünschten sich Monitore, Kameras, Lautsprecher und Mikrofone im ÖPNV-Shuttle. Mithilfe dieser Technologie sollten Passagiere bei Bedarf Kontakt mit einer Zentrale aufnehmen können.
- Meldesystem: Die Probanden wünschten sich eine App, mithilfe derer Anzeichen von Vandalismus, defekte Installationen oder Schmutz an eine Zentrale gemeldet werden können. Mit diesem Meldesystem sollte außerdem ein Notruf abgesetzt werden können.
- Monitore zur Navigation: Die Probanden wünschten sich außerdem einen Monitor, der die aktuelle Position des ÖPNV-Shuttles, die geplante Route und die Positionen anderer Shuttles in der Nähe anzeigt.
- Training: Die Probanden wünschten sich Informationsveranstaltungen und Trainings darüber, wie das ÖPNV-System genau bedient werden kann und wie es technisch funktioniert.
- Informationssystem: Die Probanden wünschten sich ein Informationssystem, welches im ÖPNV-Shuttle zur Verfügung stehen sollte und Passagiere darüber informiert, wie das System technisch funktioniert.
- Display: Die Probanden wünschten sich ein Display, welches die aktuelle Geschwindigkeit, Fahrtrichtung und erkannte Hindernisse anzeigt.
- Notfallknopf: Die Probanden wünschten sich einen Notfallknopf, mithilfe dessen eine Sprachverbindung zu einem Notfallzentrum aufgebaut wird.
- Telefon: Die Probanden wünschten sich ein Telefon, mithilfe dessen Passagiere, die kein eigenes Mobiltelefon besitzen, andere Menschen über Änderungen der Route oder über die Entwicklung einer kritischen Situation informieren können.

Ob diese Maßnahmen tatsächlich das menschliche Sicherheitsbedürfnis in bedarfsorientierten und autonomen ÖPNV-Shuttles verbessern, untersuchten Grippenkoven et al. (2018) mit Hilfe von Online-Surveys. Die Probanden erhielten zunächst eine Einführung in den autonomen, bedarfsorientierten ÖPNV-Shuttle und sollten dann bewerten, wie hoch sie die eigene Sicherheit in einem solchen ÖPNV-Shuttle einschätzen. Weiter wurden die Probanden mit einem Szenario konfrontiert, welches im Rahmen der Workshops als Nutzungshemmnis beschrieben wurde. Die subjektive Sicherheit wurde wiederholt erfasst, sodass inferenzstatistisch analysiert werden konnte, ob die subjektive Sicherheit tatsächlich sinkt. Abschließend bekamen die Probanden eine Einführung in ausgewählte Maßnahmen, die die Sicherheit erhöhen sollten. Durch eine weitere Erfassung der subjektiven Sicherheit konnte nun mithilfe der Daten überprüft werden, ob die Maßnahmen tatsächlich geeignet sind, das menschliche Sicherheitsbedürfnis besser zu stillen. Der Online-Fragebogen war so aufgebaut, dass Daten von insgesamt 106 Personen zu allen Nutzungshemmnissen (s. Abschn. 3.2) und Maßnahmen erfasst wurden. Die Datenanalyse von Grippenkoven et al. (2018) zeigte,

- dass alle Nutzungshemmnisse, die Angst vor anderen Passagieren und vor einem intransparenten System (für Details, s. Abschn. 3.2) darstellten, das subjektive Sicherheitsgefühl signifikant verschlechterten,
- dass insbesondere der fehlende Notausgang als einziges Hemmnis in der Kategorie der nicht-funktionalen Technik das subjektive Sicherheitsgefühl signifikant verschlechterte.

Die Analysen zeigten weiter, dass insbesondere die individuelle Kabine, die Notbremse, der mobile Sicherheitsdienst, das videobasierte Assistenzsystem und der Notfallknopf die subjektive Sicherheit der Personen signifikant erhöhten und gegen fast alle Nutzungshemmnisse halfen (vgl. Grippenkoven et al. 2018). Zusammenfassend scheint also die Implementierung dieser Maßnahmen das Sicherheitsbedürfnis in den autonomen und bedarfsorientierten ÖPNV-Shuttles zu erhöhen, die Attraktivität der ÖPNV-Shuttles als *Satisfaktor* zu steigern und dazu beizutragen, dass sich Menschen eher für die Nutzung dieser Systeme entscheiden.

Sicherheit ist jedoch nicht das einzige Bedürfnis, dessen Befriedigungswunsch der Nutzung von ÖPNV-Angeboten im Weg stehen kann. Auch die anderen Bedürfnisse, welche Maslow (1954) in seiner Bedürfnishierarchie unterschied, lassen sich unter Umständen über mobilitätsfremde Angebote innerhalb bedarfsorientierter, autonomer ÖPNV-Shuttle stillen:

- Primäre physiologische Bedürfnisse könnten in Einkaufsshuttles, Wellnessshuttles, Ärzteshuttles oder Ruheshuttles gestillt werden.

- Soziale Bedürfnisse könnten in Spieleshuttles oder Reiseshuttles mit spezifischen Nutzergruppen gestillt werden.
- Das Geltungsbedürfnis könnte in Lern-, Vortrags- oder Orchestershuttles gestillt werden.
- Das Bedürfnis nach Selbstverwirklichung könnte in Kreativitäts- oder Büroshuttles gestillt werden.

Die Umsetzung solcher Angebote in ÖPNV-Shuttles birgt Herausforderungen: So müssen geeignete Service-, Mobilitäts- und Fahrzeugkonzepte integrativ entwickelt werden. Das Servicekonzept beschreibt dabei die Angebote, die – über Mobilität hinaus – in Shuttles integriert werden und relevante menschliche Bedürfnisse einer hinreichend großen Population stillen können. Identifiziert werden können solche Angebote – wie von Grippenkoven et al. (2018) dargestellt – mithilfe einer Verknüpfung von qualitativen und quantitativen Forschungsmethoden. Hiermit können Servicelösungen zusammen mit potenziellen Nutzern erarbeitet und evaluiert werden. Basierend auf diesen Lösungen können dann Anforderungssets an die benötigten Fahrzeug- und Mobilitätskonzepte abgeleitet werden. Das Fahrzeugkonzept beschreibt dabei die grundlegenden Eigenschaften der Vehikel (Achleitner et al. 2007), die für solche Serviceleistungen benötigt werden. Wird zum Beispiel ein Spieleshuttle ins Leben gerufen, sollte sich eine größere Gruppe von Personen gleichzeitig im Shuttle aufhalten können. Auch sollte die Kommunikation und Interaktion innerhalb der Gruppe durch ein geeignetes Fahrzeugkonzept gefördert werden. Wird aber zum Beispiel ein Reiseshuttle benötigt, so sollte das Fahrzeugkonzept auch die Unterbringung von größeren Gepäckmengen berücksichtigen. Es ist also essenziell, modulare Fahrzeugkonzepte zur Verfügung zu stellen, die möglichst flexibel verschiedene Servicekonzepte bedienen können.

Das Mobilitätskonzept beschreibt, wie Verkehr sicher und leistungsfähig umgesetzt und Mobilität für alle garantiert werden kann (vgl. Winkler 2017). Die Nutzung zum Beispiel von Spieleshuttles sollte nicht dem Selbstzweck dienen. Sie sollten dazu beitragen, dass Menschen, wenn sie sich zu einem Zielort begeben, weitere Bedürfnisse stillen können. Das Mobilitätskonzept muss also die Bewegung hin zu einem Zielort unterstützen. Es muss sicherstellen, dass Personen, die ihr soziales Bedürfnis in einem Spieleshuttle stillen wollen, und die zu einem ähnlichen Zeitpunkt zu einem ähnlichen Ziel wollen, gemeinsam befördert werden. Ein solches flexibles Mobilitätskonzept wird auf künstliche Intelligenz aufbauen und zusammen mit Service- und Fahrzeugkonzepten ein maßgeschneidertes Konzept zur Realisierung physischer Mobilität ergeben. Dieses Konzept bietet Menschen die primäre und sekundäre Bedürfnisbefriedigung in Shuttles des öffentlichen Personennah- und -fernverkehrs an. Es kann dazu beitragen, dass

Menschen eher bereit sind, auf die Nutzung individueller Fahrzeuge zu verzichten, die Flächeninanspruchnahme von Verkehr zu reduzieren und Städte grüner und lebenswerter zu gestalten.

5   Zusammenfassung

In diesem Buchkapitel wurde Mobilität als Bewegung der Gesellschaft eingeführt. Die räumliche Mobilität kann dabei virtuell mithilfe von Informations- und Kommunikationstechnologien oder physisch mithilfe von Verkehrsmitteln bzw. zu Fuß erfolgen. Die physische Mobilität ist aufgrund von Technologien wie künstlicher Intelligenz, Automatisierung und Digitalisierung starken Veränderungen unterworfen. Einerseits entstehen neue und innovative Verkehrsmittel wie E-Scooter und Segways, die das Erscheinungsbild der Städte immer stärker prägen, aber auch klassische Verkehrsmittel nicht substituieren. Andererseits entstehen innovative Mobilitätsformen. Ein Beispiel hierfür sind automatisierte ÖPNV-Shuttles, die Personen gemeinsam mit anderen Personen zu einem gewünschten Zeitpunkt an einen gewünschten Zielort fahren.

Mobilitätsformen können mit Hilfe von Metriken wie der Flächeninanspruchnahme oder gemäß ihrer Fähigkeit, menschliche Bedürfnisse zu stillen, miteinander verglichen werden. Ein solcher Vergleich zeigt zum Beispiel, dass der Flächenverbrauch individueller Kraftfahrzeuge deutlich höher ist als der des ÖPNV-Systems. Individuelle Kraftfahrzeuge werden aber stärker genutzt. Eine Konsequenz davon ist, dass Städte größere Flächen für Verkehr bereitstellen, als nötig wäre, wenn Menschen eher ÖPNV-Angebote nutzen würden. Insbesondere eine Analyse von Nutzungshemmnissen von bedarfsorientierten, flexiblen ÖPNV-Shuttles zeigte jedoch, dass das menschliche Sicherheitsbedürfnis in diesen Shuttles nicht ausreichend gestillt wird. Mit Hilfe von qualitativen und quantitativen Datenerhebungsmethoden wurden daher Maßnahmen abgeleitet, mithilfe derer das Sicherheitsbedürfnis von potenziellen Nutzern eher befriedigt wird (vgl. Grippenkoven et al. 2018). Darauf aufbauend wurden Services eingeführt, die weitere menschliche Bedürfnisse wie zum Beispiel nach sozialen Kontakten und Selbstverwirklichung im Rahmen der Nutzung von ÖPNV-Shuttles stillen können. Eine Implementierung dieser Services wird möglich, wenn Servicekonzepte intelligent mit Mobilitäts- und Fahrzeugkonzepten verbunden werden. Hieraus können maßgeschneiderte und menschzentrierte Mobilitätslösungen entstehen, die Menschen davon überzeugen könnten, auf ihr individuelles Fahrzeug zu verzichten und stattdessen bedarfsorientierte und autonome ÖPNV-Shuttles zur Umsetzung physischer Mobilität zu nutzen.

Literatur

Achleitner, A., Gorissen, W., & Döllner, G. (2007). Fahrzeugkonzept und Package. In H.-H. Braess & U. Seiffert (Hrsg.), *Vieweg Handbuch Kraftfahrzeugtechnik* (S. 93–111). Wiesbaden: Springer.

Agatz, N., Erera, A., Savelsbergh, M., & Wang, X. (2012). Optimization for dynamic ride-sharing: A review. *European Journal of Operational Research, 223*(1), 295–303.

Ammoser, H., & Hoppe, M. (2006). *Glossar Verkehrswesen und Verkehrswissenschaften.* Dresden: Institut für Wirtschaft und Verkehr.

Andrada, P., Martínez, E., Blanqué, B., Torrent, M., Perat, J. I., & Sánchez, J. A. (2016). New axial-flux switched reluctance motor for e-scooters. In: *Electrical Systems for Aircraft, Railway, Ship Propulsion and Road Vehicles & International Transportation Electrification Conference,* Toulouse, Frankreich: 02.–04.11.2016.

Asendorpf, J. B. (2005). *Psychologie der Persönlichkeit.* Heidelberg: Springer.

BMVI. (2011). *Verkehrssicherheitsprogramm.* Berlin: BMVI.

Böhm, O., Grünewald, D., Hertel, M., Smolders, T., & Zappe, A. (2015). Öffentliche Radvermietsysteme als Ergänzung zum ÖPNV. Überblick über diverse Formen der Trägerschaft. *Der Nahverkehr, 10,* 32–39.

Bonß, W., & Kesselring, S. (1999). Mobilität und Moderne: Zur gesellschaftstheoretischen Verortung des Mobilitätsbegriffs. In C. J. Tully (Hrsg.), *Erziehung zur Mobilität: Jugendliche in der automobilen Gesellschaft* (S. 39–66). Frankfurt a. M.: Campus.

Bundesanstalt für Straßenwesen. (2012). *Rechtsfolgen zunehmender Fahrzeugautomatisierung.* Bergisch-Gladbach: Bundesanstalt für Straßenwesen.

Cruz, I., Stahel, A., & Max-Neef, M. (2009). Towards a systematic development approach: Building on the human-scale-development paradigm. *Ecological Economics, 68,* 2021–2030.

Disse, J. (2016). *Desiderium. Eine Philosophie des Verlangens.* Stuttgart: Kohlhammer.

Dreßler, A., Grippenkoven, J., & Jipp, M. (2018) *Nutzerzentrierte Gestaltung eines Shuttleverkehrs mit autonom fahrenden elektrischen Kleinbussen in der Hamburger Hafencity.* VDV-Zukunftskongress Autonomes Fahren im ÖPNV, 21.–22. Juni 2018, Berlin.

Fuchs-Heinritz, W., Klimke, D., Lautmann, R., Rammstedt, O., Staheli, U., Weischer, C., & Wienold, H. (2011). *Lexikon zur Soziologie.* Wiesbaden: VS Verlag für Sozialwissenschaften.

Greenberg, K. (1996). Toronto: The urban waterfront as a terrain of availability. In P. Malone (Hrsg.), *City, capital, and water* (S. 195–218). Oxon: Routledge.

Grippenkoven, J., Fassina, Z., König, A., & Dressler, A. (2018). Perceived safety: A necessary precondition for successful autonomous mobility services. In D. de Waard (Hrsg.), *Proceedings of the human factors and ergonomics society Europe chapter 2018 Annual Conference.* Berlin: HFES Europe Chapter.

Hardt, C. & Bogenberger, K. (2017). Usability of escooters in urban environments: A pilot study. In: *IEEE Intelligent Vehicles Symposium,* Los Angeles, CA, 11.–14.06.2017.

Harnischfeger, M., Kolo, C., & Zoche, P. (1998). *Medien-Zukunft 2005/2015: Mediennutzung der Zukunft im privaten Sektor.* Karlsruhe: Fraunhofer Gesellschaft-ISI.

Heinrichs, E., Kumsteller, F., Rath, S., Conrad, M., & Schweigerdt, S. (2011). *Lärmbilanz 2010: Untersuchung der Entscheidungskriterien für festzulegende Lärmminderungsmaßnahmen in Lärmaktionsplänen nach der Umgebungslärmrichtlinie 2002/49/EG*. Berlin: LK Argus.

Hildebrandt, N., Deubel, K., & Dick, M. (2001). „Mobilität": Ein multidisziplinärer Begriff im Alltagsverständnis. Harburger Beiträge zur Psychologie und Soziologie der Arbeit Nr. 23. Hamburg: Technische Universität Hamburg-Harburg.

König, A., Karnahl, K., Gebhardt, L., & Klötzke, M. (2018). *Reallabor Schorndorf: Bedarfsgesteuerte Mobilität gemeinsam gestalten*. 12. Deutscher Nahverkehrstag, 24.–26.04.2018, Koblenz.

Lash, S., & Urry, J. (1994). *Economics of signs and space*. London: Sage.

Lederer, K. (1980). Introduction. In K. Lederer, D. Antal, & J. Galtung (Hrsg.), *Human needs: A contribution to the current debate* (S. 3–14). Cambridge: Oelgeschlager.

Lewin, K. (1926). *Vorsatz, Wille und Bedürfnis. Mit Vorbemerkungen über die psychischen Kräfte und Energien und die Struktur der Seele*. Berlin: Springer

Mallmann, C.A. (1980). Society, needs, and rights: A systematic approach. In: K. Lederer, D. Antal, & J. Galtung (Hrsg.), *Human needs: A contribution to the current debate* (S. 37–54). Cambridge: Oelgeschlager.

Maslow, A. H. (1954). *Motivation and personality*. New York: Harper & Row.

McClelland, D. C. (1985). How motives, skills, and values determine what people do. *American Psychologist, 40*, 812–825.

MiD. (2018). *Mobilität in Deutschland: Ein Ergebnisbericht*. Bonn: BMVI.

Parkes, S. D., Marsden, G., Shaheen, S. A., & Cohen, A. P. (2013). Understanding the diffusion of public bikesharing systems: Evidence from Europe and North America. *Journal of Transport Geography, 31*, 94–103.

Perret, F., Fischer, R., & Frantz, H. (2018). Automatisiertes Fahren als Herausforderung für Städte und Regionen. *Zeitschrift für Technikfolgenabschätzung in Theorie und Praxis, 27*(2), 31–37.

Popitz, H. (1989). *Epochen der Technikgeschichte*. Tübingen: Mohr.

Randelhoff, M. (2014). *Vergleich unterschiedlicher Flächeninanspruchnahmen nach Verkehrsarten (pro Person)*. Dresden: Zukunft der Mobilität.

Rothengatter, W. (1995). Mobilität und Kommunikation als Basis dynamischer Wirtschaftsprozesse an den Grenzen physischer Möglichkeiten. In: Fraunhofer-Gesellschaft (Hrsg.), *Kommunikation ohne Verkehr? Neue Informationstechniken machen mobil*. Tagungsband Fraunhofer Forum 1995, München 1995.

Sawatzky, B., Denison, I., Langrish, S., Richardson, S., Hiller, K., & Slobogean, B. (2007). The Segway Personal Transporter as an alternative mobility device for people with disabilities: A pilot study. *Archives of Physical Medicine and Rehabilitation, 88*(11), 1423–1428.

Sauter, M. (2013). *Grundkurs Mobile Kommunikationssysteme: UMTS, HSPA und LTE, GSM, GPRS, Wireless WLAN und Bluetooth*. Wiesbaden: Springer Vieweg.

Scheer, A. W., Angeli, R., & Herrmann, K. (2003). Moderne Informations- und Kommunikationstechnologien: Treiber neuer Kooperations- und Kollaborationsformen. In J. Zentes, B. Swoboda, & D. Morschett (Hrsg.), *Kooperationen, Allianzen und Netzwerke* (S. 359–384). Wiesbaden: Gabler.

Tully, C. J., & Baier, D. (2006). *Mobiler Alltag: Mobilität zwischen Option und Zwang: Vom Zusammenspiel biographischer Motive und sozialer Vorgaben.* Wiesbaden: VS Verlag für Sozialwissenschaften.

Umweltbundesamt. (2012). *Daten zum Verkehr.* Dessau-Roßlau: Umweltbundesamt.

Winkler, A. (2017). Mobilität als Gestaltungsaufgabe: Das neue Mobilitätskonzept für Wien 2025. *Elektrotechnik und Informationstechnik, 134,* 115–116.

Zimmermann, G. E. (2001). Räumliche Mobilität. In B. Schäfers & W. Zapf (Hrsg.), *Handwörterbuch zur Gesellschaft Deutschlands* (S. 529–538). Wiesbaden: VS Verlag für Sozialwissenschaften.

Zoche, P., Kimpeler, M., & Joepgen, M. (2002). *Virtuelle Mobilität: Ein Phänomen mit physischen Konsequenzen? Zur Wirkung der Nutzung von Chat, Online-Banking und Online-Reiseangeboten auf das physische Mobilitätsverhalten.* Berlin: Springer.

Teil III
Bewertung des Zusammenwirkens

Einleitende Worte zur Bewertung des Zusammenwirkens von Mensch und Maschine

Susanne Beck

Zusammenfassung

Die zunehmende Bedeutung von *Künstlicher Intelligenz* (KI) – der Begriff wird hier nicht als Analogie zu menschlicher Intelligenz verwendet, sondern als anerkannte Bezeichnung für im weitesten Sinne autonome, selbstlernende technische Systeme – stellt die Gesellschaft und damit auch das Recht vor erhebliche, neuartige Herausforderungen. Menschliche Entscheidungen, die durch KI vorbereitet oder gar ersetzt werden, können nicht in derselben Weise ethisch und rechtlich bewertet werden wie traditionelle, durch technische Werkzeuge unterstützte Entscheidungen. Die Besonderheiten dieser neuartigen Form des Zusammenwirkens menschlicher und künstlicher Intelligenz in verschiedenen Lebensbereichen sind in den ersten beiden Teilen dieses Bandes ebenso detailliert wie innovativ aufgezeigt.

Die zunehmende Bedeutung von *Künstlicher Intelligenz* (KI) – der Begriff wird hier nicht als Analogie zu menschlicher Intelligenz verwendet, sondern als anerkannte Bezeichnung für im weitesten Sinne autonome, selbstlernende technische Systeme – stellt die Gesellschaft und damit auch das Recht vor erhebliche, neuartige Herausforderungen. Menschliche Entscheidungen, die durch KI vorbereitet oder gar ersetzt werden, können nicht in derselben Weise ethisch und rechtlich bewertet werden wie traditionelle, durch technische Werkzeuge unterstützte Entscheidungen. Die Besonderheiten dieser neuartigen Form des

S. Beck (✉)
Kriminalwissenschaftliches Institut der Leibniz Universität, Hannover, Deutschland
E-Mail: susanne.beck@jura.uni-hannover.de

Zusammenwirkens menschlicher und künstlicher Intelligenz in verschiedenen Lebensbereichen sind in den ersten beiden Teilen dieses Bandes ebenso detailliert wie innovativ aufgezeigt.

Ein gelungenes Zusammenwirken dieser neuen Technologien mit dem Menschen bedarf einer moralischen und rechtlichen Einhegung. Unser derzeitiges Gesellschaftssystem basiert auf der Idee, dass menschliche Entscheidungen und Handlungen durch moralische und rechtliche Regeln im Vorhinein gesteuert und im Nachhinein bewertet werden können. Zu den eher präventiven Vorgaben gehören etwa Genehmigungen, die vor einer bestimmten Handlung eingeholt werden müssen (Baugenehmigung, Genehmigung für die Erprobung von Medizinprodukten, etc.), zwischen Parteien vereinbarte Vertragsbedingungen oder Verhaltensrichtlinien bestimmter Gruppierungen (etwa der Ärztekammern). Zu den eher bewertenden bzw. ein ungewolltes Ergebnis korrigierenden Regelungen gehören beispielsweise Vertragsstrafen, die zivilrechtliche Haftung für Schädigungen, sowie die Tatbestände des Strafgesetzbuchs.

Die der Moral und dem Recht zugrunde liegende Idee der Regulierung menschlichen Verhaltens basiert grundsätzlich auf dem Gedanken der Verantwortung des Menschen für sein Tun. Diese gegenseitige Zuschreibung von Verantwortung ist nicht nur grundlegend für unser zwischenmenschliches Miteinander, sondern auch für unser Selbstbild als Wesen mit einem *Freien Willen* und Gestaltungshoheit über unser Leben.

Von der umfassenden Verantwortung für ein Geschehen gibt es schon in unserem gängigen System Ausnahmen, etwa für Minderjährige oder psychisch Erkrankte, aber auch für bestimmte Situationen, in denen der Handelnde für ein Ereignis zumindest nicht umfassend verantwortlich gemacht werden kann. Ein Beispiel hierfür ist die Eingebundenheit in ein kollektives System, z. B. in einen Unrechtsstaat oder eine kriminelle Organisation, aber auch ganz generell die Kooperation mit anderen Menschen, die dazu führt, dass jeder nur einen Teilbeitrag zu einem bestimmten Ergebnis leistet. Diese Ausnahmen spielen, wie wir sogleich sehen werden, für das Zusammenwirken mit KI durchaus eine Rolle. Es ist aber eben immer auch zu bedenken, dass eine zu weitgehende Reduktion von individueller Verantwortung zugleich unser gesellschaftliches System und unser auf Zuschreibung beruhendes Selbstbild verunsichern kann.

Betrachten wir aber nun, was genau an der aktuellen technologischen Entwicklung die traditionelle Bewertung derart erschwert. Wie die Beiträge dieses Bandes deutlich zeigen, verändert sich der Prozess einer Entscheidung durch die neuen Systeme. Das ist jedenfalls dann deutlich erkennbar, wenn die Maschine die Entscheidung alleine, also autonom, trifft. Hier haben zwar Menschen die Maschine programmiert und sich für die Nutzung der Maschine entschieden.

Das allein kann jedoch keine umfassende Verantwortung für die Entscheidung der Maschine in der konkreten Situation bedeuten. Es ist nahezu gerade Sinn und Zweck der Übertragung von Entscheidungen auf Maschinen, uns von einer umfassenden Kontrolle zu entlasten, uns nicht alle Informationen selbst einzuholen und die Situation nicht selbst in allen Details einschätzen zu müssen. Gerade wenn die Maschine aus verschiedenen Prozessen selbst dazu lernt, ist weder im Vorhinein einschätzbar, wie sie sich entscheiden wird, noch im Nachhinein beweisbar, welche Vorgaben zu welcher Entscheidung führten. Hier noch von einer umfassenden Verantwortung der beteiligten Menschen zu sprechen, dehnt das Konzept *Verantwortung* zu weit aus.

Das gilt meines Erachtens aber sogar für Situationen, in denen die Maschine die Entscheidung vorbereitet, da der Mensch durch diese Vorbereitung einen stark verringerten Entscheidungsspielraum hat (etwa aufgrund einer besonders hohen psychischen Hemmschwelle, sich gegen die Maschine zu entscheiden, einer geringen Zeitspanne für die menschliche Reaktion oder fehlende Transparenz der maschinellen Vorschläge und daher die fehlende Möglichkeit, die *Gründe* der Maschine nachzuvollziehen). Es handelt sich also häufig um Konstellationen, in denen der oft geforderte *Human in the Loop* letztlich nur noch eine symbolische Funktion hat. Insofern gilt, dass die Gesellschaft vom Individuum jedenfalls nicht mehr erwarten kann, als ihm möglich ist. Bei der Kooperation von Menschen mit Robotern und KI-gestützten Systemen ist also im Einzelfall genau zu prüfen, wie sich die Einbeziehung der Maschine auf den Entscheidungs- und Handlungsspielraum des Menschen auswirkt und ob das seine Verantwortung ausschließt oder zumindest maßgeblich verringert.

Diese Überlegungen haben also einerseits zur Folge, dass wir unsere gängigen Verantwortungskonzepte überdenken sollten. Dabei sind die bestehenden Überlegungen wie etwa die zur kollektiven Verantwortung oder die bereits erwähnten existierenden Ausnahmen hilfreich. Zugleich können sie aber die aktuellen Entwicklungen in der KI nicht immer umfassend einbeziehen. Insbesondere besteht die Gefahr, dass der Nutzer der Maschine, also derjenige, der von ihr vorgeschlagene Entscheidung absegnet bzw. die Überwachung übernehmen soll (etwa bei selbstfahrenden Kfz.), als eine Art *Haftungsknecht* verantwortlich gemacht wird, nur damit wir unsere bestehenden Verantwortungskonzepte auf diese neuen Entwicklungen anwenden können. Das wäre eine ungerechtfertigte Benachteiligung eines Einzelnen für eine Technologie, für die wir uns als Gesamtgesellschaft entscheiden. Wenn wir diese Entscheidung treffen, d. h. vermehrt künstliche Intelligenz in unsere Entscheidungen einbeziehen wollen, sollten wir auch die Konsequenzen tragen.

Dass es trotzdem nicht sinnvoll ist, in all diesen Bereichen auf individuelle Verantwortung zu verzichten, zeigt sich an den oben erwähnten Herausforderungen, die das für die Gesellschaft und unser Selbstbild haben könnte. Deshalb ist es wichtig, dass wir das Zusammenwirken von menschlicher und künstlicher Intelligenz in einer Art und Weise gestalten, dass wir in bestimmten Kontexten und Entscheidungen doch noch eine Zurechnung von Verantwortung vornehmen können. Als erster Schritt ist dafür die Entscheidung zu treffen, in welchen Kontexten wir diese Zurechnung brauchen und in welchen wir darauf verzichten können – darüber sollten wir als Gesellschaft offen diskutieren. In einem zweiten Schritt ist dort, wo diese Zurechnung uns erforderlich erscheint, eine sogenannte *Meaningful Human Control* (MHC) über die künstliche Intelligenz zu garantieren. Dieser aus der Debatte um Autonome Waffensysteme stammende Begriff meint, dass der Mensch nicht nur eine scheinbare, sondern eine wirkliche Kooperation mit der Maschine durchführt, bei der er eine *bedeutsame* Kontrolle behält. Das kann je nach Lebensbereich ganz unterschiedlich ausgestaltet sein. So ist denkbar, dass die Maschine Gründe für ihren Vorschlag angeben muss. Oder die Maschine macht nicht nur einen Vorschlag, sondern mehrere nicht hierarchisierte Vorschläge, aus denen der Mensch auswählen muss. Oder aber der Mensch macht den Vorschlag, die Maschine berät ihn anschließend dazu. Eine besondere Herausforderung stellt *Meaningful Human Control* in Situationen dar, in denen nicht viel Zeit für die Entscheidung bleibt, etwa im Straßenverkehr, in kriegerischen Auseinandersetzungen oder im OP-Saal. Aber auch insofern finden bereits Debatten darüber statt, wie der Mensch die Kontrolle behalten könnte. Diese Debatten sind meines Erachtens der Öffentlichkeit in stärkerem Maß als bisher bekannt zu machen und sie ist dann in diese Entscheidungen einzubeziehen. Denn wann Verantwortung zuschreibbar ist, ist eben auch immer eine gesellschaftliche Frage – und hier ist durchaus denkbar, dass neue Gesellschaftsverträge über die Rolle von Mensch und Maschine erforderlich werden.

Dass unsere Zukunft von einem verstärkten Zusammenwirken zwischen menschlicher und künstlicher Intelligenz geprägt sein wird, lässt sich wohl kaum noch bestreiten oder bekämpfen. Dieses Zusammenwirken wird zudem gerade in unserer schnellen Welt mit ihren kaum noch beherrschbaren Datenmengen viele Vorteile mit sich bringen. Wir müssen meines Erachtens jedoch von Beginn an sicherstellen, dass wir Menschen über die Entwicklung insgesamt als auch über die einzelnen Entscheidungen im Rahmen dieses Zusammenwirkens eine hinreichende, inhaltlich bedeutsame Kontrolle behalten.

Individuelle und kollektive Verantwortung. Reichweiten und Rechtsfolgen

Otto Luchterhandt

Zusammenfassung

Das sog. Atomzeitalter hat den Menschen erstmals in eine globale Verantwortung für sein Überleben genommen. Die stürmische Entwicklung von Künstlicher Intelligenz, von maschinellem Lernen und Robotik sowie ihre Leistungsfähigkeit und systemische Vernetzung drohen die Verantwortung des Menschen für sein Handeln auszuhöhlen, sein Schicksal an nicht mehr beherrschbare komplexe technische Prozesse auszuliefern und die humane Welt von innen heraus zu zerstören. Der Beitrag unterstreicht gegenüber solchen Befürchtungen die Grenzen der Künstlichen Intelligenz, die sich aus ihrer maschinellen, funktionalen Eigenart ergeben, referiert die insbesondere von der EU ausgehenden Initiativen, die ethischen und rechtlichen Bedingungen der Verantwortung des Menschen für seine Entscheidungen zu sichern, und warnt davor, sich einem letztlich rein funktionalen, reduktionistischen Menschenbild anzupassen und zu unterwerfen.

Schlüsselwörter

Menschsein · Gefährdung durch maschinelles Gehirn-Imitat (Robotik) und funktionellen Reduktionismus · Wahrung der Verantwortung durch Ethik und Recht

O. Luchterhandt (✉)
Universität Hamburg, Hamburg, Deutschland
E-Mail: ottolucht@arcor.de

1 Anthropologische Ausgangsüberlegungen

Auf dem Symposium Zusammenwirken von natürlicher und künstlicher Intelligenz befassen sich Jipp und Steil mit der Frage: „Steuern wir oder werden wir gesteuert?" (Ausarbeitung im vorliegenden Buch). Das Thema weist in Frageform auf die Gefahr hin, dass der Mensch seine Fähigkeit a) zur individuellen Steuerung seines persönlichen Verhaltens und b) zur gemeinschaftlichen Steuerung seiner Gruppe und seiner Umwelt verlieren könnte. In der Qualifizierung des möglichen Steuerungsverlustes als „Gefahr" steckt bereits eine These und Stellungnahme: wir sollen und wir wollen die Entscheidung über unser – individuelles und kollektives – Schicksal behalten. Wir wollen uns nicht ausliefern an einen von fremder Hand, im Extremfall von einer künstlichen, maschinellen Hand gesteuerten und für uns blind ablaufenden Kausalverlauf, einen Kausalverlauf, dessen Ziel- und Endpunkt wir ebenso wenig kennen wie seine „Zwischenstationen" und in dem wir nur noch ein auf die Erfüllung von Funktionen reduzierter organischer Faktor sind.

Warum wollen wir uns nicht ausliefern?

Die Antwort auf die Frage liefert der Schlüsselbegriff meines Themas: „Verantwortung". Die Behandlung, Ausleuchtung und konzeptionelle Entfaltung des Begriffs der Verantwortung vor allem durch Philosophen und Theologen zeigt das mit großer Klarheit. Ich möchte daher zunächst referieren, was einige prominente Autoren in neuerer Zeit dazu geschrieben haben.

1.1 Der Begriff der Verantwortung im Spiegel von Philosophie und Theologie

Gegen Ende der 1960er Jahre bemerkte der Schweizer Rechtsphilosoph Hans Ryffel (1967 S. 275–292), dass die Kategorie der Verantwortung bis zu jener Zeit nur vereinzelt Gegenstand grundsätzlicher wissenschaftlicher und monographischer Ergründung gewesen sei (Weischedel 1933). Im Zentrum des Interesses und der Betrachtungen habe die ethische und theologische Frage der individuellen Verantwortung des Menschen für sein Handeln gestanden. In der Tat: Für die Rechtswissenschaftler und Rechtspraktiker standen die Fragen der persönlichen Verantwortlichkeit oder Haftung für rechtswidriges Verhalten in strafrechtlicher und zivilrechtlicher Hinsicht im Vordergrund. Das Problem einer globalen Verantwortung des Menschen für die Menschheit schlechthin spielte keine Rolle. Dieses Problem ist erst nach dem Zweiten Weltkrieg in den Blick gekommen, und zwar, wie mir scheint, zunächst aufseiten der protestantischen Kirchen und von Theologen. Der im August 1948 in Amsterdam gegründete Ökumenische Rat der Kirchen (*Weltkirchenrat* mit Sitz in Genf) bezeichnete in einem seiner Beschlüsse, auf Gegenwart und Zukunft blickend, die *verantwortliche Gesellschaft* als das Modell der modernen Gesellschaft (Ryffel 1967, S. 275). Dieses Wort, Erkenntnis und Verpflichtung zugleich, muss vor dem Hintergrund von Hiroshima und Nagasaki, d. h. vor dem Eintritt der Menschheit in das sog. Atomzeitalter gelesen werden. Der zu jener Zeit entstehende machtpolitische und weltanschauliche Ost-West-Konflikt, der sich kurz darauf zum Antagonismus zweier atomar hochgerüsteter Militärblöcke verschärfte und die Welt bis zum Ende der 1980er Jahre beherrschen sollte, hat die Menschheit erstmals in ihrer Geschichte mit der realen Möglichkeit ihrer Selbstauslöschung in und durch einen Nuklearkrieg konfrontiert. In seinem 1947 verfassten Theaterstück *Die chinesische Mauer* lässt der Schriftsteller Max Frisch (1962) „den Heutigen" sagen[1]: „Zum ersten Mal in der Geschichte der Menschheit...stehen wir vor der Wahl, ob es die Menschheit geben soll oder nicht. Die Sintflut ist herstellbar. Technisch kein Problem." (S. 82 ff.).

Es war, soweit ich es überblicke, Helmut Thielicke, ev. Theologieprofessor an der Universität Hamburg, der mit dem Grundsatzreferat *Christliche Verantwortung im Atomzeitalter* (gehalten auf dem CDU-Parteitag 1957 in Hamburg) jene völlig neue Lage der Menschheit und die dem Menschen darin zugewachsene politische und persönliche Verantwortung beschrieben und am Tiefsten ausgelotet hat (Thielicke 1957, S. 80–122).

Thielicke hat das Thema, wie es dem bedrängenden Ernst und der Grundsätzlichkeit des Problems entsprach, weit ausholend, behandelt. Er hat einen anthropologischen, theologischen und philosophischen Traktat verfasst und ist darin der inneren Dynamik der Technik, den immanenten Antrieben und Mechanismen von technologischen Entwicklungen auf den Grund gegangen.

Verständlicherweise hat Thielicke sich damals auf das gerade erst voll in das allgemeine Bewusstsein getretene, bedrängendste Problem des Ost-West-Konflikts konzentriert, nämlich die Bewahrung der Menschheit vor der atomaren Selbstzerstörung, also auf die Bedingungen für die Erhaltung des

---

[1]Der Text geht weiter mit: „Je mehr wir (dank der Technik) können, was wir wollen, umso nackter stehen wir da, wo Adam und Eva gestanden haben, vor der Frage nämlich: Was wollen wir? Vor der sittlichen Entscheidung...Entscheiden wir uns aber: Es soll die Menschheit geben! So heißt das: Eure Art, Geschichte zu machen, kommt nicht mehr in Betracht." (Frisch 1962, S. 82 ff. (141)).

Weltfriedens. Aber Thielicke ist noch darüber hinaus gegangen. Unabhängig von den Gefahren des atomaren Wettrüstens und des atomaren Antagonismus' hat er eine ganz grundsätzliche und deswegen uns anhaltend auch heute beschäftigende Frage in den Blick genommen, nämlich die Frage nach einer möglichen Eigengesetzlichkeit der Technik und der Technologieentwicklung. Es liegt auf der Hand, dass die Möglichkeit und die Reichweite von Verantwortung von der Antwort auf diese Frage entscheidend beeinflusst wird. Denn wenn die Technik immanenten, eigenen Gesetzen folgt, dann wird ihre Beherrschbarkeit und Beherrschung durch den Menschen zu einem erstrangigen Problem. Thielicke kleidet es in die Frage: „Gibt es so etwas wie die Eigengesetzlichkeit der technischen Entwicklung, der Wirtschaft, der Politik wirklich? Und wenn es so etwas geben sollte: Wie kann es dann überhaupt noch eine wirkliche Chance für verantwortliches, und das heißt doch wohl: für ein freies und vom Gewissen inspiriertes Handeln geben?" (S. 95).

Die von ihm darauf gegebene Antwort scheint mir für das uns hier interessierende Problem der Verantwortung des Menschen in Bezug auf das Zusammenwirken lebender und nichtlebender Entitäten bedeutsam zu sein. Thielicke konzediert mit realistischem Blick, dass die naturwissenschaftlich-technische Forschung und damit auch die technologische Entwicklung mit einer inneren, gleichsam dialektischen Dynamik abläuft und sich immer von neuem und beschleunigt vorantreibt.

Gleichwohl stellt er fest (S. 102 f., 105), dass die Eigengesetzlichkeit nicht absolut, sondern nur relativ sei. Der Mensch könne in die Prozesse eingreifen, allerdings nicht beliebig, sondern nur unter bestimmten Bedingungen und Voraussetzungen. Gewissen und Verantwortung könnten erstens bei einer *Initialentscheidung* über die Einführung oder Ingangsetzung technologischer Neuerungen *zum Zuge kommen* und zweitens an ihren *Endpunkten*, d. h. bei der realen Nutzung (Thielicke spricht von *Konsumierung*) der technischen Ergebnisse. Hier liegen die Schlüsselmomente menschlicher Freiheit und damit auch ihres verantwortlichen Gebrauchs.

Es liegt auf der Hand, dass jene Schlüsselmomente sich nicht im Vorhinein bestimmen lassen, sondern je nach Technologie und Situation variieren, und es liegt auch auf der Hand, dass die *Initialentscheidungen* und *Endpunkte* technologischer Abläufe Stunden politischer Entscheidungen sind, in welche die ganze Breite verfassungsrechtlicher, sozialer, ökologischer, wirtschaftlicher, kultureller und sonstiger Interessen und Gesichtspunkte einfließen kann und einfließt.

Der bereits erwähnte Rechtsphilosoph Hans Ryffel hat in einem zehn Jahre nach Thielicke verfassten Essay die Eigenart der Verantwortung in der heutigen Welt im Unterschied zur Situation im europäischen Mittelalter untersucht und dabei seinen Blick besonders auf die Bedeutung der normativen Ordnungen gerichtet, in welche die Menschen einst hineingestellt waren und jetzt hineingestellt sind (Ryffel 1967, S. 275–292). Ryffel diagnostiziert zwischen ihnen einen prinzipiellen Unterschied. Typisch für die früheren Zustände sei gewesen, dass die normativen Ordnungen mitsamt ihren Anforderungen fraglos verbindlich gewesen seien. Die Pflicht und Verantwortung der Menschen hätten in einem normgemäßen Verhalten bestanden (S. 284 f.). Kleine Gruppen von Theologen und Philosophen hätten autoritativ die geltenden Ordnungen und Normen *verwaltet*. Die Masse der Menschen sei in sittlicher Hinsicht *unmündig* gewesen.

Das sei in der heutigen Zeit anders: Absolut gültige, vorgegebene Ordnungen gebe es nicht mehr und könne es heute nicht mehr geben. Alle Ordnungen seien *entdogmatisiert* worden. Die Verantwortung des Menschen erstrecke sich daher auch auf die normativen Ordnungen als solche.

Verantwortung und Verantwortlichkeit des Menschen seien dadurch aber nicht entfallen. Vielmehr sei die Verantwortung heute ein allgemeines, schlechthin jeden Menschen verpflichtendes *sittliches Phänomen*. Sie sei im Prinzip *grenzenlos* geworden. Auch die technischen Zusammenhänge seien in die sittliche Verantwortung einbezogen. „Der Techniker", so Ryffel, „muß auf das Dasein im Ganzen Bedacht nehmen, wenn es [das Dasein] in einer sittlich verantwortbaren Weise, d. h. menschenwürdig, eingerichtet werden soll. Und wer sich als Nicht-Techniker von der menschenwürdigen, d. h. sittlich verantwortbaren Einrichtung des Daseins in irgendwelchen Bereichen Rechenschaft geben möchte, kommt um den Einbezug der technischen Zusammenhänge nicht herum." (S. 291).

Wegen ihrer Relativität vergleicht Ryffel die normativen Ordnungen von heute zwar mit „Spielregeln", aber er äußert die Überzeugung, dass die Verantwortung als ein sittliches Phänomen auf die Vorstellung und den Bezug auf ein Absolutes nicht verzichten könne (S. 287 f.). Mit dem Maßstab eines *menschenwürdigen Daseins* deutet er das Absolute an. Dessen Inhalt lässt er zwar offen und spricht eher vorsichtig von einer unverzichtbaren *Voraussetzung,* aber zwischen den Zeilen lässt Ryffel keinen Zweifel daran, dass das Absolute die seelisch-geistige Substanz ist, die den Menschen zum Menschen macht.

Es blieb dem Altphilologen und Philosophen Georg Picht (1967) vorbehalten, die bisher referierten Aspekte der Verantwortung zusammenzuführen und ihnen weitere Sinngehalte hinzuzufügen. Picht legt die Grundlagen und die Grundstruktur der Verantwortung als christlich-theologische und als philosophische Kategorie sowohl in individueller als auch in kollektiver Hinsicht offen. Grundsätzlicher und *radikaler* noch als Helmut Thielicke (1957) lenkt er den Blick auf die Universalität der Verantwortung des Menschen im Atomzeitalter. Im Horizont

der christlichen Lehre vom Jüngsten Gericht sei Verantwortung, geistesgeschichtlich gesehen, eine eschatologische Kategorie. In der heutigen europäischen Welt
werde die Universalität der Verantwortung jedoch nicht mehr durch jene Lehre
vermittelt, sondern durch das historische Faktum, dass im Atomzeitalter der
Menschheit die Verantwortung dafür aufgezwungen werde, ob es eine zukünftige
Geschichte der Menschheit geben werde oder nicht. Die menschliche Verantwortung reiche ebenso weit wie die Möglichkeit der Ausübung menschlicher
Macht. Durch Wissenschaft und Technik sei deren Reichweite heute universal
geworden.

Die Universalität der kollektiven Verantwortung bestimme, so Picht, auch das
individuelle Dasein der Menschen und infolgedessen auch das Maß ihrer persönlichen Verantwortung. Im Ergebnis habe sich die Verantwortung in eine Kategorie verwandelt, deren Reichweite über alle Normen der Moral und des Rechts
hinausgehe. Sie sei zu einem *Oberbegriff* aller jener Verpflichtungen geworden,
welche die Menschen zwar im Prinzip besäßen, aber aus mannigfachen Gründen
nicht oder nicht zuverlässig erfüllen könnten.

Die Verantwortung reiche jedoch noch darüber hinaus, denn wir, so Picht,
trügen „auch die Verantwortung dafür, dass wir die neuen Aufgaben erkennen,
für die noch niemand zuständig ist, von deren Lösung aber das Schicksal der
Menschen, der Gesellschaft, des Staates und vielleicht sogar das Schicksal der
Menschheit abhängen wird" (S. 221 f.).

Abschließen möchte ich den Überblick mit dem Philosophen Hans Jonas
(1984) und seiner Monographie *Das Prinzip Verantwortung. Versuch einer Ethik
für die technologische Zivilisation.* Auch Jonas setzt bei der weltgeschichtlich
gänzlich neuen Lage der Menschheit an. „Der endgültig entfesselte Prometheus",
so beginnt sein Werk (S. 7), drohe dem Menschen zum Unheil zu werden. Die
Verheißungen der modernen Technik seien in eine Bedrohung der Menschheit
umgeschlagen. Das ist Jonas (1984) Ausgangsthese. Die zur geschichtlichen
Wirklichkeit gewordene Gefahr für die Existenz sowohl der Biosphäre als auch
der Menschheit liefern den Ansatz und Schlüssel zu dem ethischen Konzept
des Autors: Die manifeste Drohung und Gefahr hätten Fortschrittsglauben und
menschheitsbeglückende Utopien früherer Zeiten in begründete Furcht und
Bangen um die Zukunft der Menschheit umschlagen lassen. Den ethischen und
zugleich politischen Ausweg aus diesem psychologischen Dilemma aber liefere
die Verantwortung für ein Handeln, das die Gefahren zu bewältigen geeignet sei.
In die Verantwortung als *Prinzip* sei die Hoffnung notwendigerweise integriert,
denn ohne die Hoffnung darauf, dass die Verantwortung positiv zur Wirkung
komme, könne das ethische Programm keinen Erfolg haben.

In gewisser Weise knüpft Hans Jonas Konzept der Verantwortung aus Furcht an Georg Pichts (1967) Gedanken an, dass die Kategorie der Verantwortung auch die Verpflichtung einschließe, mögliche Gefahren für den Menschen und die Menschheit aus einer hemmungslosen Ideologie der technologischen Machbarkeit frühzeitig zu erkennen und ihnen entgegenzutreten.

Es ist offensichtlich: von dem technologischen Durchbruch, der mit dem Phänomen und dem noch zu problematisierenden Begriff der *Künstlichen Intelligenz* verbunden ist, gehen heute – erneut im globalen Maßstab – völlig neue Gefahren für den Menschen und die Menschheit insgesamt aus. Anders als die permanente und ja noch keineswegs gebannte Bedrohung der Menschheit durch einen Nuklearkrieg, indes nicht weniger grundsätzlich als dieser, macht die technologische Revolution der *Künstlichen Intelligenz* mit ihren diffusen und daher unabsehbaren Folgen die Frage nach der individuellen und kollektiven Verantwortung des Menschen zu der wohl schwersten und schwierigsten ethischen Last in unserem nun angebrochenen neuen Industriezeitalter.

1.2 Das hinter dem Begriff der Verantwortung stehende Menschenbild

Der Begriff und das Wesen von Verantwortung schließt ein bestimmtes Menschenbild ein, nämlich das Bild eines Lebewesens, das Bewusstsein hat, über Autonomie verfügt und Entscheidungsfreiheit besitzt. Am umfassendsten und weitestreichenden wird das, was den Menschen zum Menschen macht, durch den Begriff der Autonomie ausgedrückt.

Was heißt *Autonomie*? Ich halte mich an die griechischen Wurzeln des Begriffs und bestimme Autonomie mit *Selbstgesetzgebung*. Der Mensch ist das Wesen, das sich selbst die Maßstäbe, Normen und Vorschriften seines Verhaltens, seines Handelns, Unterlassens und Duldens vorgeben und zur verbindlichen Maxime machen kann. Ich knüpfe dabei an den von Immanuel Kant (1785) formulierten kategorischen Imperativ an: Handle so, dass die Maxime Deines Handelns als allgemeines, d. h. für alle Menschen gültiges Gesetz tauglich ist (Band 6, S. 74–75). Der Mensch ist für sein Verhalten verantwortlich, weil er *frei und willensgesteuert* handelt und sich sein Handeln mitsamt ihren Wirkungen und Folgen persönlich zurechnen lassen muss[2].

---

[2]Zur Kritik gegenüber denjenigen Wissenschaftlern, die hartnäckig die Freiheit des Menschen abstreiten, empfehlen sich Höffe (2017) und Strasser (2018).

Hier ist zunächst auf ein philosophisches Grundproblem einzugehen, das sich
in der Gegenüberstellung von Mensch und Roboter, von menschlicher und künstlicher Intelligenz stellt. Das ist deswegen erforderlich, weil das Zusammenwirken
lebender und nichtlebender Entitäten im digitalen Zeitalter in starkem Maße von
dem Phänomen der künstlichen Intelligenz bestimmt und daher auch von Robotik
und Robotern geprägt ist.

Man kann das Problem in eine Reihe von Fragen aufgliedern:

Unterscheidet sich Künstliche Intelligenz von menschlicher Intelligenz und,
wenn ja, wodurch? Wenn Künstliche Intelligenz sich nach dem heutigen Stand
der Technik und Entwicklung *noch* von der menschlichen Intelligenz unterscheidet, ist das nur ein gradueller, zeitlich befristeter Unterschied, trägt also die
Entwicklung von Künstlicher Intelligenz das Potenzial in sich, das Niveau und
eine dem menschlichen Gehirn vergleichbare Qualität zu erreichen? Kann, anders
formuliert, der Roboter zu einem Wesen mit der Fähigkeit zur Selbstgesetzgebung werden? Ist der mit künstlicher Intelligenz ausgestattete Roboter nicht nur
nach dem heutigen Stand der Technik eine Maschine, sondern wird er auch in alle
Zukunft eine Maschine sein und bleiben, weil den Roboter vom Menschen, weil
die Künstliche Intelligenz von der menschlichen Intelligenz eine unüberbrückbare
Kluft trennt, eine Kluft, die auf den allein dem Menschen eigenen Wesensmerk-
malen beruht?

Auf diese Fragen werden von den mit der Entwicklung von Künstlicher
Intelligenz befassten Praktikern, Ingenieuren, Informatikern und Wissenschaftlern
unterschiedliche Antworten gegeben. Zwei Positionen, Erwartungen, Meinungen
stehen sich polar gegenüber: erstens die Position des sogenannten Transhumanismus, die erwartet (und daran arbeitet!), dass der Mensch mit der ihm tendenziell
überlegenen Künstlichen Intelligenz eine Verbindung eingeht, kraft derer er eine
höhere anthropologische Stufe erklimmt[3].

Dem steht eine Position radikaler Skepsis gegenüber, die den Transhumanismus für eine Utopie, für Science-Fiction hält. Künstliche Intelligenz unterscheide
sich als maschinelle Intelligenz wesensmäßig von menschlicher Intelligenz. Die
Unterschiede zwischen Mensch und Maschine seien unaufhebbar.

Zwischen diesen beiden Positionen bewegen sich jene Forscher, Ingenieure,
Philosophen und sonstige Humanwissenschaftler, die die Frage offen lassen
und sich auf die Feststellung beschränken, dass zumindest nach dem heutigen

---

[3]Wikipedia Transhumanismus Artikel (o. J.) – mit weiteren Nachweisen; Günther (2018);
Einer der „Propheten" des Transhumanismus ist Ray Kurzweil. Zu ihm Kreye (2018);
ferner Clark (2018); kritisch zur „Maschinenreligion" auch Klingler (2018).

Stand der Technik und auch in absehbarer Zeit die Entwicklung der Künstlichen Intelligenz *noch* nicht die Stufe einer universellen Leistungsfähigkeit wie das menschliche Gehirn erreichen werde, sondern nur mehr oder weniger eng und klar definierte Aufgaben werde lösen können[4].

Meist mischt sich in diese Position allerdings eine grundsätzliche Skepsis hinsichtlich der Möglichkeit der technischen · Entwicklung zum Trans-humanismus, selbst wenn man sie gutheißen würde. Man kann diese „mittlere Position" als pragmatisch bezeichnen, weil sich ihre Vertreter an das heute in technischer Hinsicht Machbare halten und sich auf die Lösung solcher Probleme konzentrieren (wollen), die den Einsatz von Künstlicher Intelligenz in bestimmten Lebensbereichen – Verkehr, Gesundheitswesen, Verwaltung, industrielle Fertigung usw. – zum Erfolg führen.

Der Streit um die Transhumanismus-Position kann hier offenbleiben. Gleichwohl halte ich es für sinnvoll, einige Bemerkungen zum kategorialen Unterschied zwischen Mensch und Roboter, zwischen Künstlicher Intelligenz und menschlicher Intelligenz zu machen; denn das, was den Menschen zum Menschen macht und ihn wesensmäßig von der Maschine und damit auch vom Roboter unterscheidet, bildet die anthropologische Grundlage für die Fähigkeit des Menschen zur Verantwortung und berechtigt dazu, ihn in die Verantwortung zu nehmen.

Der Mensch ist ein aus der universellen Natur hervorgegangener und in diese Natur eingebetteter Organismus, in dem Leib, Seele und Geist mit einander zu einer untrennbaren Einheit verbunden und verschmolzen sind. Wie jedes natürliche Lebewesen besitzt der Mensch Lebenswillen, ein Geschlecht und Fortpflanzungsfähigkeit; er unterliegt Geburt, Wachstum, Alterung und Tod. Der Mensch hat eine Seele, er hat Gefühle und die Fähigkeit, Gefühle mit anderen Lebewesen zu teilen. Eingebettet in die Familie von Mitmenschen hat der Mensch eine evolutive Geschichte, Sprache, Gedächtnis, komplexes Alltagswissen und Alltagsorientierung sowie ein differenziertes Erinnerungsvermögen[5]. Der Mensch besitzt Intuition (Ingold 2018) und Unterbewusstsein sowie Bewusstsein[6] und die Fähigkeit zum universellen Denken und Nachdenken über sich selbst, d. h. über

---

[4]Erhellend in Bezug auf die in Fachkreisen vertretenen verschiedenen Positionen die dokumentierte Diskussion in: Schnabel (2018, S. 37–39).

[5]Der Philosoph Reinhard K. Sprenger nennt in bewusst bunter Reihenfolge „Autonomie, Kontextsensibilität, Intuition, Analogiebildung, Gewissen, Sterblichkeit, Sorge, Liebe, Schönheit, Zauber, Frömmigkeit, Neugierde, Unternehmertum, Sympathie, auch Verstehen in einem starken Sinne – alles nicht programmierbar". Sprenger (2019).

[6]Zum Problem des menschlichen Bewusstseins: Mørch (2018).

alle Teile und Aspekte seiner individuellen Persönlichkeit als körperlich-seelisch-geistige Einheit. Die kognitiven Fähigkeiten des Menschen und seines Gehirns speisen sich nicht nur aus der Beherrschung der Sprache und der abstrakten, logischen Verknüpfung von Gedanken, sondern ganz entscheidend auch aus den Impulsen, Eindrücken und Bildern, welche die Sinne laufend dem Gehirn liefern und von ihm verarbeitet werden. Darauf beruht die Fähigkeit des Menschen zur Kreativität, d. h. zur Schaffung von neuartigen Produkten und Objekten oder zur Formulierung neuer Erkenntnisse, gleichsam ex nihilo.

Die für das Wesen des Menschen bestimmende und daher typische Verschmelzung von körperlicher Kreatürlichkeit und geistig-seelischer Bewusstseinssphäre und Reflexion macht den fundamentalen Unterschied zum Roboter und zur künstlichen Intelligenz evident. Der letztlich entscheidende Unterschied ist der, dass künstliche Intelligenz kein Bewusstsein hat (Widmer 2018; Gabriel 2018)[7]. Sie erfüllt nur Funktionen, ohne zu wissen, dass sie sie erfüllt, und sie löst nur solche Aufgaben, die der Mensch ihr gestellt hat, und mit dem Material, das der Mensch geliefert hat. Das aber kennzeichnet die Maschine. Sie ist ein Werkzeug, ein Instrument des Menschen, um vom Menschen bestimmte Zwecke zu verfolgen und vom Menschen bestimmte Ergebnisse zu erzielen.

Zweifellos ist es in den letzten Jahrzehnten Ingenieuren und Technikern gelungen, die Leistungsfähigkeit von Künstlicher Intelligenz außerordentlich und insgesamt so weit zu steigern, dass sie für die Lösung immer komplexerer Aufgabenstellungen eingesetzt werden kann. Möglich geworden ist das erstens durch das sogenannte „maschinelle Lernen" der Träger von Künstlicher Intelligenz und zweitens durch die Entwicklung „künstlicher neuronaler Netzwerke" (vgl. Armbruster 2018a, b). Vereinfacht und allgemein gesagt beruht beides auf der Nachahmung, auf der Imitation und Modellierung von Prozessen der Informationsverarbeitung im menschlichen Gehirn. Einprägsam hat das der Philosoph Julian Nida-Rümelin (2016) auf den Punkt gebracht:[8] „Künstliche Intelligenz gibt es im Wortsinne nicht", schreibt er. „Das, was wir als künstliche Intelligenz bezeichnen, imitiert menschliches Denken zum Teil sehr erfolgreich, wie man schon an jedem Taschenrechner feststellen kann. Computer oder Softwaresysteme oder autonome Fahrzeuge haben aber keine Einstellung zur Welt, sie erkennen nichts, sie entscheiden nichts. Sie simulieren empirische und wertende

---

[7]Zu dem Problem und der damit verbundenen Kontroverse siehe auch Henn (2018).

[8]Zu der Problematik aus Sicht eines Politikers siehe Lammert (2018), Kissinger (2018) und aus der Sicht einer Schriftstellerin siehe Hahn (2019).

Einstellungen zur Welt, sie simulieren Erkenntnis und Entscheidung." (Neue Züricher Zeitung, S. 22).

Durch Nachahmung, Imitation und Modellierung von Prozessen der Informationsverarbeitung im menschlichen Gehirn wird nun aber, das ist entscheidend, der Charakter der Künstlichen Intelligenz als ein maschinelles Phänomen nicht verändert (von der Malsburg 2019).

Der Fachausdruck *maschinelles Lernen* drückt das zutreffend und prägnant aus. Künstliche Intelligenz zeichnet sich zwar durch erstaunliche Rechen- und Rechnerleistungen binnen kürzester Frist aus, also durch Leistungen, die Fähigkeiten des menschlichen Gehirns bei weitem übersteigen, aber sie übertreffen das menschliche Gehirn erstens nur in ausgewählten, überschaubaren und mehr oder weniger begrenzten Bereichen, Aufgabenstellungen und Problemkonstellationen, und zweitens hängt die Leistungsfähigkeit der Künstlichen Intelligenz entscheidend von den Datenmengen ab, mit denen sie vom Menschen gefüttert werden[9]. Damit aber werden technische und qualitative Grenzen von künstlicher Intelligenz sichtbar.

Der maschinelle Charakter von Künstlicher Intelligenz kommt in ihrem Begriff nicht angemessen zum Ausdruck. Der Begriff wird daher zu Recht als unpassend kritisiert (vgl. Günther 2016, S. 23 ff.). Die Bedenken erstrecken sich auf beide Elemente – auf *künstlich* und auf *Intelligenz.* Das heißt: treffender wäre es erstens, statt von *künstlicher* von *maschineller* Intelligenz zu sprechen, um den kategorialen Unterschied zwischen Maschine (Roboter) und Mensch schon sprachlich bewusst zu machen. Zweitens sollte man nur mit einem distanzierenden Vorbehalt von *Intelligenz* sprechen, um den weiten Abstand der maschinellen Intelligenz zum menschlichen Gehirn hervorzuheben. Denn das, was mit dem Begriff der *Künstlichen Intelligenz* verbal auf eine anthropologische Höhe gehoben und so gleichsam geadelt wird, stellt, wenn es um den Herstellungsprozess von Robotern geht, in Wahrheit lediglich eine *maschinelle Imitation von menschlicher Intelligenz* dar, und wenn es um das in einen Roboter einzubauende Ergebnis der Herstellung geht, kann nur von *Pseudo- oder Scheinintelligenz* oder, noch präziser und knapper, von einem maschinellen Gehirnimitat gesprochen werden.

---

[9]Auf der Möglichkeit des unbeschränkten Zugangs zu gigantischen Datenmengen beruht in einem nicht zu unterschätzenden Grade die enorme Dynamik, welche die Forschung, Entwicklung und praktische Anwendung der Künstlichen Intelligenz in der Volksrepublik China auszeichnet. Es vergeht kaum eine Woche, in der nicht Medien darüber berichten. Siehe dazu aus jüngster Zeit nur die Reportagen von Müller (2019), Böge (2019), Ankenbrand (2019), und Glaser (2017).

Die Klarstellung dürfte nötig sein, denn, wie Kenner der Materie berichten, besteht eine Tendenz im Milieu der Künstlichen Intelligenz-Forschung und Entwicklung, Roboter zu vermenschlichen (vgl. Lenzen 2018a, b, 2019; Scheer 2019; Betschon 2018a, b; Beschorner 2018), also die prinzipiellen Unterschiede zwischen Mensch und Maschine, zu verwischen. Das kann nicht gut sein, schon deswegen nicht, weil dadurch in der Öffentlichkeit, in der Zivilgesellschaft, in der politischen Publizistik und bei Politikern gefährliche Irrtümer und Fehlvorstellungen gefördert werden, sei es, dass in der Gesellschaft Ängste vor Bedrohungen durch künstliche Intelligenz verstärkt oder dass – umgekehrt – naive, völlig überzogene, hoffnungsfroh stimmende Erwartungen an Künstliche Intelligenz geknüpft werden.

Trotz der an dem Begriff der Künstlichen Intelligenz geäußerten fundamentalen Kritik halte ich in dem vorliegenden Rahmen an ihm fest. Das geschieht aus pragmatischen Gründen, weil der aus dem Amerikanischen übernommene Begriff der Künstlichen Intelligenz *(artificial intelligence)*, längst weltweit in den Medien, in der Politik und auch in den Wissenschaften die beherrschende Terminologie zur Beschreibung und Bezeichnung der maschinellen Imitation menschlicher Intelligenz und der Robotik geworden ist und demgemäß auch das Symposium: Zusammenwirken von natürlicher und Künstlicher Intelligenz, prägt.

Der Abstand und kategoriale Unterschied des Roboters mit seiner Künstlichen Intelligenz vom Menschen lässt sich noch an dem Vergleich ihrer Funktionsweise mit dem Tier aufzeigen. Denn im Prinzip nicht anders als das Tier, das instinktgebunden, vom Instinkt gesteuert wird und sich nur in der Bandbreite seines Instinktes „autonom" bewegen und „Entscheidungen" treffen kann, ist der mit maschineller Pseudointelligenz ausgestattete Roboter ex ovo funktionsgebunden. Er kann nur in der Bandbreite und in den Grenzen seiner ihm vom Menschen zugewiesenen und vorgegeben Zwecke und Aufgaben handeln und nur darauf gerichtete Entscheidungen treffen. Die Qualität eines Lebewesens und Geschöpfes gehen dem Roboter ab, denn er ist durch und durch ein vom Menschen gemachtes Instrument und Werkzeug. Der Roboter ist eine Maschine, die einem Menschen gehört, d. h. Eigentum eines Menschen oder eines Unternehmens ist. Er ist nicht Person, sondern Sache im zivilrechtlichen Sinne, und seine Beschädigung oder Zerstörung ist Sachbeschädigung im Sinne des Strafrechts. Während der verstorbene Mensch Gegenstand der Pietät ist und von Mitmenschen zu Grabe getragen wird, ist der zerstörte oder irreparabel *funktions(un) fähige* Roboter Schrott, „Elektroschrott", Sondermüll. Er landet auf dem Schrotthaufen, nicht auf dem Friedhof.

2 Bereiche des Zusammenwirkens von natürlicher und Künstlicher Intelligenz

Aus dieser knappen anthropologischen Grundlegung, die ich für eine notwendige Klarstellung halte, ergibt sich die Schlussfolgerung, dass der mit Künstlicher Intelligenz ausgestattete Roboter eben wegen seines maschinellen Charakters immer nur als Instrument und sektoral eingesetzt werden kann, und zwar mit möglichst genau vorgegebenen Zielbestimmungen und Aufgabenbeschreibungen, um sichere, eindeutige, gut verwertbare Ergebnisse zu erzielen, die auch wirtschaftlichen Erfolg verbürgen.

Allerdings hat sich der Einsatz von Künstlicher Intelligenz im gegebenen Rahmen letztlich aus pragmatischen Gründen heute, an der Schwelle zum sogenannten Industriezeitalter 4.0[10], gegenüber den 1990er Jahren außerordentlich erweitert. Robotik und Künstliche Intelligenz haben Eingang gefunden in nahezu alle Branchen der industriellen Fertigung, der gewerblichen Wirtschaft, in den Dienstleistungssektor, (im Aktienhandel, im Versandhandel usw.), und folglich auch in die Berufs- und Arbeitswelt (Ramge 2018). Der Einsatz Künstlicher Intelligenz ist schon längst nicht mehr wegzudenken aus dem Medienbetrieb, dem Personen- und Güterverkehr (Auto-, Schiffs- und Luftverkehr), aus der Logistik, dem Wohnungswesen und dem Gesundheitswesen[11] (namentlich in der klinischen Diagnostik, Prothetik und Radiologie), aus der Wettervorhersage, dem Klima- und Umweltschutz. Aber auch bei der Bearbeitung von Standardfällen in Anwaltskanzleien, auf dem Gebiet der Inneren Sicherheit, insbesondere bei polizeilichen Maßnahmen der Gefahrenvorsorge und der Gefahrenabwehr, ferner bei der Produkterkennung, bei der Spracherkennung, der Bilderkennung, in Übersetzungsbüros usw. ist der Einsatz Künstlicher Intelligenz schon längst unverzichtbar geworden. Mit einem Wort: es gibt kaum noch einen Lebensbereich in Gesellschaft, Wirtschaft und Staat, wo Künstliche Intelligenz nicht zur Anwendung kommt, und das mit exponentiell steigendem Tempo. Dabei tendiert die Entwicklung zur Vernetzung, Kommunikation und Interaktion der

---

[10]Als Einstieg siehe den Wikipedia Artikel: Industrie 4.0: https://de.wikipedia.org/wiki/Industrie_4.0.; zur aktuellen Lage aus deutscher Sicht siehe das Interview mit Martin Rutkowski (2019), sowie Schmidhuber (2018) und ebenso der PC-Linguist Assadollahi (2018).

[11]Über weitere Perspektiven des Einsatzes von KI im Gesundheitswesen siehe aus jüngster Zeit (Nosthoff und Maschewski 2019; Spehr 2019; Langkafel 2015) Sehr umstritten ist der Einsatz von KI in der Pflege. Zu diesem namentlich in Japan forcierten Kurs siehe Maak (2018).

Anwendungsbereiche. Bekannte Beispiele sind solche integrierten Systeme wie das Smart Home im Kleinen, die Smart City (Graz) im Großen sowie, ganz allgemein, das heute erst im Entstehen begriffene „Internet der Dinge" (vgl. Lenzen 2018a, b, S. 181 ff.).

Die beschleunigte Ausweitung der Anwendung von Künstlicher Intelligenz hat in Deutschland und in der EU die Forderung aufkommen und lauter werden lassen, die ethischen und rechtlichen Bindungen bei der Entwicklung und Anwendung „künstlicher Intelligenz" verstärkt zu berücksichtigen und so früh und so weit wie möglich zu integrieren. Die maßgebenden nationalen und internationalen Leitlinien der auf dem Gebiet der Robotik und Künstlicher Intelligenz formulierten Ethik-Grundsätze sind dabei nicht bereichsspezifisch nach Branchen oder gesellschaftlichen Lebensbereichen aufgegliedert, sondern einheitliche Vorgaben und Anforderungen, die sich auf den Einsatz von Künstlicher Intelligenz im Allgemeinen beziehen.

3   Dimensionen der Verantwortung und Versuche ihrer ethischen Operationalisierung in der EU

Man kann die Ethik-Grundsätze auf den Generalnenner bringen, dass sie die Verantwortung des Menschen im Umgang mit Künstlicher Intelligenz und Robotik konkretisieren und operationalisieren.

Verantwortung hat, wie der Sprachgebrauch zeigt, sowohl in individueller als auch in kollektiver Hinsicht eine Doppelpoligkeit (vgl. Picht 1967, S. 327 ff.): Verantwortung besteht erstens *vor* einem Subjekt oder einer Instanz sowie zweitens *für* etwas oder auch für jemand, d. h. entweder für ein Objekt, eine Sache oder eine Aufgabe oder aber für ein Subjekt. Welches die Subjekte sind, vor denen die Verantwortung besteht, muss für jede Lage besonders bestimmt werden. Fragt man, *vor wem* ein Individuum, z. B. der auf dem Gebiet der Künstlichen Intelligenz tätige Ingenieur, für sein Tun verantwortlich ist, dann darf im säkularen Staat als Antwort nicht auf eine religiöse Instanz, also auf Gott, verwiesen werden, sondern nur auf eine weltliche Instanz. Im demokratischen Rechtsstaat der Bundesrepublik Deutschland fällt der Blick auf das Grundgesetz, also die Verfassung, und hier auf die Grundrechte, beginnend mit der Menschenwürde (Art. 1 Abs. 1 GG). Die Antwort auf die Frage, *vor* wem die Verantwortung besteht, würde demnach lauten: *vor* den Trägern der Menschenwürde, also *vor* den Mitmenschen, und stellvertretend für diese *vor* der staatlichen Gemeinschaft, also vor dem Staat repräsentiert durch die Verfassungsorgane.

Als Antwort auf den Staat zu verweisen, in dem die betreffende Person als Trägerin der Verantwortung lebt und arbeitet, hat den Vorzug, dass die Person den Sanktionen unterliegt, welche die Gesetze der entsprechenden Verfassungs- und Rechtsordnung vorsehen, wenn die Verantwortung nicht wahrgenommen wird.

Die Antwort auf die Frage, *für wen oder was* eine Person Verantwortung trägt, wenn es um das Zusammenwirken lebender und nichtlebender Entitäten unter den Bedingungen des digitalen Zeitalters geht, lässt sich ebenfalls aus den Grundrechten des Grundgesetzes, konkret aus der Garantie der Menschenwürde ableiten. Die Antwort lautet dann: der auf dem Gebiet der Künstlichen Intelligenz tätige Ingenieur ist dafür verantwortlich, dass er im Zusammenwirken mit Künstlicher Intelligenz die Menschenwürde nicht antasten darf. Anders formuliert, er muss Vorsorge dafür treffen, dass das von Künstlicher Intelligenz gesteuerte Zusammenwirken lebender und nichtlebender Entitäten nicht in die Würde des Menschen eingreift.

Außer der Menschenwürde kommen noch andere Grundrechte in Betracht, für deren Unantastbarkeit die betreffende Person Verantwortung trägt, nämlich dass Diskriminierungen aus den in Art. 3 Abs. 3 GG[12] genannten Gründen ausgeschlossen sind, dass nicht in die Privatsphäre eingegriffen wird, dass die persönliche Freiheit von niemand eingeschränkt wird usw.

Die Bundesregierung hat im Juli 2018 *Eckpunkte für eine Strategie Künstliche Intelligenz* (Bundesregierung 2018) veröffentlicht und darin außer einer Darstellung der Ausgangslage Kataloge von Zielen und Anwendungsbereichen *(Handlungsfelder)* von Künstlicher Intelligenz aufgestellt, unter denen Wirtschaft, Arbeit und Bildung an vorderer Stelle stehen[13]. Das *Papier* ist im Zusammenhang mit der 2016 von der EU erlassenen, seit Mai 2018 anzuwendenden und unmittelbar in allen EU-Mitgliedsstaaten geltenden Datenschutz-Grundverordnung zu sehen, die dem Schutz der personenbezogenen Daten dient und die bislang geltenden nationalen Vorschriften über die Erhebung, Speicherung, Verarbeitung und Löschung von Daten überwölbt, vereinheitlicht, modernisiert und dabei teilweise

---

[12]Namentlich in den USA hat sich schon vor Jahren herausgestellt, dass der Einsatz von KI und Algorithmen u. a. im Personalwesen von Unternehmen wegen der unkritischen Reproduktion von gruppenbezogenen Stereotypen und Vorurteilen zu verfassungswidrigen Diskriminierungen führen kann. Lobe (2019); ferner ein Interview mit Francesca Rossi von IBM (Budras, 2018) und Beck (2019).

[13]Ein Kommentar dazu von Armbruster (2018a).

geändert hat[14]. Der Schutz erstreckt sich nicht nur auf alle Informationen identi-
fizierter (natürlicher) Personen, sondern auch auf Informationen (Daten) *identi-
fizierbarer* Personen. Identifizierbar ist eine natürliche Person (Art. 4), „die direkt
oder indirekt, insbesondere mittels Zuordnung zu einer Kennung wie einem Namen,
zu einer Kenn-Nummer, zu Standortdaten, zu einer Online-Kennung oder [die
Zuordnung] zu einem oder mehreren besonderen Merkmalen [identifiziert werden
kann], welche Ausdruck der physischen, physiologischen, genetischen, psychischen,
wirtschaftlichen, kulturellen oder sozialen Identität dieser natürlichen Person sind"
(Europäisches Parlament 2016, Art. 4).

Es ist offenkundig, dass dieser detaillierte Katalog von personenbezogenen
Merkmalen, deren Zusammenführung die namentliche Bestimmung von Personen
ermöglicht, in einem starken Spannungsverhältnis zum Einsatz Künstlicher
Intelligenz steht. Umso wichtiger ist die Frage, ob sich die Nutzer von Künstlicher Intelligenz auf eine Erlaubnis zur Verarbeitung personenbezogener Daten
berufen können. Die Verarbeitung personenbezogener Daten ist grundsätzlich
nur mit Erlaubnis zulässig (Art. 6). Sie erfolgt naturgemäß an erster Stelle durch
die Einwilligung der Person, um deren Daten es geht. Sie ist darüber hinaus aber
auch aus einer Reihe von sonstigen legitimen Gründen zulässig, z. B. wenn die
Datenverarbeitung erforderlich ist, um lebenswichtige Interessen zu schützen,
oder wenn die Datenverarbeitung der Erfüllung einer Aufgabe dient, die im
öffentlichen Interesse liegt.

Ob die Datenschutz-Grundverordnung kraftvoll genug ist, um die Möglichkeit
der mittelbaren Identifizierung einer natürlichen Person durch Zusammenführung
von im Prinzip unproblematischen Daten auszuschließen, kann zweifelhaft sein[15].
Gänzlich unklar ist, ob bzw. wie eine betroffene Person überhaupt etwas über ihre
durch Einsatz von Künstlicher Intelligenz bewirkte Identifizierung erfährt und
erfahren kann. Es ist denn auch kritisch vermerkt worden, dass sich die Datenschutz-Grundverordnung mit den spezifischen Problemen und Gefahren gar nicht
befasse, die mit dem Einsatz Künstlicher Intelligenz verbunden seien, nämlich
mit den *sozialen Netzwerken,* mit der Datenflut von Big Data und ihrer Auswertung, mit Suchmaschinen, Cloud-Computing, Ubiquitous Computing usw.

---

[14]Europäisches Parlament (2016) Quelle: https://www.computerundrecht.de/
OJ_L_2016_119_FULL_DE_TXT.pdf (Abgerufen am 10.10.2019). Zum Inhalt und zu ersten
Kommentierungen der Datenschutz-Grundverordnung siehe zu einer ersten Orientierung den
Wikipedia-Eintrag zur Datenschutz Grundverordnung. Quelle: https://de.wikipedia.org/wiki/
Datenschutz-Grundverordnung (Abgerufen am 10.10.2019).
[15]Äußerst skeptisch mit starken Argumenten: Surber (2019).

In zwei Punkten stellt sich die Datenschutz-Grundverordnung immerhin der Verantwortung für eine Abwehr von Missbrauch, und zwar durch die beiden Ansätze von Datenschutz durch Technikgestaltung: erstens durch *Privacy by Design* (Wikipedia – Privacy by Design o. J.b, Abgerufen: 10.10.2019), d. h. durch die Berücksichtigung ethischer Grundsätze in Künstliche-Intelligenz-Verarbeitungsprozessen von Anfang an, und zweitens durch *Privacy by Default* (Datenschutzbeauftragter INFO 2017), d. h. durch Erhebung des Datenschutzes (Vertraulichkeit) zum technischen Standard im Interesse der Nutzer (Digitalcourage e. V. 2014).

Die dem deutschen Grundgesetz entnommenen normativen Maßstäbe für die Erfüllung der Anforderungen, die sich aus der Verantwortung der an der Entwicklung von Künstlicher Intelligenz arbeitenden Spezialisten ergeben, liegen in der Sache auch den *Ethik-Leitlinien für eine vertrauenswürdige Künstliche Intelligenz* zugrunde, deren Entwurf eine sogenannte *Hochrangige Expertengruppe für Künstliche Intelligenz* im Auftrage der EU-Kommission am 18. Dezember 2018 veröffentlicht hat (European Commission 2018)[16]. Die *Leitlinien* sind, wie vorgesehen, im April 2019 von der Expertengruppe überarbeitet worden (Hillmer 2019) und sollen nach dem Plan der EU-Kommission im Sommer 2019 einer breiten öffentlichen Diskussion unterzogen werden. *Künstliche Intelligenz Made in Europe* orientiert sich an der EU-Grundrechte-Charta vom 7. Dezember 2000. Die Charta verkündet Menschenwürde, Freiheit, Gleichheit und Solidarität und räumt den Grundrechten der Privatsphäre und des Diskriminierungsverbots, die bei der Anwendung von Künstlicher Intelligenz, wie die Erfahrung zeigt, besonders gefährdet sind, hohen Rang ein. Kein Zweifel: Der Schutz der europäischen Grundwerte hat für die Bewahrung der Würde des Menschen als Menschen überragende Bedeutung, denn letztlich geht es bei der Verantwortung für jene Werte um nicht weniger als um den Schutz der Menschheit vor der Gefahr ihrer Herabwürdigung zum Objekt unter das Diktat eines Roboters nach Maßgabe Künstlicher Intelligenz (vgl. Picht 1967)[17]. Das zwingt gleichsam die EU, stellvertretend für Europa insgesamt, einen eigenen, an jenen höchsten Grundwerten orientierten ethischen Kodex für Künstliche Intelligenz zu erstellen. Er bündelt sich in dem Kriterium der Vertrauenswürdigkeit. Es soll nach dem Wunsch der EU-Kommission – die Abgrenzung vor allem zur Volksrepublik

---

[16]In Deutsch existiert nur eine offizielle (5-seitige) „Zusammenfassung".

[17]Wir sehen hier den Fall einer Konstellation, die Georg Picht vor Jahrzehnten (1967) mit Blick auf die Möglichkeit eines Nuklearkrieges als den Fall „einer universalen Verantwortung der Menschheit" beschrieben hat, die aber auch jeden einzelnen Menschen in „verantwortlicher Stellung" trifft.

China ist unüberhörbar – das Markenzeichen der *Künstlichen Intelligenz Made in Europe* sein.

Nach der Vorstellung des Entwurfes der *Ethik-Leitlinien* gilt Künstliche Intelligenz dann als vertrauenswürdig, wenn sie erstens auf den Menschen ausgerichtet ist *(menschenzentriert)* und zweitens die folgenden ethischen Grundsätze befolgt und fördert: Gutes tun, keinen Schaden zufügen, menschliche Autonomie und Gerechtigkeit achten. Zusätzlich betonen die Leitlinien, die Vertrauenswürdigkeit der Künstlichen Intelligenz hänge entscheidend davon ab, dass aufgrund der *Transparenz* der von Künstlicher Intelligenz gesteuerten Prozesse der Bürger über mögliche Folgen und Risiken der Künstlichen Intelligenz informiert sei. Transparenz verlange, dass die mithilfe Künstlicher Intelligenz gefundenen Ergebnisse und getroffenen Entscheidungen *erklärbar, nachvollziehbar, rückverfolgbar* und nach Maßgabe der ethischen Werte auch *überprüfbar* seien.

Das Konzept mag, zumindest auf den ersten Blick, überzeugend wirken, doch haftet ihm eine bei näherem Hinsehen sichtbar werdende zweifache Schwäche an: sie betrifft sowohl die vier materiellen, dem Axiom der *Menschenzentriertheit* dienenden ethischen *Grundsätze,* als auch die vier formellen Verfahrensgrundsätze, welche die zum prozessualen Leitprinzip erhobene *Transparenz* der Algorithmen gewährleisten sollen, die die zu fällenden Entscheidungen vorbereiten oder bewirken.

Das Axiom der *Menschenzentriertheit* und die vier das Axiom implementierenden ethischen Grundsätze suggerieren eine Eindeutigkeit und Identität, die in ethischer Hinsicht nicht besteht und auch nicht bestehen kann; denn was ist „das Gute", was man tun soll und was ist ein *Schaden,* den man vermeiden soll, und was bedeuten *Autonomie* und *menschliche Gerechtigkeit*? Alles das sind Begriffe, deren Inhalte sich seit der Antike immer wieder gewandelt haben und die nach wie vor heftig umstritten sind. Infolgedessen mangelt es ihnen an jener Klarheit, die nach dem Wunsch der EU die *Ethik-Leitlinien Made in Europe* auszeichnen sollen.

Dazu tritt ein weiterer Einwand: die vier ethischen Grundsätze sind derartig abstrakt, aber auch banal formuliert und bewegen sich in einer solchen *luftigen Höhe,* dass ihre Eignung und Operationalisierbarkeit als kritischer Maßstab für die Einschätzung und eventuelle Verwerfung von Algorithmen und Produkten Künstlicher Intelligenz höchst zweifelhaft erscheinen muss.

Erhebliche Skepsis dürfte nicht weniger hinsichtlich der Realisierbarkeit von Transparenz angebracht sein. Gewiss ist es richtig, dass Transparenz als verfahrensmäßiges Leitprinzip wegen ihrer organischen Verknüpfung mit dem Prinzip der Öffentlichkeit erfahrungsgemäß eine entscheidende Voraussetzung dafür ist, dass die Einhaltung der vier materiellen Ethik-Grundsätze durch interessierte Bürger wenigstens im Ansatz kontrolliert werden kann; und es hört sich auch wohlklingend an, dass die mithilfe Künstlicher Intelligenz gefundenen Ergebnisse und getroffenen Entscheidungen erklärbar, nachvollziehbar, rückverfolgbar und nach Maßgabe der ethischen Werte tatsächlich auch überprüfbar sein sollen[18]. Aber die vier Verfahrensgrundsätze sind äußerst anspruchsvolle Vorgaben und Erwartungen, die nicht im Einklang mit der in der Literatur immer wieder zu lesenden Klage stehen, dass die bei künstlicher Intelligenz zum Einsatz kommenden Algorithmen erstens nicht selten Geschäftsgeheimnis seien und dass zweitens die Operationen der Künstlichen Intelligenz so schnell und komplex abliefen, dass auch Experten von einer undurchdringlichen Black Box sprächen (Betschon 2018, 2019b; Budras 2019; Manuela Lenzen 2018a, b).

Zwar gibt es Stimmen, die jene Schwierigkeiten für überwindbar und die Probleme für lösbar halten (Gigerenzer et al. 2018), aber die von ihnen vorgeschlagenen Verfahren sind äußerst kompliziert und setzen aufseiten der Zivilgesellschaft und der Bürger Entschlossenheit und Hartnäckigkeit voraus, die versprochene Transparenz im Alltag auch durchzusetzen. Eine solche Annahme erscheint jedoch allzu idealistisch und deswegen wenig realistisch.

Die *Hochrangige Expertengruppe* hat, wie es scheint, die Kritik an ihrem Entwurf von *Ethik-Richtlinien* aufgegriffen und das Hauptziel einer europäischen Strategie, nämlich die Vertrauenswürdigkeit von Künstlicher Intelligenz, durch die folgenden sieben Leitziele operationalisiert, die offenkundig die materiellethischen und die formell-verfahrensmäßigen Grundsätze des ersten Entwurfs integrieren (European Commission 2019, Abgerufen am 10.10.2019 von https:// ec.europa.eu/futurium/en/ai-alliance-consultation/guidelines)[19]:

1. „*Vorrang menschlichen Handelns und menschlicher Aufsicht:* KI-Systeme sollten gerechten Gesellschaften dienen, indem sie das menschliche Handeln und die Wahrung der Grundrechte unterstützen; keinesfalls aber sollten sie die Autonomie der Menschen verringern, beschränken oder fehlleiten.
2. *Robustheit und Sicherheit:* Eine vertrauenswürdige KI setzt Algorithmen voraus, die sicher, verlässlich und robust genug sind, um Fehler oder

---

[18]Kritisch dazu Yogeshwar (2019) und Gillen (2019a, b); dagegen (Ala-Pietilä 2019). Der Autor ist Vorsitzender der EU-Beratungskommission, die den Entwurf der „Leitlinien" ausgearbeitet hat.

[19]Diese Grundsätze wurden am 8. April 2019 veröffentlicht (European Commission 2019). Einen ersten Kommentar liefert Gillen (2019b).

Unstimmigkeiten in allen Phasen des Lebenszyklus des KI-Systems zu bewältigen.

3. *Privatsphäre und Datenqualitätsmanagement:* Die Bürgerinnen und Bürger sollten die volle Kontrolle über ihre eigenen Daten behalten, und die sie betreffenden Daten sollten nicht dazu verwendet werden, sie zu schädigen oder zu diskriminieren.

4. *Transparenz:* Die Rückverfolgbarkeit der KI-Systeme muss sichergestellt werden.

5. *Vielfalt, Nichtdiskriminierung und Fairness:* KI-Systeme sollten dem gesamten Spektrum menschlicher Fähigkeiten, Fertigkeiten und Anforderungen Rechnung tragen und die Barrierefreiheit gewährleisten.

6. *Gesellschaftliches und ökologisches Wohlergehen:* KI-Systeme sollten eingesetzt werden, um einen positiven sozialen Wandel sowie die Nachhaltigkeit und ökologische Verantwortlichkeit zu fördern.

7. *Rechenschaftspflicht:* Es sollten Mechanismen geschaffen werden, die die Verantwortlichkeit und Rechenschaftspflicht für KI-Systeme und deren Ergebnisse gewährleisten."

Die EU-Kommission versteht die Ethik-Leitlinien als ein *living document* und beabsichtigt dementsprechend, über sie im Jahre 2020 weiter zu beraten und dann über das abschließende Vorgehen zu entscheiden.

Aus der Perspektive der Verantwortung für den ethischen Umgang mit Künstlicher Intelligenz hat Christoph Markschies[20] einen prinzipiellen Einwand gegenüber dem Entwurf der „EU-Ethik-Richtlinien" erhoben, der die Stimmigkeit des Konzepts infrage stellt und auch in Bezug auf die Neufassung der Richtlinien seine Bedeutung nicht eingebüßt hat (Markschies 2019). Markschies' Kritik setzt bei dem von der EU als zentral herausgestellten Ziel der *vertrauenswürdigen Künstlichen Intelligenz* (truthworthy artficial intelligence) an. Unter Einbeziehung (und Ablehnung) des vom Massachusetts Institute of Technology (MIT) vertretenen Konzepts einer *Moral Machine* hebt Markschies (2019) hervor, dass vertrauenswürdig, streng genommen, nicht eine Technologie sein könne, sondern nur die hinter ihr stehenden Menschen. Vertrauenswürdig (oder nicht) seien daher „nicht Systeme der *Künstlichen Intelligenz,* sondern die Menschen,

---

[20]Der Theologe Christoph Markschies, 2006 bis 2011 Präsident der Humboldt-Universität Berlin, ist Sprecher der interdisziplinären Arbeitsgruppe „Verantwortung: Maschinelles Lernen und Künstliche Intelligenz" der Berlin-Brandenburgischen Akademie der Wissenschaften.

die sie programmieren, und die, die für rechtlich geordnete Zulassungsverfahren Verantwortung tragen" (Markschies 2019, FAZ, S. 11). Hinsichtlich der Künstlichen Intelligenz hat der Einwand ein besonders hohes Gewicht, weil in ihrem Falle die für verbindlich erklärten rechtlichen Grundwerte, ethischen Grundsätze und Standards über Algorithmen in Entscheidungsprozesse eingespeist werden, Algorithmen, die *als solche* schon deswegen keine *Vertrauenswürdigkeit* beanspruchen können, weil das nicht nur die völlige Transparenz ihrer Entstehung, also der digitalen Programmierung, sondern auch eine ethisch-rechtliche Fachkontrolle der für den Einsatz bestimmten Algorithmen voraussetzen würde. An erster Stelle aber müsste das, so Markschies (2019), ethische Bildung derjenigen voraussetzen, welche Programme für Künstliche Intelligenz schreiben, und für diejenigen, welche über deren praktischen Einsatz entscheiden. Auch seien rechtlich normierte Verfahren notwendig, wenn man Programme daraufhin überprüfen wolle, ob sie bestimmten ethischen Normen und rechtlichen Standards entsprechen (Markschies 2019).

Alle diese Voraussetzungen existieren bestenfalls sektoral und allenfalls in Ansätzen.

Man muss daraus den Schluss ziehen, dass das von der EU verkündete Ziel, in ihrem Herrschaftsbereich für vertrauenswürdige Künstliche Intelligenz zu sorgen, noch in weiter Ferne liegt, wenn es denn überhaupt erreichbar und mehr als eine schöne Vision und ethisch-politische Utopie sein sollte. Die Dimensionen der Zielsetzung, die Komplexität des Phänomens der Künstlichen Intelligenz und die hohe Dynamik ihrer Entwicklung und Veränderung geben wenig Anlass zu der Hoffnung, dass sich die ethischen und juristischen Anforderungen an die Verantwortung gegenüber der Künstlichen Intelligenz durchsetzen werden.

4 Beispiele der Reichweite von juristischer Verantwortung

Die Reichweite von Verantwortung kann sich zwar im Prinzip auf beide Dimensionen, kann sich also sowohl auf die Verantwortung vor jemandem als auch auf die Verantwortung für jemanden oder für etwas erstrecken, aber das wirklich brisante Problem ist hier die Frage, wie weit reicht die Verantwortung für, abstrakt gesprochen, Personen oder/und Sachen? Es liegt auf der Hand, um eine allgemeine, grundsätzliche Feststellung vorweg zu treffen, dass Verantwortung nicht unbegrenzt sein kann. Wie Georg Picht (1967, S. 334 f.) zutreffend herausgearbeitet hat, kann Verantwortung einer Person nur so weit reichen, wie sie zuständig ist und Kraft ihrer Zuständigkeit über die Macht und die Werkzeuge verfügt, um auf das Geschehen in ihrem Verantwortungsbereich effektiv einwirken zu können.

Die Zuständigkeit und Ermächtigung, Entscheidungen und Maßnahmen zu treffen, werden bei individueller und bei kollektiver Verantwortung unterschiedlich ausgeprägt sein und unterschiedliche Reichweite haben. Denn indem Träger von kollektiver Verantwortung auch eine Gebietskörperschaft wie eine Gemeinde, ein Bundesland oder die Bundesrepublik Deutschland insgesamt sein kann, ist die Reichweite ihrer Verantwortung entsprechend der Kompetenzordnung im Bundesstaat sehr verschieden.

Bei der uns hier interessierenden Frage nach der Reichweite der Verantwortung (im Falle der Entwicklung und Anwendung von Künstlicher Intelligenz) für die Integrität der humanen Grundwerte, Schutzgüter und Grundrechte, namentlich von Menschenwürde und Autonomie, richten sich die Augen zwangsläufig auf Wirtschaftsunternehmen sowie auf Forschung und Wissenschaft, aber auch auf den Staat, der als Gesetzgeber, als Verwaltung und Justiz die Beachtung und Durchsetzung jener rechtlichen und ethischen Standards letztlich verbürgt und zu garantieren hat.

Es liegt auf der Hand, dass wegen der außerordentlichen Komplexität des mit der Entwicklung und Anwendung von Künstlicher Intelligenz betroffenen Lebensverhältnisse von Gesellschaft, Wirtschaft und Staat die Reichweite der *kollektiven* Verantwortung ganz dominant im Vordergrund steht und daher unsere besondere Aufmerksamkeit erheischt. Ebenso dürfte es unmittelbar einleuchten, dass die Reichweite der Verantwortung nicht abstrakt und für alle Akteure gleich bestimmt und fixiert werden kann, sondern sich sehr verschieden darstellt, abhängig zum Beispiel von der Weite des geplanten Anwendungsbereichs der Künstlichen Intelligenz.

Nehmen wir als Beispiel das vieldiskutierte autonome Fahren, nicht unbedingt die Umstellung des gesamten Straßen- bzw. Autoverkehrs auf Autopiloten, sondern nur den Verkehr auf Autobahnen (Hilgendorf et al. 2015; Lutz 2015; Feldle 2018; Scherff 2018). Trotz der darin liegenden Begrenzung würden wir es mit einem höchst komplexen, sich auf das ganze Staatsgebiet erstreckenden Verkehrssystem zu tun haben, das Auswirkungen auf sämtliche Lebensbereiche der Gesellschaft und der Einzelnen besäße. Die Entscheidung über seine Einführung läge daher beim Staat in Gestalt des Bundesgesetzgebers.

Es ist evident, dass sich davon die Umrüstung einer Villa mit Hilfe von Künstlicher Intelligenz in ein sogenanntes smart home wesentlich unterscheidet.

Bevor der Gesetzgeber seine Verantwortung wahrnehmen könnte, über die Einführung des autonomen Fahrens zu entscheiden, wären die Fahrzeuge mit solchen Vorrichtungen Künstlicher Intelligenz auszurüsten, die erstens ein autonomes Fahren ermöglichen und zweitens die Probleme eines sicheren Straßenverkehrs lösen würden. Die Verantwortung dafür läge bei den darauf spezialisierten Firmen und ihren Mitarbeitern, aber auch bei den staatlichen Behörden, die über die Zulassung der Fahrzeuge zu entscheiden hätten. Es ergibt sich das Bild einer gestuften Verantwortungskette, an deren Spitze der Gesetzgeber zu denken wäre, der die endgültige Entscheidung über die Freigabe und Einführung des Systems zu treffen hätte.

Bekanntlich ist immer wieder die Frage diskutiert worden, wer zur Verantwortung zu ziehen ist, wenn im autonomen Betrieb des Verkehrs sich Unfälle ereignen, dabei auch Menschen zu Schaden kommen und unter Umständen getötet werden. Vorauszuschicken ist, bevor wir uns rechtlichen Details zuwenden, die grundsätzliche Feststellung, dass der mit künstlicher Intelligenz ausgestattete Roboter im Unterschied zum Menschen nicht schuldfähig ist. Ihm kann deswegen ein von seinem technischen Versagen verursachtes schädigendes Verhalten nicht zugerechnet und daher auch nicht vorgeworfen werden. Der Roboter ist nicht verantwortlich; verantwortlich kann nur der Mensch sein, d. h. eine natürliche Person sowie unter Umständen auch eine juristische Person, weil hinter ihr Menschen stehen und sie durch Menschen handelt.

Das bedeutet jedoch keineswegs und kann auch nicht bedeuten, dass für den von einem Roboter verursachten Schaden niemand verantwortlich gemacht werden kann. Die Realisierung der Verantwortung ist im Rahmen unserer Rechtsordnung sehr wohl möglich (Hilgendorf et al. 2015; Lutz 2015; Feldle 2018; Scherff 2018). Es bieten sich hier verschiedene Lösungen an. Teils wird auf der Grundlage des geltenden Rechts vorgeschlagen, den Halter (Eigentümer) des den Unfall verursachenden „autonom" bewegenden Fahrzeugs für den Schaden haften zu lassen. Eines der Probleme, die sich hier stellen, ist der Umstand, dass den Halter keine Schuld an dem Unfall trifft. Man käme aber leicht darüber hinweg, indem man den Halter nach den Grundsätzen der sogenannten Gefährdungshaftung zur Verantwortung ziehen würde. Das bedeutet, dass seine Haftung für den Unfall anknüpfen würde an die schlichte Tatsache, dass er sich in den Straßenverkehr mit seinem Auto begeben und dadurch eine für den Unfall entscheidende Ursache gesetzt hat.

Eine andere Möglichkeit wäre, die autonom fahrenden Fahrzeuge rechtlich als Roboter im Wege der Fiktion per Gesetz zu juristischen Personen eigener Art (sui generis) zu machen[21]. Die Haftung könnte man dann auf zweierlei Weise recht-

---

[21]Eingehend zu den möglichen juristischen Konstruktionen von Alternativen (Günther 2016, S. 45 ff.).

lich konstruieren: erstens könnte man den Eigentümer für den eRoboter nach den zivilrechtlichen Regeln über den Erfüllungs- oder Verrichtungsgehilfen oder über den *Besitzdiener* (d. h. als selbständig Werkzeug) haften lassen. Der Gesetzgeber könnte aber, zweitens, auch bestimmen, dass der eRoboter als juristische Person selbstständig haftet. Das würde und müsste die Konsequenz haben, den Roboter der Haftpflichtversicherung zu unterwerfen und ihn auf der Grundlage haften zu lassen. Das wäre die zivilrechtliche Haftung, die sich in vollem Umfange auf den Schaden erstrecken würde.

Kein unüberwindliches Problem würde die polizeirechtliche Haftung aufwerfen, denn in diesen Fällen könnte man den Eigentümer des eRoboters über die polizeiliche Zustandsverantwortung, d. h. seine Haftung für den ordnungsgemäßen Zustand seiner Sachen zur Verantwortung ziehen.

Schwieriger wäre die Lösung des Problems einer eventuellen strafrechtlichen Verantwortung, z. B. wegen Tötung im Zuge eines Verkehrsunfalls. Den Vorwurf der Fahrlässigkeit oder gar des Vorsatzes könnte man dem Fahrzeug nicht machen, weil das die Schuldfähigkeit voraussetzen würde, die der Roboter aber nicht hat. Man könnte daran denken, den Halter und Eigentümer des Fahrzeuges strafrechtlich zu belangen und ihn wegen fahrlässiger Tötung zur Verantwortung zu ziehen. Das würde nach geltendem Strafrecht erstens voraussetzen, dass er mit seinem Verhalten eine Kausalkette begründet hat, die zu dem Unfall geführt hat, und dass er zweitens eine Sorgfaltspflicht verletzt hat und es deswegen zu dem Unfall mit Todesfolge gekommen ist. Den Vorwurf der Sorgfaltspflichtverletzung wird man dem Halter und Eigentümer des autonom fahrenden Autos aber gerade nicht machen können, denn sein Eingreifen in das Verkehrsgeschehen ist gerade nicht vorgesehen und im Prinzip unzulässig. Der Jurist wäre hier mit seinem Latein gleichwohl nicht am Ende. Denn entweder könnte man durch Gesetz eine strafrechtliche Haftung definitiv ausschließen oder man könnte per Gesetz gewissermaßen eine strafrechtliche Gefährdungshaftung einführen, deren Sanktion zwar nicht auf Freiheitsentzug, wohl aber auf eine Geldstrafe zulasten des Eigentümers und Halters lauten könnte. Der Unterschied zur zivilrechtlichen Gefährdungshaftung bestünde allein in dem moralischen Vorwurf an die Person des Eigentümers und Halters, um dessen Letztverantwortung aufzuzeigen und den Angehörigen des Opfers eine gewisse Genugtuung zu verschaffen.

Unter Juristen, die mit Robotik befasst sind, wird diskutiert, ob es sinnvoll und vielleicht sogar geboten sein könnte, den Roboter zu einer juristischen Person zu machen. Die ePerson des Roboters würde dann zu einem Haftungssubjekt, für das – kraft Gesetzes – eine Versicherung abzuschließen wäre, um seine Haftung nicht leer laufen zu lassen. Diese sich an der juristischen Person orientierende Konstruktion erscheint aber nur dann sinnvoll und erforderlich, wenn der Roboter unter dem Gesichtspunkt kausaler Geschehensabläufe so weit von einer eindeutig als verantwortlich zu identifizierenden, sei es natürlichen oder juristischen Person (Unternehmen usw.) entfernt ist, dass eine andere Möglichkeit der Haftung praktisch ausgeschlossen ist. Das geht nur über eine Gefährdungshaftung, weil der Roboter schuldunfähig ist, oder durch eine Schuld*fiktion* zulasten des Roboters, der dann allerdings wie ein Mensch und wie eine der Verantwortung fähige Person behandelt würde. Das wäre ein Präzedenzfall der juristischen Vermenschlichung des Trägers künstlicher Intelligenz.

5　Schlussbemerkung

Die Entwicklung Künstlicher Intelligenz ist ein globaler Prozess, an dessen Anfang die Menschheit erst steht. Sie stellt eine technische Entwicklungsstufe in der Geschichte des Menschen dar, die mit der Einführung der Elektrizität verglichen worden ist (vgl. Assadollahi 2018)[22]. Das ist insofern richtig, als die Elektrizität als Energiequelle den Alltag des Menschen in allen seinen Dimensionen weltweit mitbestimmt. An dem Vergleich zeigt sich aber ein wesentlicher und für die weitere Geschichte des Menschen und der Menschheit ganz entscheidender Unterschied: die Künstliche Intelligenz ist kein statisches Phänomen, sondern ein Prozess von hoher Dynamik, in dessen Verlauf Künstliche Intelligenz in Gestalt von Robotern die Fähigkeit erwirbt, den Menschen aus gewissen Bereichen zu verdrängen und zu ersetzen.

Für eine Hauptgefahr der Entwicklung halte ich, dass der Mensch, fasziniert von der Leistungsfähigkeit der Künstlichen Intelligenz, ein am Roboter orientiertes und damit reduktionistisches Menschenbild übernimmt und das Humanum des Menschen verrät[23]. Die Gefahr, die von Künstlicher Intelligenz für den Menschen ausgeht, ist nach meiner Überzeugung nicht die, dass Roboter den Menschen überflügeln und den Menschen in der vom Menschen gemachten Welt gleichsam hinter sich lassen werden, sondern dass der Mensch sich den Roboter, sein Werkzeug, zum Vorbild nimmt, sich selbst funktionalisiert und in einseitiger, auf Effektivität ausgerichtete Weise „optimiert" (vgl. Schwartmann

---

[22]So z. B. der Google-Vorsitzende, Sundai Pichai, im Interview in der FAZ (Assadollahi 2018).

[23]Von einer solchen Entwicklung scheint, zumindest im Ergebnis, der Historiker Yuval Harari überzeugt zu sein. Siehe Lobe (2018).

2018)[24]. Diese Gefahren lassen sich nur bezwingen, wenn die Entwicklung und Anwendung künstlicher Intelligenz auf das beschränkt bleiben, was die Künstliche Intelligenz ist, nämlich ein die Menschheit nicht bedrohendes, sondern den Menschen helfendes Werkzeug und Instrument. Die Überzeugung von der Wahrheit und Richtigkeit dieses ethischen Standpunktes und dieser moralischen Grundhaltung muss aber von der Bereitschaft und dem Willen einer kritischen Menge von Menschen getragen sein, sich aktiv für die Erhaltung der Menschheit gegenüber allen Bedrohungen und Gefährdungen einzusetzen (vgl. Strasser 2019).

Literatur

Ala-Pietilä, P. (30. Januar 2019). Vertrauenswürdige Künstliche Intelligenz. *Frankfurter Allgemeine Zeitung (FAZ)*, 11.

Ankenbrand, H. (27. März 2019). Deutschland kleckert – China klotzt. *Frankfurter Allgemeine Zeitung (FAZ)*, 17.

Armbruster, A. (25. Juli 2018a). Künstliche Intelligenz made in Germany. *Frankfurter Allgemeine Zeitung (FAZ)*, 15.

Armbruster, A. (6. November 2018b). Interview mit Yann LeCun, KI-Spezialist bei Facebook. *Frankfurter Allgemeine Zeitung (FAZ)*, 19.

Assadollahi, R. (15. Mai 2018). Durch Künstliche Intelligenz geht die Arbeit nicht aus. *Frankfurter Allgemeine Zeitung (FAZ)*, 18.

Beck, H. (10. März 2019). Auch Maschinen haben Vorurteile. *Frankfurter Allgemeine Sonntagszeitung (FAS)*, 10.

Beschorner, T. (1. November 2018). Roboterethik: Eine Schlüsselfrage des 21. Jahrhunderts. *Neue Züricher Zeitung (NZZ)*, 16.

Betschon, S. (24. September 2018). Die im Dunkeln pfeifen. *Neue Züricher Zeitung (NZZ)*, 18.

Betschon, S. (13. Februar 2019a). Liebe Maschinen – Lasst uns doch Freunde sein! *Neue Züricher Zeitung (NZZ)*, 17.

Betschon, S. (20. März 2019b). Künstliche Intelligenz als Idiot savant. *Neue Züricher Zeitung (NZZ)*, 37.

Böge, F. (9. April 2019). Die künstliche Intelligenz vom Lande. *Frankfurter Allgemeine Zeitung (FAZ)*, 3.

Budras, C. (22. Juli 2018). Künstliche Intelligenz muss fair sein. *Frankfurter Allgemeine Sonntagszeitung (FAS)*, 21.

Budras, C. (14. April 2019). Unberechenbare Roboter. *Frankfurter Allgemeine Sonntagszeitung (FAS)*, 20.

---

[24]Zu diesen grundsätzlichen Fragen jetzt eindringlich auch Armin Grunwald (2019, S. 149 ff., 223 ff.).

Clark, A. (8. November 2018). Leben in einer durchlässigen Realität. *Neue Züricher Zeitung (NZZ)*, 21.

Datenschutzbeauftragter INFO. (17. Oktober 2017). Was bedeutet Privacy by Design/Privacy by Default wirklich? https://www.datenschutzbeauftragter-info.de/was-bedeutet-privacy-by-design-privacy-by-default-wirklich/.

Die deutsche Bundesregierung. (18. Juli 2018). Eckpunkte der Bundesregierung für eine Strategie Künstliche Intelligenz [Parliamentary paper]. https://www.bmbf.de/files/180718%20Eckpunkte_KI-Strategie%20final%20Layout.pdf.

Digitalcourage e. V. (9 Mai 2014). Privacy by Default: Datenschutz darf keine Ausnahme bleiben. https://digitalcourage.de/blog/2014/privacy-default-datenschutz-darf-keine-ausnahme-bleiben.

Europäisches Parlament. (27 April 2016). Amtsblatt L119 – Der Europäischen Union [Parliamentary paper]. https://www.computerundrecht.de/OJ_L_2016_119_FULL_DE_TXT.pdf.

European Commission. (18. Dezember 2018). Draft Ethics guidelines for trustworthy AI [Parliamentary paper]. https://ec.europa.eu/digital-single-market/en/news/draft-ethics-guidelines-trustworthy-ai.

European Commission. (8 April 2019). The ethics guidelines for trustworthy artificial intelligence (AI) [Parliamentary paper]. https://ec.europa.eu/futurium/en/ai-alliance-consultation/guidelines.

Feldle, J. (2018). *Notstandsalgorithmen: Dilemmata im automatisierten Straßenverkehr.* Baden-Baden: Nomos.

Frisch, M. (1962). *Stücke I. (Santa Cruz/Nun singen sie wieder/Die Chinesische Mauer/Als der Krieg zu Ende war/Graf Öderland).* Frankfurt a. M.: Suhrkamp.

Gabriel, M. (20. Mai 2018). Schlauer als jeder Mensch? *Frankfurter Allgemeine Sonntagszeitung (FAS)*, 21.

Gigerenzer, G., Müller, K.-R., & Wagner, G. (22. Juni 2018). Wie man Licht in die Black Box wirft. *Frankfurter Allgemeine Zeitung (FAZ)*, 15.

Gillen, E. (10. Januar 2019a). Die Ethik-Falle. *Frankfurter Allgemeine Zeitung (FAZ)*, 9.

Gillen, E. (24. April 2019b). Stets zu Diensten. *Frankfurter Allgemeine Zeitung (FAZ)*, 13.

Glaser, P. (28. Dezember 2017). Die Verwandlung der Utopie in Waffentechnologie. *Neue Züricher Zeitung (NZZ)*, 14.

Grunwald, A. (2019). *Der unterlegene Mensch. Die Zukunft der Menschheit im Angesicht von Algorithmen, künstlicher Intelligenz und Robotern.* München: riva.

Günther, J. P. (2016). *Roboter und rechtliche Verantwortung: Eine Untersuchung der Benutzer- und Herstellerhaftung.* München: Utz.

Günther, M. (13. Mai 2018). Wie wir Götter werden. *Frankfurter Allgemeine Sonntagszeitung*, 3.

Hahn, U. (9. März 2019). Vernunft ist auch eine Herzenssache. Zum Verhältnis von Künstlicher Intelligenz und Literatur. *Frankfurter Allgemeine Zeitung (FAZ)*, 16.

Henn, W. (25. Juni 2018). Wehe, die Computer sagen einmal „ich". *Frankfurter Allgemeine Zeitung (FAZ)*, 15.

Hilgendorf, E., Hötitzsch, S., & Lutz L. S. (Hrsg.). (2015). *Rechtliche Aspekte automatisierter Fahrzeuge: Beiträge zur 2. Würzburger Tagung zum Technikrecht im Oktober 2014.* Baden-Baden: Nomos.

Hillmer, H.-J. (12 April 2019). Künstliche Intelligenz – Ethik-Leitlinien für die KI. https://www.compliancedigital.de/ce/ethik-leitlinien-fuer-die-ki/detail.html.

Höffe, O. (7. Dezember 2017). Der Mensch ist kein Gott. *Neue Züricher Zeitung (NZZ)*, 22.

Ingold, F. P. (10. Oktober 2018). Die Muse küsst, wie und wen sie will. *Neue Zürcher Zeitung (NZZ)*, 19.

Jonas, H. (1984). *Das Prinzip Verantwortung: Versuch einer Ethik für die technologische Zivilisation*. Frankfurt a. M.: Suhrkamp.

Kant, I. (1785). Grundlegung zur Metaphysik der Sitten. In W. Weischedel (Hrsg.), *Werke in zehn Bänden* (Bd. 6). Darmstadt: Wissenschaftliche Buchgesellschaft.

Kissinger, H. (16. Juni 2018). Warten auf die Philosophen: Mensch und Maschine. *Die Welt*, 2.

Klingler, W. (9. Januar 2018). Der neue radikale Maschinenkult. Der Digitalismus zelebriert sich als neue Heilslehre. *Neue Züricher Zeitung (NZZ)*, 19.

Kreye, A. (24. November 2018). Berührungspunkte. *Süddeutsche Zeitung*, 13–15.

Lammert, N. (3. Dezember 2018). Die künstliche und die menschliche Intelligenz. *Frankfurter Allgemeine Zeitung (FAZ)*, 8.

Lenzen, M. (2018a). *Künstliche Intelligenz: Was sie kann & was uns erwartet*. München: Beck.

Lenzen, M. (20. November 2018b). Regeln für den Maschinenpark. *Frankfurter Allgemeine Zeitung (FAZ)*, 13.

Lenzen, M. (23. März 2019). Träumen Androiden von Menschen? *Frankfurter Allgemeine Zeitung (FAZ)*, 10.

Lobe, A. (9. Mai 2018). Big Data und Big History. *Neue Züricher Zeitung (NZZ)*, 21.

Lobe, A. (3. Februar 2019). Gebaute Filterblasen. Algorithmische Systeme verstärken soziale Unterschiede. *Frankfurter Allgemeine Sonntagszeitung (FAS)*, 39.

Lutz, L. S. (2015). Autonome Fahrzeuge als rechtliche Herausforderung. *Neue Juristische Wochenschrift: NJW, 68*(3), 119–124.

Maak, N. (14. Januar 2018). Nie mehr allein. Kein Land treibt die Robotisierung so voran wie Japan. *Frankfurter Allgemeine Sonntagszeitung (FAS)*, 45.

Markschies, C. (23. Februar 2019). Warum soll man einem Computer vertrauen? *Frankfurter Allgemeine Zeitung (FAZ)*, 11.

Mørch, H. H. (14. Januar 2018). Wie kommt der Geist in die Natur? *Frankfurter Allgemeine Zeitung (FAZ)*, 65.

Müller, M. (7. Januar 2019). Die künstliche Intelligenz spricht Chinesisch. *Neue Züricher Zeitung (NZZ)*, 34–35.

Nida-Rümelin, J. (7. Dezember 2016). Zwischen Euphorie und Apokalypse. *Neue Züricher Zeitung (NZZ)*, 22.

Nosthoff, A.-V., & Maschewski, F. (22. Februar 2019). Die App weiß, wann du stirbst. *Neue Züricher Zeitung (NZZ)*, 19.

Picht, G. (1967). Der Begriff der Verantwortung. In K. Aland, & W. Schneemelcher (Hrsg.), *Kirche und Staat – Festschrift für Bischof D. D. Hermann Kunst zum 60. Geburtstag am 21. Januar 1967* (S. 189–223). Berlin: De Gruyter.

Rutkowski, M. (1. April 2019). Die komplett menschenleere Fabrik ist eine Fiktion. *Frankfurter Allgemeine Zeitung*, 22–23.

Ryffel, H. (1967). Verantwortung als sittliches Phänomen: Ein Grundzug moderner Praxis. *Der Staat, 6*(3), 275–292.

Scheer, U. (19. März 2019). Sophia, warum siehst Du aus wie eine Frau? *Frankfurter Allgemeine Zeitung (FAZ)*, 9.

Scherff, D. (26. Mai 2018). Roboter, fahr du voran. KI ersetzt den Fahrer im Auto. *Frankfurter Allgemeine Sonntagszeitung (FAS)*, 23.

Schmidhuber, J. (12. Mai 2018). Künstliche Intelligenz ist eine Riesenchance für Deutschland. *Frankfurter Allgemeine Zeitung (FAZ)*, 22.

Schnabel, U. (28. März 2018). Wenn die Maschinen immer klüger werden: Was macht uns künftig noch einzigartig? *Die Zeit*, 37–39.

Schwartmann, R. (25. Oktober 2018). Das Recht der Maschinen. *Frankfurter Allgemeine Zeitung (FAZ)*, 8.

Spehr, M. (19. März 2019). Wie alles in die Cloud läuft. *Frankfurter Allgemeine Zeitung (FAZ)*, T1.

Sprenger, R. K. (28. Januar 2019). Sie irrt sich nicht, das ist ihr Problem. *Neue Züricher Zeitung (NZZ)*, 19.

Strasser, P. (30. Januar 2018). Das Ich verschwindet – Und jetzt? *Neue Züricher Zeitung (NZZ)*, 15.

Strasser, P. (22. Januar 2019). Schwesterlichkeit – Spiritualität im 21. Jahrhundert. *Neue Züricher Zeitung (NZZ)*, 15.

Surber, R. (24. April 2019). Auslagerung des Grundrechtsschutzes. *Neue Züricher Zeitung (NZZ)*, 15.

Thielicke, H. (1957). *Christliche Verantwortung im Atomzeitalter. Ethisch-politischer Traktat über einige Zeitfragen*. Stuttgart: Evangelisches Verlagswerk.

von der Malsburg, C. (13. März 2019). Gesucht: Vorbilder für kluge Automaten. *Frankfurter Allgemeine Zeitung*, N1.

Weischedel, W. (1933). *Das Wesen der Verantwortung. Ein Versuch*. Frankfurt a. M.: Klostermann.

Widmer, H. (17. September 2018). Künstliche Intelligenz denkt nicht. *Neue Züricher Zeitung (NZZ)*, 19.

Wikipedia – Die freie Enzyklopädie. (o. J.a). Datenschutz Grundverordnung. https://de.wikipedia.org/wiki/Datenschutz-Grundverordnung.

Wikipedia – Die freie Enzyklopädie. (o. J.b). Industrie 4.0 – Umfassende Digitalisierung der industriellen Prozesse. https://de.wikipedia.org/wiki/Industrie_4.0.

Wikipedia – Die freie Enzyklopädie. (o. J.c). Privacy by design – Wikipedia. https://en.wikipedia.org/wiki/Privacy_by_design.

Wikipedia – Die freie Enzyklopädie. (o. J.d). Transhumanismus – Wikipedia. https://de.wikipedia.org/wiki/Transhumanismus.

Yogeshwar, R. (10. Januar 2019). Maschinen herrschen. *Frankfurter Allgemeine Zeitung (FAZ)*, 9.

Ramge, T. (5. Februar 2018). Mensch fragt, Maschine antwortet. Wie künstliche Intelligenz Wirtschaft, Arbeit und unser Leben verändert. *Aus Politik und Zeitgeschichte (APUZ)* 68(6–8), 15–21.

Lankafel, P. (2015). Auf dem Weg zum Dr. Algorithmus?Potenziale von Big Data in der Medizin. *Aus Politik und Zeitgeschichte (APUZ)*, 65(11), 27–32.

If you see it, say it, and we'll sort it...

Shifting Baselines und der neue Gesellschaftsvertrag im Zeitalter der Digitalisierung

Stefan Selke

Zusammenfassung

Das Zusammenspiel menschlicher und künstlicher Intelligenz wird am Beispiel der Überwachung des öffentlichen Raumes in England exemplarisch und essayistisch erläutert. Ausgangspunkt ist hierbei die kontinuierliche Ausstrahlung der Botschaft „If you see it, say it, and we'll sort it" an häufig frequentierten öffentlichen Orten wie Bahnhöfen oder Flugplätzen. Ausgehend von diesem Fallbeispiel wird in fünf Schritten eine idealtypische Prozesskette entwickelt, die das Ineinandergreifen sozialer Interaktion und technischer Assistenzsystem bis hin zu künstlicher Intelligenz erläutert. Zusammenfassend wird die Wirkung dieses Prozesses als rationale Diskriminierung beschrieben. Dabei geht es im Kern um die These der Durchsetzung eines defizit-orientierten Menschenbildes, das auf gesteigerter Abweichungssensibilität basiert und trotz oder gerade wegen seiner Orientierung an Effizienzkriterien zu neuen Diskriminierungsformen und digitalen Vulnerabilitäten führen kann. Bei der zukünftigen Gestaltung künstlicher Intelligenz sind diese sozial transformierenden (Neben-)Wirkungen zu beachten, damit das Zusammenspiel aller Intelligenzformen konvivial bleibt.

Schlüsselwörter

Metrische Kulturen · Öffentliche Sicherheit · Shifting Baselines · Assistive Kolonialisierung · Rationale Diskriminierung · Konvivialität

S. Selke (✉)
Hochschule Furtwangen, Furtwangen, Deutschland
E-Mail: ses@hs-furtwangen.de

© The Author(s) 2021
R. Haux et al. (Hrsg.), *Zusammenwirken von natürlicher und künstlicher Intelligenz,* https://doi.org/10.1007/978-3-658-30882-7_12

151

1   „Make nothing happen" – Leben in einer Welt ohne Angst

Als öffentlicher Soziologe[1] beschäftige ich mich regelmäßig mit schleichenden Wandel. In diesem Fall stelle ich ein Beispiel für das *Zusammenspiel nicht-menschlicher und menschlicher Intelligenz* an der Schnittstelle zwischen natür-licher, sozialer, metrischer und technisch automatisierter Wahrnehmung der Umwelt im Kontext öffentlicher Sicherheit vor.

Da sich mein Beitrag im Kern mit einem Fallbeispiel aus England befasst, beginne ich mit einigen Gedichtzeilen des Lyrikers T. S. Eliot (1819–1965): *Where is the life we have lost in living? Where is the wisdom, we have lost in knowledge? Where is the knowledge we have lost in information?* (vgl.: https://news.ycombinator.com/item?id=3144409, Abgerufen: 12.03.2019). Diese Zeilen sind für mich eine nahezu perfekte Anspielung auf das Zeitalter der Digitalisierung. Insbesondere die letzte Zeile mahnt dazu, Handeln denkend zu verzögern und zu fragen, ob die vielen Versprechungen über (kollektive) Segnungen der digitalen Transformation nicht vielleicht auch mit (individuellen) Verlusten an Lebensdienlichkeit (Konvivialität) einhergehen. Oder anders: Gibt es neben den Gewinnern vielleicht auch Verlierer, z. B. Menschen, die aufgrund von (selbst gewählter) Datensparsamkeit über weniger Chancen oder Ressourcen ver-fügen?

Vor diesem Hintergrund befasse ich mich hier mit der Frage, ob und wie wir uns an die Durchdringung von *künstlich intelligenten* Technologien im Alltag gewöhnen. Als Fallbeispiel dienen zeitgenössische Maßnahmen zur Steigerung der öffentlichen Sicherheit in Großbritannien – wie ich diese als *Soziologe im Außendienst* während eines Forschungsaufenthalts in England (2018/2019) erlebe konnte. An zahlreichen öffentlichen Orten in England finden sich Plakate mit der Aufschrift *Make nothing happen. If you see or hear something that could be terrorist related, act on your instincts and call the police.* Hier wird nicht nur an die Kollaboration der BürgerInnen appelliert, sondern zur Legitimation gleich auch an deren *Instinkte.* Jegliches (diffamierendes) Anzeigen von Verdächtigen

---

[1]Ich vertrete die Auffassung, dass erst stimmhaftes Schreiben eine anschlussfähige kulturelle Position von Wissen erzeugt. Öffentliche Soziologie möchte Dialoge mit neuen Publika führen. Deshalb nimmt dieser Beitrag eine eher essayistische Form an. Vgl. dazu ausführlich: Selke (2020) sowie zur öffentlichen Soziologie als „dialogischer Komplizen-schaft" Selke (2015a).

wird damit *naturalisiert,* zögern umgekehrt *kriminalisiert.* Dies ergibt sich einerseits aus der reinen Quantität der Plakate im öffentlichen Raum, andererseits auch aus der rhetorischen Aufladung, die die Last der Verantwortung in direkter Ansprache auf das Individuum verlagert.

All das setzt voraus, dass es wahrnehmbare Aspekte gibt, die einen *Unterschied* zwischen Normalität und Nicht-Normalität machen, die angezeigt werden können. Während die Feststellung von Abweichungen (Pathologien) im Kontext von Medizin, Psychotherapie oder Pädagogik notwendig, funktional und zielführend ist, ergibt sich im öffentlichen Raum eine andere Ausgangslage.

Im Alltag kennen wir den *ersten Blick,* auf dem basale soziale Kategorisierungen wie Sympathie oder Antipathie beruhen. Diese Form der Situationsdefinition leistet eine willkommene Komplexitätsreduktion. Positive Sichtweisen auf *Normabweichler* sind dabei je nach Kontext durchaus möglich. Geht es jedoch um Sicherheit im öffentlichen Raum verändert sich – so die hier vertretende These – die Perspektive grundlegend. Die anhand wahrnehmbarer Aspekte vorgenommenen, institutionalisierten und zunehmend standardisierten Bewertungen entscheiden über grundlegende Kategorisierungen in *Gefährder* oder *Nicht-Gefährder.* Genau an dieser Schnittstelle verbinden sich zunehmend menschliche und nicht-menschliche Intelligenzen, also sozial und kulturell erlernte Formen der Differenzfeststellung mit maschineller Mustererkennung durch Künstliche Intelligenz (KI).

Sicherheit im öffentlichen Raum wird immer häufiger unter Rückgriff auf *intelligente (smarte)* Technologien sichergestellt.[2] Technologien, die im Rahmen dieses Beitrages zur Diskussion stehen, stellen extrem viele Informationen zur Verfügung oder analysieren extrem viele Informationen.[3] Gleichzeitig zerstören sie Vertrauen in andere im öffentlichen Raum. Sicherheit wird auf dieser Basis lediglich suggeriert. Was würde T.S. Eliot dazu sagen – welches Wissen geht gegenwärtig in der „Flut der Informationen" verloren? Meine These besteht darin, dass im Kern das Wissen um den humanistischen Blick verloren geht. Einen Blick, den der Soziologie John O'Neill mit *circumstantial love* umschreibt, als vertrauende Einbettung in die Welt (vgl.: O'Neill 1975).

---

[2]Hierzu reicht ein Blick auf die Flut von Publikationen im Umfeld assistiver Technologien im privaten Umfeld (Smart Home/Smart Living). Sicherheit ist zudem der grundlegende Topos auf Fachkonferenzen, wenn es im KI geht, jedenfalls dann, wenn man das gesamte semantische Feld betrachtet.

[3]Dies ist eine knappe Umschreibung dessen, was in Fachdiskursen mit Big Data und Data Analytics gemeint ist. Vgl. zur differenzierten Darstellung auch Selke et al. (2018).

Aber Menschen sind nicht aus Glas. Individuen lassen sich nicht sortieren. Indem Algorithmen Menschen dennoch transparent machen[4] und sortieren, werden schleichend Grundannahmen über Mensch und Welt verändert. Letztlich wird so die Neuorganisation des Sozialen vorbereitet. Sie mündet in einen neuen Gesellschaftsvertrag, dem wir alle bereits mehr oder weniger bewusst zugestimmt haben. In diesem Beitrag versuche ich daher anhand eines Fallbeispiels zu zeigen, wie sich diese Einwilligung *schleichend* vollzieht und welche Folgen damit verbunden sein können.

2   Schleichende Veränderungen in einer beschleunigten Welt

Bevor ich untersuche, wie Menschen an das neue Zusammenspiel von technologischem und sozialem Wandel durch neue Schnittstellen (Interfaces) zwischen menschlicher und künstlicher Intelligenz gewöhnt werden und welche Folgen dies für das Zusammenwirken menschlicher und nicht-menschlicher Intelligenz hat, gehe ich knapp auf Shifting Baselines ein. In Abgrenzung zu anderen Konzepten[5] ist das Modell der Shifting Baselines immer dann hilfreich, wenn es um das Verständnis langsamer Prozesse des Wandels geht.[6] Verbunden damit ist daher eine radikale Gegenperspektive auf digitale Transformation. Ich gehe davon aus, dass Digitalisierung zu zahlreichen schleichenden Entgrenzungen (z. B. Norm- und Wertewandel, Veränderungen von Alltagspraktiken) führt, die metaphorisch als ‚humanitäre Entkernung des Menschen‘ bezeichnet werden können.[7] Das aus der Umweltpsychologie stammende

[4]Transparent im Sinne von: viele individuelle Eigenschaften von Personen werden metrisch erfasst, gespeichert, veröffentlicht und (auf Dauer) vergleichbar gemacht.

[5]Konventionen, Scripten, Schemata oder kognitiven Modellen.

[6]Im Kontext meiner eigenen Forschungsagenda spielen Shifting Baselines immer wieder eine Rolle, d. h. das Konzept hat sich als robust, plausibel und hilfreich erwiesen. Die möglichen Referenzen reichen hierbei von der schleichenden Veränderung des Armutsbildes im Kontext moralischer Unternehmen (Selke 2017b) über die schleichende Veränderung des sozialen Blicks im Kontext digitaler Selbstvermessung (Selke 2009, 2014) bis hin zur Untersuchung schleichender Veränderungen ethischer Standards im Kontext von Big Data (Selke et al. 2018).

[7]Die Analogie für diese Entkernung stellt die Bürokratie als eine der typischen Formen moderner Rationalisierungsprozesse dar. So wie Menschen in bürokratischen Prozessen zu Nummern werden (Matrikelnummer, Aktenzeichen etc.) verschwinden die Umrisse des Persönlichen in den Prozessen der Algorithmisierung. Vgl.: Graeber (2017).

Konzept der Shifting Baselines (vgl. Rost 2014). Ermöglicht es, in Distanz zu Querschnitts- und Kurzzeitbetrachtungen des digitalen Wandels zu treten und eine Verzeitlichungsperspektive (vgl. Schneidewind 2009; Welzer 2009) in die Debatte einzuführen und blinde Flecken sichtbar zu machen. Denn die *digitale Revolution* kann zwar oberflächlich betrachtet *disruptiv* sein, d. h. schnelle und tief greifende Veränderungen mit sich bringen. Gesellschaftliche Wirklichkeit hat jedoch immer einen prozessualen Charakter. Durch die Betonung von *Disruptionen* im Kontext der Digitalisierung wird dies jedoch verdeckt. Viel wichtiger sind schleichende Veränderungen, die bislang nicht genügend in den Blick genommen werden. Das Problematische an diesen Veränderungen besteht darin, dass sie weder wahrgenommen noch öffentlich diskutiert werden. Wenn Shifting Baselines als tiefer liegende gemeinsame Erfahrung aufgefasst werden, dann wirft schleichender Wandel gerade im Wechselspiel zwischen natürlicher und künstlicher Intelligenz – bzw. an den neu entstehenden Schnittstellen – prinzipiell neue Fragen auf und erfordert eine seismographische Beobachtung des Entstehenden. Was sind nun Shifting Baselines?

Zunächst sind Baselines kulturell gelernte und kollektiv ausgeprägte Referenzrahmen für die eigene Wahrnehmung und das eigene Handeln (oder Unterlassen). Sie sind eine Reaktion auf das Bedürfnis nach Konformität und dienen daher der kollektiven Stabilisierung. Baselines werden immer innerhalb von sozialen Bezugsgruppen ausgehandelt, gelernt und verstärkt. Für diese Bezugsgruppen stellen sie dann mehr oder weniger (unhinterfragte) Handlungsmodelle und Überzeugungen zur Verfügung. Baselines sind also etablierte, verlässliche und zugleich verbindliche Modelle, nach denen Menschen handeln (oder Handeln unterlassen) und nach denen sie entscheiden, was als *normal* zu gelten hat (und was nicht). Im öffentlichen Raum sind derartige Normalitätsdefinitionen alltäglich.

Unter Shifting Baselines wird folglich Veränderung (bzw. im Extremfall Verlust) eines Referenzrahmes für eigene Handlungen und situatives Problembewusstsein verstanden. Damit ist das Phänomen verbunden, dass sich der kulturelle Orientierungsrahmen (im Englischen: die *baseline*) über lange Zeiträume und meist unterhalb der Wahrnehmungsschwelle in vielen kleinen Schritten verändert. Baselines verändern sich ständig, weil jede Definition gesellschaftlicher Ziele zwangsläufig auch eine Veränderung des Referenzrahmens und der Auffassungen von *Normalität* mit sich bringt (vgl.: Link 2013). Indem eine stetige Wahrnehmungsanpassung an gesellschaftliche Umstände und Rahmenbedingungen vorgenommen wird, haben gleitende Referenzrahmen eine soziale *Vereinfachungs- und Entlastungsfunktion*. Das damit verbundene Vermeidungsverhalten wirkt sich in der Summe entlastend aus. „Provokant formuliert beschreiben Shifting Baselines die herausragende Fähigkeit von Menschen, sich in sozialen Kontexten immer wieder selbst zu täuschen", so Uwe Schneidewind, „und sich damit vollziehende z. T. dramatische Umwelt-veränderungen erträglich zu gestalten." (vgl.: Schneidewind 2009, S. 9). Wenn sich aber die Kultur einer Gesellschaft an ihren Werten erkennen lässt, dann erweisen sich schleichende Veränderungen als problematisch, wenn nicht mehr sichtbar bzw. nachvollziehbar ist, wie sich Werte verändern. Das liegt auch darin begründet, dass Veränderungen erst dann sichtbar werden, wenn die Ver-änderungsprozesse irreversibel sind – weil dann die Folgen sowie Folgekosten sichtbar werden. Gesellschaftliche Veränderungen lassen sich nicht einfach auf einen Ausgangszustand zurücksetzen. Gesellschaftlicher Wandel hat keine *Reset-Taste*. Gleichwohl bedeutet die Tatsache, dass schleichende Veränderungen nicht beobachtbar sind, nicht, dass sie nicht stattfinden.

Zwei der wichtigsten Erklärungsansätze für schleichenden Wandel lassen sich gut am Beispiel der digitalen Transformation beobachten. Der Ausgangs-punkt für Shifting Baselines ist erstens eine Sachzwanglogik. In deren Kontext wird zunächst Alternativlosigkeit suggeriert. Dies kommt etwa in Aussagen prominenter Politiker zum Ausdruck. „Unser Verhältnis zu Daten ist in vielen Fällen zu stark vom Schutzgedanken geprägt", so die Bundeskanzlerin Angela Merkel bei der Eröffnung des Bosch-Campus' in Baden-Württemberg, „und vielleicht noch nicht ausreichend von dem Gedanken, dass man mithilfe von Daten interessante Produkte entwickeln kann" (vgl.: Selke 2015c). Hier kommt jene Sachzwanglogik der digitalen Transformation zum Ausdruck. Der Ein-führung technologischer Entwicklungen wird Vorrang eingeräumt. Und zwar auch dann, wenn dadurch zivilisatorischen Errungenschaften (Konsens über Werte) gefährdet werden. Die Praxis eilt der Reflexion voraus. Dies gilt gerade dann, wenn Vergleiche mit den Entwicklungen anderer Nationen gezogen und geopolitische Kalküle in den Mittelpunkt gerückt werden. Sachzwänge sind jedoch bei näherem Hinsehen soziale Zwänge.[8] Zweitens wird am Beispiel der digitalen Transformation prototypisch deutlich, dass es zu einer Stabilisierung von Ansichten, Deutungsmustern und Wahrheitsansprüchen innerhalb von Bezugsgruppen kommt. In seinem Manifest *The Data-Driven Life* kritisiert z. B. Gerry Wolf (einer der Gründer der weltweiten Selbstvermessungsszene

---

[8]Vgl.: „Da der Verwender mit der Nutzung des fremdgefertigten Sachsystems ein soziales Verhältnis eingeht, enthüllt sich der vielfach behauptete 'Sachzwang' der Technik, wo er auftritt, tatsächlich als sozialer Zwang." (Ropohl 2009, S. 307).

Quantified Self[9]) die subjektiven Verzerrungen und blinde Flecken menschlicher Selbstwahrnehmung. Seine Forderung lautet: „We need the help of machines" (vgl.: Wolf 2010, S.). In marktförmig organisierten Gesellschaften brauchen Karriere und Erfolg 'Anpreisung', wobei das Wissen um das eigene 'Ich' immer mehr zur Pflichtübung wird. Selbstwissen und Selbstexperitisierung werden als notwendige Grundlage für Erfolg sowie ein „perfektes" oder „optimiertes" Leben angesehen. Kevin Kelly (der zweite Gründer von Quantified Self) ist zugleich Ideengeber der neoliberalen Ökonomie. Mit seinem Buch *Neue Regeln für die New Economy* legte er Prinzipien fest, die gegenwärtig im Big Data Zeitalter in der Praxis aufgehen. Der bemerkenswerte erste Satz darin lautet: „No one can escape the transforming fire of machines. Technology, which one progressed at the periphery of culture, now engulfs our minds as well as our lives. Is it any wonder that technology triggers such intense fascination, fear, and rage" (vgl.: Kelly 1999, S. 19). Bei Gerry Wolf ist die helfende Maschine der vermessende Algorithmus. In Abgrenzung dazu versteht Kelly darunter den transformierenden Markt. Algorithmus und Markt sind wie füreinander geschaffen. Die Kombination sozialer und technologischer Programme bringt Menschen dazu, das eigene Leben marktfundamentalistisch zu organisieren. Im Folgenden beschäftige ich mich anhand eines Fallbeispiels mit dem langsamen Eindringen dieser Technologien und der damit verbundenen Denkweisen und Haltungen in unseren Alltag.

3 Öffentliche Sicherheit und die Gewöhnung an Künstliche Intelligenz

Soziologie im Außendienst bedeutet meist geduldige Beobachtung und flexible Begleitung schleichender gesellschaftlicher Veränderungen über einen längeren Zeitraum. Dabei besteht die Haltung öffentlicher Soziologie in einem vorgeschalteten Blick. Es beginnt mit dem Blick eines Menschen auf Menschen, dann erst folgt der Blick des Wissenschaftlers. Der humanistische Blick ist dem

---

[9]In dieser Bewegung sind Selbstvermesser organisiert, die auf der Basis von Selbstexperimenten ($n = 1$) versuchen, Fragen über ihr eigenen Leben zu beantworten und sich metrisch, also durch digitale Vermessung, zu optimieren. Vgl. https://quantifiedself.com; Die sog. QS-Bewegung wurde intensiv erforscht, was sich in zahlreichen wissenschaftlichen Publikationen niederschlägt, z. B. Btihay (2018), Duttweiler et al. (2016), Heyen et al. (2018) oder Selke (2016).

wissenschaftlichen Blick vorgeschaltet.[10] Empathisches Verständnis kommt vor dem Wunsch nach rationalen Erklärungen. Im Außendienst während eines Freisemesters in England befasste ich mich mit dem Thema der öffentlichen Sicherheit. Sicherheit ist ein durchaus elementares Thema: Menschen mögen keine Unsicherheit. Deshalb suchen sie immer wieder nach einfachen Antworten auf komplexe Phänomene. Eine wirksame Strategie besteht in der Kategorisierung von Situationen, Menschen und Verhaltensweisen. Das Spektrum der Anwendungen, die technische Antworten auf diese Sehnsucht nach Kategorisierung geben, ist breit. Die drei folgenden Beispiele zeigen, welche Entwicklungen es im *Zusammenspiel nicht-menschlicher und menschlicher Intelligenz* in Zukunft geben wird.

Eine halbe Millionen Bürger in Rio de Janeiro hat inzwischen die App „Onde Tem Tirtéio" heruntergeladen, die auf einer Karte anzeigt, wo in der Stadt gerade eine Schießerei stattfindet (https://www.ondetemtiroteio.com.br). Gewalt gehörte in Rio schon immer zu den grundlegenden Alltagserfahrungen, mit der App kann diese nun aber in Echtzeit lokalisiert werden.

Etwas komplexer sind die folgenden beiden Beispiele, bei denen explizit KI zum Einsatz kommt. So wird Big Data als Instrument der Forensik eingesetzt, wenn es (prädiktiv) darum geht, die Rückfallquote von Straftätern (z. B. Mördern oder Vergewaltigern) abzuschätzen. Verhaltensvorhersagen mittels KI sind eines der großen Versprechen der Branche, wenngleich klinische Experten eher skeptisch sind. „Das Verhalten eines einzelnen Menschen mit IT vorherzusagen ist ein totalitärer Allmachtstraum", so der forensische Psychiater Hans-Ludwig Kröber, „der entlassene Straftäter ist kein programmierter Automat, er trifft immer eigene Entscheidungen, und obendrein gibt es unvorhersehbare Zufälle." (Kröber 2019, in Die Zeit, S. 14).

Beim *Robo-Recruiting,* also dem Einsatz *intelligenter* Roboter zur Rekrutierung neuer Mitarbeiter, wird KI bereits im Bereich Human Resources für Vorstellungsgespräche eingesetzt (Rudzio 2018). Auch hier verbinden sich menschliche und nicht-menschliche Intelligenz zu einer neuen Synthese, wenngleich Kritiker befürchten, dass KI die Erfahrungen und Intuition menschlicher Experten restlos ersetzen wird. Damit wird ein Verhältnis auf den Kopf gestellt, das im Filmklassiker *Blade Runner* zeitlos verewigt wurde – einem Film, der übrigens in einer Zukunft spielt, die auf das Jahr 2019 datiert ist. In einer Szene

---

[10]Dabei spielt es m. E. keine Rolle, ob dieser wissenschaftliche Blick dann eine positivistische, hermeneutische, kritische oder gegenaffirmative Ausprägung annimmt.

des Films versucht ein menschlicher Experte durch Fragen herauszufinden, ob sein Gegenüber ein Mensch oder nur eine menschenähnliche Maschine ist – eine Art Turing-Test, die von einem Menschen durchgeführt wird.[11] Mittlerweile hat sich die Beobachtungsperspektive umgedreht: Algorithmen beobachten Menschen. Mittels KI werden Stimme, Wortwahl und Betonung analysiert, um auf das Persönlichkeitsprofil eines menschlichen Bewerbers zu schließen. Programme wie *HireVue* (https://www.hirevue.com) sind eine Kombination aus automatisiertem Assessmentcenter und Lügendetektor. Die dabei genutzte Software verspricht totale Objektivität. Indem neuronale Netze pro Sprachprobe eine halbe Millionen Datenpunkten auswerten, gleichen sich die technologische Black Box und die menschliche Intuition immerhin einander an: Beides ist schwer durchschaubar und erscheint zuweilen irrational.

Mit dieser Form der Prädiktion von Zukunft und der Angleichung von Perspektiven beschäftige ich mich nun im folgenden Beispiel, bei dem die Steigerung der öffentlichen Sicherheit in England und die dabei eingesetzten Maßnahmen geht. Auf dieses Thema kam ich (unfreiwillig) als Reisender. Wer gegenwärtig in England reist, hört in Zügen ungefähr alle 20 min die Durchsage *If you see it, say it, and we'll sort it*. Ähnliche Aufforderungen finden sich an Flughäfen oder anderen öffentlichen Einrichtungen in der Form von Plakaten. Nach ein paar Monaten stellte ich mir die Frage, was eigentlich mit einem Menschen passiert, der immer wieder exakt diese Durchsage hört. Was verändert sich dabei? Und was hat das mit KI zu tun? Ich möchte einige Prozessschritte beschreiben, die idealtypisch zeigen, wie sich Shifting Baselines in der Praxis entwickeln und verändern und wie dabei am Ende KI ins Spiel kommen kann.

Schritt 1: Selbstverantwortung und Selbstexpertisierung

Auf der ersten Stufe findet eine Gewöhnung an eine neue Kultur der Selbstverantwortung (Schlagwort im Fachdiskurs: Responsibilisierung) und Selbstexperitisierung im Kontext *ferngesteuerten Regierens* statt. Es ist hier nicht möglich, auf alle Teilaspekte des Sozialstaats im Wandel einzugehen, ein Aspekt aber soll herausgehoben werden. Mit der Einführung eines neuen Regierungsmodells hat sich in modernen westlichen (und damit hoch-technologisierten) Staaten die Rolle der BürgerInnen fundamental verändert. Barbara Cruikshanks

---

[11]Die Verhältnisumkehr hat allerdings Tradition. Kleine Bildchen oder Rechenaufgaben (CAPTCHA), die man in Online-Formularen ausfüllen muss, damit man bspw. In einem Forum Kommentare hinterlassen kann, werden *reverse Turing Test* genannt: Die Maschine muss herausfinden ob man ein Mensch oder ein Spam-bot ist.

Buch *The Will to Empower* ist dabei der konzeptionelle Referenzpunkt für den Ansatz des ferngesteuerten Regierens („governing at a distance") (Cruikshanks 1999). Dieser Ansatz kann wie folgt beschrieben werden: „Instead of government regulating a population from above and through rewards and sanctions, governance entailed mobilising the agency and capacities of individuals so that they themselves actively contributed, not necessarily consciously, to the government's vision of the social order." (Shore und Wright 2018, S. 16). Die Mobilisierung von BürgerInnen findet sich heute in vielen Bereichen wieder, sei es als Verantwortungsübernahme des vorausschauend für sich selbst sorgenden Bürgers *(präventives Selbst)* im Gesundheitswesen (vgl.: Lengwiler und Madarász 2010), sei es in der Form von *Selbstexpertisierung* der Laien[12] oder in Form zahlreicher Aktivierungslogiken des sich neu erfindenden Sozialstaats (vgl.: Lessenich 2008). Der *Wille zur Selbstermächtigung* wurde im Kontext dieser Entwicklung immer selbstverständlicher, bei der sich Staaten bzw. Regierungen in vielen Lebensbereichen aus der Verantwortung (z. B. für Daseinsfürsorge) zurückziehen und die dabei entstehende Lücken durch Strategien der Selbstverantwortung geschlossen werden. Kurz: Regierung wird zu Selbstregierung. Dabei wird der *Tod* (vgl.: Rose 2004) bzw. die *Ökonomisierung* (vgl. Bröckling et al. 2000) des Sozialen billigend in Kauf genommen, weil Selbstdisziplinierungstechniken wirkungsvoller als Disziplinierungstechniken sind. Die Aufforderung, selbst Verantwortung zu übernehmen, kann als sanfte Form der *Menschenregierungskünste* (Bröckling 2017) angesehen werden oder als *gesellschaftssanitäres Projekt* (Schulz und Wambach 1983), bei dem statt auf repressive Kontrolle von oben auf freiwillige Mitwirkung von unten gesetzt wird.

Zurück zum Beispiel aus England. Der *Wille zur Selbstermächtigung* kommt in der positiven Attribuierung der Dauerdurchsage: *If you see it, say it, and we'll sort it* deutlich zum Ausdruck. Die Wörter *if* und *it* suggerieren, dass es um Konkretes geht, das vorhanden oder eben nicht vorhanden ist. Um das Vorhandensein festzustellen, ist Aufmerksamkeit und eine bestimmte Fähigkeit notwendig. Weiterhin ist *sehen (if you see it ...)* ein Verb, das einerseits eine visuelle Denotation, andererseits eine kognitive Konnotation mit sich trägt. Sehen bedeutet immer auch Erkennen. Erkenntnisse zu gewinnen, ist ebenfalls eindeutig positiv besetzt. Weiterhin ist *sagen (say it ...)* ein Verb, dass sich auf einen Akt der Kommunikation bezieht. Kommunizieren, sich mitteilen, eine

---

[12]Für den Gesundheitsbereich vgl. Heyen et al. (2018) oder für den Bereich Citizen Science vgl. Peters (2013).

Information mit anderen teilen – all das sind ebenfalls positiv besetzte Alltagskompetenzen. Und schließlich bedeutet *sortieren (…and we'll sort it)* einerseits Klassifikation, andererseits aber auch sich *kümmern*. Diese mitschwingende Bedeutung von kümmern (*care*) ist ebenfalls positiv besetzt. Auf dieser ersten Stufe werden also zugfahrende Reisende durch eine Dauerdurchsage, die aus positiv besetzten Sprachmosaiken besteht, an ihre Rolle als *aktive* und *verantwortliche* BürgerInnen erinnert – genau so, wie es in *The Will to Empower* vorgedacht worden war.

Schritt 2: Steigerung zu einer Suggestivwirkung

Auf der (idealtypisch gedachten) zweiten Stufe erfolgt dann durch ständige Wiederholung und Bezugnahme eine Steigerung dieser Positivaussage zu einer Suggestivwirkung. Hypnotische Redundanz ist dabei lediglich ein Euphemismus für die akustische Dauerberieselung, der nur durch die Nutzung von Kopfhörern zu entkommen ist – was übrigens einen aufmerksamkeitsminimierenden Effekt hat und damit eher zum Gegenteil dessen führt, was im Kontext des *ferngesteuerten Regierens* eigentlich gewollt ist. Trotz möglicher Abwendung von der Durchsage durch persönliche subversive Strategien erfolgt letztlich eine Wirkungssteigerung. Die Tatsache der ständigen Wiederholung suggeriert, dass es immer und überall etwas zu sehen gibt. Mehr noch: Etwas könnte *über*sehen werden. Hieraus ergibt sich die Notwendigkeit, die eigene Umgebung (also mindestens das eigene Zugabteil) aufmerksam zu observieren. Suggeriert wird aber auch, dass wir (als Menschen) Hilfe benötigen, um nichts zu übersehen und im besten Fall ein Ereignis vorherzusehen, das vermieden werden muss. Die Durchsage: *If you see it, say it, and we'll sort it,* ist also auch eine Mahnung. Sie mahnt an, dass es zur Aufrechterhaltung der Sicherheit notwendig ist, in die Zukunft zu sehen. Und sie mahnt an, dass wir nur dann vor Übel geschützt werden, wenn wir Hilfe annehmen. Eine Möglichkeit, Hilfe anzunehmen, ist die Kooperation mit *intelligenten* Maschinen. Das ist die letzte Suggestion, die ebenfalls mitschwingt. Nehmen wir diese Hilfe an oder delegieren wir sogar die Aufgabe des Observierens an unseren nicht-menschlichen Kooperationspartner, werden wir entlastet. Nehmen wir die Hilfe von Maschinen an, so die Suggestion, wird unser Leben einfacher.

Schritt 3: Verallgemeinerung und implizite Ideologisierung

Auf der dritten Stufe dieses Prozesses erfolgt die Verallgemeinerung der gerade skizzierten Wirkungskette und damit eine implizite Ideologisierung. „Wenn sich alle Seiten im selben Produkt erkennen", so der Philosoph Slavoj Žižek, „können wir sicher sein, dass dieses Produkt Ideologie in Reinform verkörpert." (Žižek

2018). In der Nomenklatur Žižeks ist die digitale Transformation ein Ereignis, „eine Veränderung des Rahmens, durch den wir die Welt wahrnehmen und uns in ihr bewegen." (Žižek 2016). Eine Definition die stark an die Idee der Shifting Baselines erinnert. Ideologiebestimmtes Handeln wurde vom Wissenssoziologen Karl Mannheim von utopischem Handeln abgegrenzt (vgl.: Mannheim 2015). Ideologien haben kein *sprengendes* oder *umwälzendes* Potenzial wie Utopien, sie gehen nicht über eine gegebene Lebensordnung hinaus, sondern täuschen im Gegenteil ein Wunschbild vor. Sie reproduzieren Standardwelten, zu denen es scheinbar keine Alternativen gibt. „Nur in der Utopie und in der Revolution steckt wahres Leben" (vgl.: Mannheim 2015, S. 173), so Mannheim, aber eine Ideologie ist eher eine Täuschung über das wahre Leben. Im Fallbeispiel der Botschaft: *If you see it, say it, and we'll sort it* besteht diese Täuschung in der Behauptung, dass Daten zu sammeln, zu prozessieren und zu analysieren eine gute Grundlage für mehr Sicherheit darstellt. Diese Form der Wirkungsunterstellung findet schleichend immer breitere Akzeptanz. Damit aber wird die nächste Stufe vorbereitet.

Schritt 4: Assistive Kolonialisierung

In der vierten Stufe wird die Wirkungsmacht *(agency)* im Kontext eines immer wieder erneuerten Entlastungsversprechens zunehmend auf *unsichtbare* Kräfte übertragen. Dazu braucht es keine explizite Erwähnung. Gerade weil sich in der Botschaft: *If you see it, say it, and we'll sort it,* keinerlei explizite Referenz auf Maschinenintelligenz findet, kann die Übertragung dennoch gut in der Praxis funktionieren. Die Durchsage wird ständig wiederholt, damit wird unterstellt, dass *menschliche* Intelligenz auf Dauer nicht ausreichen wird, um die Wirkung (Sicherheit) zu garantieren. Für die zugfahrenden Menschen bleibt zudem unsichtbar, ob und wo je eine Wirkung auftritt. Wenn aber nicht klar ist, wo und wie die eigentliche Wirkung erzeugt wird (hat je einer der Zugfahrenden etwas *gesagt*? Wurde je etwas *sortiert*?) ist es leichter, die Kompetenz zur Integration von Informationen nicht bei Menschen, sondern tendenziell eher bei Maschinen zu vermuten. Unsichtbare Technologie und unerklärbare Mechanismen leisten im Hintergrund etwas, das zugleich prophetisch und wirkungsvoll ist. Als *prophetische Technik* (Achatz 2019) lässt sich die von Arnold Gehlen (1957, S. 18) herausgearbeitete Restmenge *magischer* bzw. *triebhafter* Reize bezeichnen, die Resonanz erzeugt und auch Teil vermeintlich nüchtern-rationaler Vorhaben ist, wie z. B. das eigene Gesundheits-, bzw. Todesrisiko über Daten erheben, bemessen, berechnen und letztlich vorhersagen zu wollen. Sicherheitsversprechen basieren also zunehmend auf *prophetischen* Techniken.

Diese Form des Technologieeinsatzes führt zu dem, was ich *assistive Kolonialisierung* nenne (vgl. Selke 2017a) – das schleichende Eindringen von technischer Assistenzsysteme in unseren Alltag. Assistenz ist einerseits in vielen Formen eine Signatur der Gegenwartsgesellschaft. Der Begriff wird zunehmend als Ersatz oder Synonym für Begriffe wie Hilfe, Mithilfe, Mitarbeit, Hilfestellung, Unterstützung, Förderung, Fürsorge, Beistand, oder Dienst genutzt. Damit kann Assistenz zunehmend als Vermittlungsform zwischen weitreichende Aktivierungsimperative, Beschleunigungsherausforderungen sowie Übungs- bzw. Selbstoptimierungsansprüche in sozial erschöpften Gesellschaften angesehen werden. Der Begriff der assistiven Kolonialisierung drückt folgendes aus: Assistenzsysteme tauchen immer häufiger im Alltag auf, die Assistenzleistung kann sich prinzipiell auf viele unterschiedliche Aspekte des Lebens beziehen, immer aber darauf, durch Technik stellvertretend Komplexität zu reduzieren. Assistive Kolonialisierung meint Prozesse, die Unterstützung- und Hilfeformen immer zweckrationaler, einplanbarer sowie in (neuen) Märkten verhandelbar machen. Im Sinne von Habermas lässt sich dies *als Strategie des Eindringens* bezeichnen. Aber nicht nur das Bild der *Kolonialisierung* passt, auch die Folgen lassen sich (ähnlich wie bei Habermas) als Pathologien lebensweltlichen Handelns beobachten. Es kommt zu neuen *Korridoren der Unselbstständigkeit*, einem Verlust von Sinngehalten und Kompetenzen (Stichwort: *De-Skilling*), einer Destabilisierung bislang stabilisierender Denkkategorien und letztlich neuen Subjektmodellierungen. Verantwortung wird in technische Systeme verlagert, was zwar eine Entlastungfunktion beinhaltet, aber auch zur Befreiung des Sozialen von zentralen Wertmaßstäben führt.

Schritt 5: Transformation des sozialen Raumes
Auf der fünften und letzten Stufe des schleichenden Wandels erfolgt eine Konsolidierung dieser Assistenzfunktion innerhalb eines neuen normativen Modells des Sozialen. Damit wird eine neue Normalität, ein neuer Referenzrahmen etabliert. Immer mehr Handlungen werden unterlassen. Zumindest auf den ersten Blick sieht es gegenwärtig so aus, als würden immer mehr Unterlassungen gesellschaftlich akzeptiert. Das Selbstkonzept der Menschen passt sich adaptiv an den dominanten Deutungsrahmen an. Der Binnenbereich der Moralität verändert sich, neue sprachliche Kategorien (z. B. über *Gefährder*) tauchen auf, neue kategoriale Einordnungen von Menschen (z. B. *Kostenverursacher*) werden selbstverständlicher. Die Zustimmungsbereitschaft zur veränderten normativen Aussage erhöht sich stetig. In einem Satz: Der soziale Raum transformiert sich

nachhaltig. Diese schleichenden Entgrenzungen bereiten den Boden für einen neuen Gesellschaftsvertrag. Aber was ist eigentlich das Problem an einem neuen Gesellschaftsvertrag?

4   Vorboten eines neuen Gesellschaftsvertrags

Die Dauerdurchsage: *If you see it, say it, and we'll sort it,* mag zunächst als ein triviales Beispiel erscheinen. Doch vielleicht werden auf den zweiten Blick genau jene schleichenden Entgrenzungen der kulturellen Matrix (die Summe aller sozialen Vorannahmen und Regeln) deutlich, die mit darüber entscheiden, wie gutes Leben in Zukunft aussieht – oder auch nicht. Ich komme daher zu meiner Eingangsthese zurück, die besagt, dass sich Individuen nicht sortieren lassen. Gleichzeitig mögen Menschen keine Unsicherheit und reagieren mit Kategorisierungen. Bevor ich mich dem neuen Gesellschaftsvertrag zuwende, möchte ich exemplarisch einige der schleichenden Veränderungen skizzieren, die sich m. E. zukünftig deutlicher zeigen werden.

Verschiebung des sozialen Blicks
An der Fassade der Universität von Huddersfield (an der ich ein Gastsemester verbrachte) findet sich folgendes Zitat einer Bürgerrechtlerin Maya Angelou: *„We are more alike my friends, than we are unalike".* Besser lässt sich der humanistische Blick nicht zusammenfassen. Schleichend geht dieser Blick gegenwärtig verloren. Statt auf Gemeinsamkeiten zu fokussieren, stellt der neue algorithmisierte Blick (d. h. der Blick, der auf Basis von Daten, Programmen und digitaler Analytik entsteht) tendenziell Unterschiede in den Mittelpunkt. Der soziale Blick richtet sich nicht mehr auf die Wiedererkennbarkeit einer Person, sondern auf Klassifikation.[13] Digitale Datensammlungen dienen meist dazu, Objektivität und Rationalität zu steigern und letzte Zonen der Intransparenz auszuleuchten. Dabei erzeugen sie jedoch auch neue soziale Unterscheidungsmöglichkeiten. Aus immer genauer auflösenden ('granularen') Datensammlungen ergibt sich die Möglichkeit numerischer Differenzierung. Diese *Explosion der Unterschiedlichkeit* (vgl.: Kucklick 2014, S. 12) führt zu genaueren Einzelbildern von Konsumenten, Patienten, Mitarbeitern und Bürgern. Aber die auf digitalen

---

[13]Interessanterweise gibt es auch den umgekehrten Trend, z. B. die Uniformierung von Menschen (Schuluniformen, Servicekräfte, Sicherheitspersonal etc.).

Daten basierende (Selbst-)Beobachtung wird nicht nur immer *genauer*, sie wird auch immer *trennender*.

Von *rationaler Diskriminierung* spreche ich daher, wenn nicht nur Unterscheidungen gemacht werden, sondern wenn diese Unterscheidungen auch soziale Folgen nach sich ziehen (Selke 2015b). Rationale Diskriminierung basiert auf vermeintlich objektiven und rationalen Messverfahren. Gleichwohl resultiert daraus die Kopplung von Daten und Chancen (vgl.: Selke 2015b). Daten dienen primär dazu, soziale Erwartungen zu *übersetzen*. Aus deskriptiven Daten werden normative Daten, die soziale Erwartungen an *richtiges* Verhalten, *richtiges* Aussehen, *richtige Leistung* usw. in Kennzahlen ausdrücken. Damit setzt sich letztlich ein defizitorientiertes Organisationsprinzip des Sozialen durch. Durch die Allgegenwart von Vermessungsmethoden kommt es zu ständiger Fehlersuche, sinkender Fehlertoleranz und gesteigerter Abweichungssensibilität anderen und uns selbst gegenüber. Rationale Diskriminierung bedeutet, dass Daten autoritative Macht erhalten, sie werden Teil einer neuen Beziehungsform zu uns selbst und zu anderen: Wir beginnen, uns anders zu sehen, wenn wir uns auf der Basis von Daten beobachten – und uns gegenseitig der Normabweichung verdächtigen.

Verdächtig ist, wessen Werte von der Norm abweichen. Die neue Verdachtskultur der rationalen Diskriminierung basiert auf der wissenschaftlichen Dignität einer Wahrscheinlichkeitsrechnung. Damit stehen auch die modernen Ideologien der Prävention „im Banne einer großen technokratischen, rationalisatorischen (sic!) Träumerei von der absoluten Kontrolle über den Zufall." Vor dem Hintergrund einer „großen Hygienikerutopie" (Schulz und Wambach 1983, S. 62) setzt sich die absolute Herrschaft der kalkulierenden Vernunft durch. Damit erhöht sich die um die Macht ihrer Planer, Agenten, Verwalter und Technokraten, die sich als Verwalter eines Glücks sehen, dem nichts mehr widerfahren kann. Schon der Soziologe Robert Castel stellte fest, dass sich dabei „nicht die leiseste Spur einer Reflexion über den gesellschaftlichen und menschlichen Preis dieser neuen Hexenjagd" findet, an deren Ende ein radikal anders Bild des Sozialen steht (vgl.: Castel 1983, S. 62). Das Soziale wird zu einem homogenen Raum, in dem sich Menschen auf vorgezeichneten Bahnen bewegen und Populationen durch Profilgebungen nach wünschenswerten Maßstäben in Risiko- und Verwertungsgruppen eingeteilt werden. Es geht hierbei längst nicht mehr um Ordnung, sondern allein um Effizienz, die zur Übereffizienz anwächst.

Die vermeintlich perfekte Passung zwischen digitaler und technisierter Sorge bzw. Selbstsorge sollte also kritisch in den Blick genommen werden, weil derartige Präventionsprojekte immer auch repressive Gesellschaftsveränderungsprojekte sein können. Im Kontext dieser Projekte werden Anpassungszwänge für Subjekte organisiert, weil dies einfacher ist, als Systemalternativen utopisch zu entwerfen und politisch durchzusetzen. Nach und nach setzt sich aber als Folge ein instrumentelles Menschen- und Gesellschaftsbild durch. Statt Systeme und Strukturen zu verändern (z. B. die Struktur der Erwerbsarbeit), muss sich das präventive Selbst in das herrschende System einfügen und die eigenen subjektiven Verhaltensdispositionen ändern. Die adaptive Selbstregulation präventiver Subjekte ist um so vieles einfacher, als die Transformation des sozialen Raums. Kurz gesagt wird dabei im großen Stil eine Problemverlagerung in die Subjekte hinein betrieben. Soziale Phänomene wie Solidarität, Fürsorge oder Verantwortung werden nach und nach mit den Qualitäten von Dingen ausgestattet und damit ökonomisch kalkulierbar gemacht. Rationale Diskriminierung basiert nicht mehr auf rassistischen oder sexistischen Formen der Aberkennung, sondern auf vermeintlich objektiven und rationalen Messverfahren. Gleichwohl werden mit den Vermessungsmethoden digitale Versager und Gewinner entlang neuer soziale Bewertungsmechanismen produziert. Das läuft letztlich auf ein Programm der Umerziehung hinaus. Wenn die Daten-Dublette des Menschen zur Basis des Selbst- und Fremdverständnisses erhoben wird, dann werden Menschen zu Konformisten, blind für die Möglichkeiten eigenen Denkens und vor allem ohne Urteilskraft für autonome Entscheidungen.

Verletzung der Menschenwürde
Mit dieser Übereffizienz geht letztlich eine Verletzung der Menschenwürde einher. Menschen sind immer häufiger als Lebendbewerbung (wir müssen *zeigen, was wir können, wir müssen performen*) unterwegs – und scheitern daran. „We are viewed more and more as people with something to sell – our own brands – and our capacity to dramatize and showcase that product is a primary survival skill. If we cannot show how and why we count, the we will be cast as extras or as backdrop, at best, and past over, at worst" (vgl.: Ross 1999, S. 135). Sehr deutlich wird dies im britischen Film *I, Daniel Blake,* einem Sozialdrama über einen verunfallten Zimmermann. Blake versucht seinen Sozialhilfeanspruch prüfen zu lassen und gerät zwischen die Mühlen der Bürokratie. Er wird zu einem *Fall*. Das Beispiel *I, Daniel Blake* zeigt sehr drastisch, wie individuelle Personen auf reine Manifestation einer Typik oder eines Schemas reduziert werden. „Der Mangel an Achtung besteht in dem Umstand, dass irgendein wichtiges Faktum über die Person nicht angemessen wahrgenommen oder gewürdigt wird", so der Philosoph Harry G. Frankfurt, „mit dem Betreffenden wird verfahren, als sei er nicht der, der er in Wirklichkeit ist. (…) Wenn ihm der nötige Respekt verweigert wird, ist dies so, als würde seine Existenz herabgesetzt. (…) wenn jemand so behandelt wird, als zählten wesentliche Teile seines Lebens nicht, ist es eine

natürliche Reaktion, wenn er dies in gewisser Weise als Angriff auf seine Realität empfindet" (vgl.: Frankfurt 2016, S. 93 f.).

Dieser Angriff auf die existenzielle Realität wird dann noch gesteigert, wenn Daten über Menschen zu einer einzigen Zahl zusammengefasst werden, wenn ein Index gebildet wird. Durch Indizierung werden Personen nicht nur zu einem Fall, sie werden objektiv vergleichbar und sortierbar. Wo vermessen wird, da wird auch verglichen. Ende der 1950er Jahre fanden die berühmten *Darmstädter Gespräche* statt. 1958 lautete die Leitfrage: Ist der Mensch messbar? Damals waren gerade Intelligenz- und Persönlichkeitstests in Mode. Das Fazit dieser Gespräche fasst Erich Franzen, der Leiter der Gespräche, so zusammen: „Ich glaube, der Hauptgewinn liegt darin, dass man Vergleiche anstellen kann" (vgl.: Franzen 1959, S. 18). Wo verglichen wird, da gibt es also auch Verlierer. Indexikalisierung ist eine Form der Komplexitätsreduktion, bei der viele qualitative Aussagen in einem quantitativen Maß zusammengefasst werden, um Vergleichbarkeit in Kollektiven zu erzeugen. Das schafft Sicherheit, aber eben auch Verlierer.

Neuorganisation des Sozialen durch einen neuen Gesellschaftsvertrag
Diese Strategie ist gleichwohl attraktiv. Es gibt zahlreiche Referenzen, die deutlich von der Sehnsucht nach Rationalität und Übereffizienz künden. Die Sehnsucht nach *Entscheidungsmaschinen* begann schon lange vor dem digitalen Zeitalter (Selke 2014, 2016). 1948 veröffentlichte der Dominikanermönch Pater Dubarle eine enthusiastische Skizze. Sein Ziel bestand in der „rationalen Regelung menschlicher Angelegenheiten, insbesondere diejenigen, die die Gemeinschaft angehen und eine gewisse statistische Gesetzmäßigkeit (…) zeigen" (vgl.: Dubarle, zit. n. Wiener 1958, S. 174 ff.). Dubarle wünschte sich einen Staatsapparat, eine *machine à gouverner,* die auf der Basis umfangreicher Datensammlungen bessere Entscheidungen treffen sollte. Er war dabei nicht so naiv, zu glauben, dass sich menschliches Handeln vollständig in Daten abbilden ließe. Daher forderte er eine Maschine, die nicht rein deterministisch handelt, sondern „den Stil des Wahrscheinlichkeitsdenkens" (a. a. O.) anstrebt. Wesentlich ist jedoch, dass er die Macht der Entscheidungsmaschine auf den *Staat* übertrug. Der Staat sollte zum „bestinformierten Spieler" und zum „höchsten Koordinator aller Teilentscheidungen" werden. Die Aufgabe der Entscheidungsmaschine sah Dubarle in der fundamentalen Entscheidung über Leben und Tod, „Unmittelbare Vernichtung oder organisierte Zusammenarbeit." Und er fügt in seiner Fortschrittseuphorie hinzu: „Wahrlich eine frohe Botschaft für die, die von der besten aller Welten träumen!" (a. a. O.)

Die Philosophin Hannah Arendt schrieb über die Entscheidungsträger des Pentagons in einer Art und Weise, wie es auch gut auf die zeitgenössischen Apologeten der digitalen Transformation passen würde. „Sie waren nicht unbedingt intelligent, brüsteten sich jedoch damit ‚rational' zu sein", so Arendt,

> „sie waren ständig auf der Suche nach Formeln, am besten nach solchen, die sich einer pseudo-mathematischen Sprache bedienten, mit denen sich die disparatesten Erscheinungen auf einen Nenner bringen ließen, der für sie die Wirklichkeit darstellte; das heißt, sie wollten ständig Gesetze auffinden, mit denen man politische und historische Tatsachen erklären und prognostizieren konnte, als ob diese mit derselben Notwendigkeit und Verlässlichkeit erfolgten, wie dies früher die Physiker von den Naturereignissen glaubten (…) (Sie) beurteilten nicht, sondern sie berechneten. (…) Ein äußerst irrationales Vertrauen in die Berechenbarkeit der Realität (wurde) zum Leitbild der Entscheidungsfindung" (vgl.: Arendt, zit. n. Weizenbaum 1977, S. 57).

KI und das zugehörige Denken kann als Erbe der 1960er Jahre angesehen werden. Andrés Duany, der charismatische Vordenker des *New Urbanism,* berichtet davon, wie eine Präsentation, die er in der Disney-Company verfolgt hatte, sein Leben grundlegend veränderte. „Es geht darum, vollkommen neues soziales Klima zu entwickeln. Einen neuen Ansatz, dem Leben gegenüber." (Duany, zit. n. Ross 1999, S. 27). Dieser Ansatz (der Neo-Traditionalismus) verbindet zwei Wertesysteme in einer Synthese – das Traditionelle und das Moderne. „Er kombiniert die soziale Sicherheit und Verantwortung der 1950er Jahre mit der individuellen Freiheit der Me-Generation. Konsumenten scheinen ein Äquilibrium, eine Balance zwischen diesen beiden Extremen zu suchen" (vgl. Duany, zit. n. Ross 1999, S. 27). Und genau diese Suche nach dem Äquilibrium in Verbindung mit der neo-positivistischen Aktualisierung der *frohen Botschaft* einer rationalen und allmächtigen Entscheidungsmaschine bereitete den Boden für einen neuen Gesellschaftsvertrag.

So fordern Eric Schmidt und Jared Cohen von *Google* auf den letzten Seiten ihres Manifests *The New Digital Age* zu nichts anderem auf, als zu einer freiwilligen Unterwerfung unter die wohl bekannteste Entscheidungsmaschine der Welt: „In einer Art Gesellschaftsvertrag werden die Nutzer freiwillig auf einen Teil ihrer Privatsphäre und andere Dinge verzichten, die sie in der physischen Welt schätzen, um die Vorteile der Vernetzung nutzen zu können" (vgl.: Schmidt und Cohen 2013, S. 368). Und ihre Begründung hört sich fast genauso an, wie der fortschrittsgläubige Überschwang von Dubarle. Mit zwei entscheidenden Unterschieden. Erstens: Die assoziativen Entscheidungsmaschinen funktionieren inzwischen tatsächlich – mittels KI. Und zweitens: Unternehmen und nicht der

Staat sind heute die „bestinformierten Spieler" und „höchsten Koordinatoren aller Teilentscheidungen."[14] Und wenn Google behauptet, dass Vernetzung und Technologien der beste Weg seien, „um das Leben in aller Welt zu verbessern" muss an die entscheidende Frage erinnert werden, wer denn eigentlich darüber entscheidet, was normal ist. Wie weit also hat sich die *Baseline* inzwischen unbemerkt verschoben? Selbstermächtigung durch Hochtechnologie ist eine Illusion. Entscheidungsmaschinen sind von Menschen programmierte Apparaturen, die darüber entscheiden, wie weit man von der *Norm* abweichen kann und trotzdem noch *normal* ist. In Zukunft werden in immer weniger realweltliche Fragestellungen im Mittelpunkt stehen, sondern datengetriebene Prozesse (vgl.: Krcmar 2014, S. 10). Es geht also nicht darum, was Menschen brauchen, sondern darum, wie sich Daten (gewinnbringend) verbinden lassen.

5 Ausblick: Gesundes Misstrauen in das Bedienpersonal der Zivilisation

Um intelligent handeln zu können, müssen Menschen über Alternativen Bescheid wissen, die in der Zukunft für sie bereitstehen. Sie müssen die zukünftigen Konsequenzen ihrer eigenen Handlungen und die Konsequenzen der Handlungen anderer abschätzen und sie müssen unterscheiden, worauf sie Einfluss haben, was sie kontrollieren können und was nicht. Menschen müssen sich mit möglichen, wahrscheinlichen und wünschenswerten Zukünften beschäftigen. Wir aber leben so, als würden wir in einer rationalen Welt leben, einer Welt, die durch die Engel der Mechanik zusammengehalten wird. Wir stellen uns vor, dass in dieser Welt alles perfekt für den menschlichen Geist zu erfassen und zu verstehen ist. Aber stimmt das? Menschen sind nicht aus Glas. Die Sprache der Metrik tut dennoch so, als ob wir in Menschen hineinschauen könnten und als ob wir dann deren Leben kennen würden. Als ob sich Leben auf Input-Output-Funktionen und rein energetische Prozesse reduzieren ließe. Das Fatale daran ist die implizite Gleichsetzung zwischen dem Messwert und einem Zustand, denn trotz aller Beteuerungen einer Differenz zwischen Zahl und Mensch wird genau diese Gleichsetzung immer wieder kommuniziert.

---

[14]Eine – durchaus umstrittene – literarische Umsetzung dieses Motivs erfolgte im Roman *The Circle* von Dave Eggers (2013).

Das Bedienpersonal der Zivilisation

Wenn Gerhard Biedenkopf (ehemals Vorsitzender der VDI-Hauptgruppe *Der Ingenieur in Beruf und Gesellschaft*) Mitte der 80er Jahre über das Selbstverständnis des Ingenieurs spricht, nennt er sich und seine Kollegen das „Bedienungspersonal der Zivilisation" (vgl.: Biedenkopf 1983, S. VI) In einem Buch, das den Titel *Technik und Ingenieure in der Öffentlichkeit* trägt erkennt er die grundlegende Verantwortung für dieses Bedienpersonal an. „Die Ingenieure haben eine Bringschuld an Informationen über die Technik gegenüber der Gesellschaft abzulösen" (a. a. O.). Er fordert, dass der kritisch-konstruktive Dialog über zukünftige Technologien sich keinesfalls in affirmativen Gesten erschöpfen darf und er weist auf die Notwendigkeit einer auch außerakademischen Technikdiskussion hin. „Nicht Präsentation von Technik in der Öffentlichkeit, sondern Dialog über Technik in der Öffentlichkeit ist gefordert" (vgl.: Biedenkopf 1983, S. 10). Dieses Berufsethos ist mit der Digitalisierung inzwischen verloren gegangen. Inzwischen leben wir in einer Nebenfolgengesellschaft, die mit ihren Technologien permanent entgrenzte Probleme *(wicked problems)* erzeugt, die sich gerade nicht wieder technologisch lösen lassen. Jetzt, zu Beginn des 21. Jahrhunderts, sollten wir uns vom Personal nicht vorschreiben lassen, wie wir zu leben haben. Dringender denn je brauchen wir Gegenmodelle zu der scheinbar alternativlosen Sachzwanglogik, die nicht nur zu schleichendem Wandel, sondern auch zur impliziten Einwilligung in einen neuen Gesellschaftsvertrag führt, der das Soziale metrisch reguliert.

Der Physiker, Röntgenpionier und Technikphilosoph Friedrich Dessauer forderte bereits vor Jahrzehnten (1956) den Beginn eines *Weltgesprächs* über Technik. KI, als Technologie, Prozess und Kultur, hat die notwendige *Fallhöhe,* um ein solches Weltgespräch endlich zu beginnen. Dieser Dialog müsste zunächst davon ausgehen, dass Problemlösungswissen oftmals außerhalb des eigenen Kompetenzbereichs liegt. Das „Bedienpersonal der Zivilisation" mag sich gut mit der Erzeugung instrumentellen Wissens *(know how)* auskennen und immer leistungsfähigere KI-Systeme erstellen. Zumindest dies kann man von den Engländern lernen: Wir sollten uns nicht vom Personal vorschreiben lassen, wie wir zu leben haben. Die Experten für die Zivilisation, nicht deren Personal, sollten eine leitende Rolle im zukünftigen „Weltgespräch" innehaben. Experten für Zivilisation wissen, dass Wandel viele Facetten haben kann. Und sie wissen, dass moralische Integrität kontingent ist. Sie erzeugen dringend notwendiges reflexives Wissen *(know why)* und zudem wertebasiertes transformatives Wissen.

Eine solche Rolle für Geistes- und Gesellschaftswissenschaftler zu fordern, ist nicht utopisch, sondern lehnt sich an konkrete Vorbilder an. Als es Mitte der 1980er noch danach aussah, dass die amerikanische Weltraumbehörde NASA eine führende Rolle bei der Weltraumexploration einnehmen würde, wurde die *National Commission on Space* gegründet. Diese startete ein *Weltgespräch* über eine neue Technologie und deren gesellschaftlichen Nutzen. Im Abschlussbericht der Kommission *Pioneering the Space Frontier* wurde der äußerst progressive Vorschlag einer *großen Synthese* gemacht, deren Basis ein für die damalige Zeit geradezu sensationell progressives Wissenschaftsverständnis war. Der Bericht verstand sich als leidenschaftliches Plädoyer für die Einheit der Wissenschaften. Durch eine *große Synthese* aller Disziplinen sollte es zu Wissensintegration kommen, von der man sich einen besseren Beitrag zur Lösung komplexer und entgrenzter Probleme versprach.

Die Pointe der großen Synthese war jedoch, dass den Sozialwissenschaften eine Leitfunktion und Führungsrolle im sich entwickelnden Weltraumprogramm zugedacht wurde. Vielleicht reicht die Zeit gerade noch, um in einem neuen Weltgespräch über KI wieder zu einem Erkenntnisstand zurückzukehren, den wir schon einmal hatten.

Literatur

Achatz, J. (2019). Vom Logos zum Logging. Digitale Selbstvermessung zwischen externalisierter Selbsterkenntnis und digitaler Vulnerabilität. In A. Reyk, J. Achatz, & T. Rudolph (Hrsg.), *Kritisches Jahrbuch der Philosophie*. Würzburg: Königshausen & Neumann.

Biedenkopf, G. (Hrsg.). (1983). *Technik und Ingenieure in der Öffentlichkeit*. Düsseldorf: VDI.

Bröckling, U. (2017). *Gute Hirten führen sanft. Über Menschenregierungskünste*. Frankfurt a. M.: Suhrkamp.

Bröckling, U., Krasmann, S., & Lemke, T. (Hrsg.). (2000). *Gouvernementalität der Gegenwart. Studien zur Ökonomisierung des Sozialen*. Frankfurt a. M.: Suhrkamp.

Btihay, A. (Hrsg.). (2018). *Metric culture. Ontologies of self-tracking practices*. Emerald: Bingley.

Cruikshank, B. (1999). *The will to empower: Democratic citizens and other subjects*. United States: Cornell University Press.

Dessauer, F. (1956). *Reflexionen über Erbe und Zukunft des Abendlandes*, 5–24. https://doi.org/10.1007/978-3-663-02889-5_1.

Duany, A., & Ross, A. (1999). *The celebration chronicles. Life, liberty, and the persuit of property value in Disney's New Town*. New York: Ballantine.

Duttweiler, S., Gugutzer, R., & Passoth, J.-H. (Hrsg.). (2016). *Leben nach Zahlen. Self-Tracking als Optimierungsprojekt?* Bielefeld: transcript.

Eggers, D. (2013). *The circle*. London: Penguin.

Frankfurt, H. G. (2016). *Ungleichheit. Warum wir nicht alle gleich viel haben müssen*. Frankfurt a. M.: Suhrkamp.

Franzen, E. (Hrsg.). (1959). *6. Darmstädter Gespräche: Ist der Mensch messbar? Im Auftrag des Magistrats der Stadt Darmstadt und des Komitees Darmstädter Gespräche.* Darmstadt: Neue Darmstädter Verlagsanstalt.

Gehlen, A. (1957). *Die Seele im technischen Zeitalter. Sozialpsychologische Probleme in der industriellen Gesellschaft.*

Graeber, D. (2017). *Bürokratie. Die Utopie der Regeln.* München: Goldmann.

Han, B.-C. (2016). *Psychopolitik. Neoliberalismus und die neuen Machttechniken.* Frankfurt a. M.: Fischer.

Heyen, N., Dickel, S., & Brünninghaus, A. (Hrsg.). (2018). *Personal Health Science. Persönliches Gesundheitswissen zwischen Selbstsorge und Bürgerforschung.* Wiesbaden: Springer VS.

Kelly, K. (1999). *New rules for the economy. 10 radical strategies for a connected world.* https://kk.org/mt-files/books-mt/KevinKelly-NewRules-withads.pdf.

Krcmar, H. (2014). Die digitale Transformation ist unausweichlich, unumkehrbar, ungeheuer schnell und mit Unsicherheit behaftet. *IM+io. Das Magazin für Innovation, Organisation und Management, 4,* 9–13.

Kröber, H.-L. (14. Februar 2019). Mörder wollen das letzte Wort haben. *Die Zeit, 12.*

Kucklick, C. (2014). *Die granulare Gesellschaft. Wie das Digitale unsere Gesellschaft auflöst.* Berlin: Ullstein.

Lengwiler, M., & Madarász, J. (Hrsg.). (2010). *Das präventive Selbst. Eine Kulturgeschichte moderner Gesundheitspolitik.* Bielefeld: transkript.

Lessenich, S. (2008). *Die Neuerfindung des Sozialen. Der Sozialstaat im flexiblen Kapitalismus.* Bielefeld: transkript.

Link, J. (2013). *Normale Krisen? Normalismus und die Krise der Gegenwart.* Konstanz: Konstanz University Press.

Mannheim, K. (2015). *Ideologie und Utopie.* Frankfurt a. M.: Klostermann.

O'Neill, J. (1975). *Making sense together. An introduction to wild sociology.* London: Heinemann Educational Books Ltd.

Peters, S. (Hrsg.). (2013). *Das Forschen aller. Artistic Research als Wissensproduktion zwischen Kunst, Wissenschaft und Gesellschaft.* Bielefeld: transcript.

Ropohl, G. (2009). *Allgemeine Technologie. Eine Systemtheorie der Technik.* Karlsruhe: KIT.

Rose, N. (2004). *„Tod des Sozialen" – Eine Neubestimmung der Grenzen des neuen Regierens.* In: U. Krassmann, S. Bröckling, & T. Lemke (Hrsg.), *Gouvernementalität der Gegenwart – Studien zur Ökonomisierung des Sozialen* (S. 72–109). Frankfurt a. M.

Ross, A. (1999). *The celebration chronicles. Life, liberty, and the persuit of property value in Disney's New Town.* New York: Ballantine.

Rost, D. (2014). *Wandel (v)erkennen. Shifting Baselines und die Wahrnehmung umweltrelevanter Veränderungen aus wissenssoziologischer Sicht.* Wiesbaden: Springer VS.

Rudzio, K. (23. August 2018). Wenn der Roboter die Fragen stellt. *Die Zeit, 22.*

Schmidt, E., & Cohen, J. (2013). *Die Vernetzung der Welt. Ein Blick in unsere Zukunft.* Reinbek bei Hamburg: Rowohlt.

Schneidewind, U. (2009). *„Shifting Baselines" – Zum schleichenden Wandel in stürmischen Zeiten.* Oldenburger Universitätsreden. BIS Verlag. ISBN 978-3-8142-1185-5. https://oops.uni-oldenburg.de/860/1/ur185.pdf. Zugegriffen: 29. Okt. 2019.

Selke, S. (2009). Die Spur zum Menschen wird blasser. Individuum und Gesellschaft im Zeitalter der Postmedien. In S. Selke & U. Dittler (Hrsg.), *Postmediale Wirklichkeiten. Wie Zukunftsmedien die Gesellschaft verändern* (S. 13–57). Hannover: Heise.

Selke, S. (2014). *Lifelogging. Wie die digitale Selbstvermessung unsere Gesellschaft verändert.* Berlin: ECON.

Selke, S. (2015a). Öffentliche Soziologie als Komplizenschaft. Vom disziplinären Bunker zum dialogischen Gesellschaftslabor. *Zeitschrift für Theoretische Soziologie, 4,* 179–207.

Selke, S. (2015b). Rationale Diskriminierung. Neuordnung des Sozialen durch Lifelogging. *Prävention. Zeitschrift für Gesundheitsförderung, 3,* 69–73.

Selke, S. (18. Oktober 2015c). Datenschutz, made by A. Merkel. https://www.tumblr.com/privacy/consent?redirect=http%3A%2F%2Fstefan-selke.tumblr.com%2Fpost%2F131436739299%2Fdatenschutz-made-by-a-merkel. Zugegriffen: 12. März 2019.

Selke, S. (Hrsg.). (2016). *Lifelogging. Digital self-tracking between disruptive technology and cultural change.* Wiesbaden: Springer VS.

Selke, S. (2017a). Assistive Kolonialisierung Vom ‚Vita Activa' zum ‚Vita Assistiva'. In P. Biniok (Hrsg.), *Assistive Gesellschaft* (S. 99–119). Wiesbaden: Springer VS.

Selke, S. (2017b). The new economy of poverty. In S. Cohen, J.-J. Bock, & C. Fuhr (Hrsg.), *Austerity, community action, and the future of citizenship in Europe* (S. 197–215). Bristol: Policy.

Selke, S. (2020). *Einladung zur öffentlichen Soziologie. Eine postdisziplinäre Passion.* Wiesbaden: Springer VS.

Selke, S., Achatz, J., & Biniok, P. (2018). *Ethische Standards von Big Data und deren Begründung. Gutachten im Kontext des Forschungsprojekts ABIDA (Assessing Big Data).* https://www.abida.de/de/blog-item/gutachten-ethische-standards-für-big-data-und-deren-begründung. Zugegriffen: 29. Okt. 2019.

Shore, C., & Wright, S. (2018). Performance mangement and the audited self. In A. Btihay (Hrsg.), *Metric culture. Ontologies of self-tracking practices* (S. 11–35). Emerald: Bingley.

Schulz, C., & Wambach, M. M. (1983). Das gesellschaftssanitäre Projekt. Sozialpolizeiliche Erkenntnisnahme als letzte Etappe der Aufklärung? In M. M. Wambach (Hrsg.), *Der Mensch als Risiko. Zur Logik von Prävention und Früherkennung* (S. 75–88). Frankfurt a. M.: Suhrkamp.

Weizenbaum, J. (1977). *Die Macht der Computer und die Ohnmacht der Vernunft.* Frankfurt a. M.: Suhrkamp.

Welzer, H. (2009). *Klimakriege. Wofür im 21. Jahrhundert getötet wird (darin: Shifting Baselines. S. 212ff.).* Frankfurt a. M.: Fischer.

Wiener, N. (1958). *Mensch und Menschmaschine.* Berlin: Ullstein.

Wolf, G. (28. April 2010). The data-driven life. *New York Times Magazine.* https://www.nytimes.com/2010/05/02/magazine/02self-measurement-t.html?_r=0&pagewanted=print. Zugegriffen: 17. Aug. 2013.

Žižek, S. (2016). *Was ist ein Ereignis?* Frankfurt a. M.: Fischer.

Žižek, S. (28. Februar 2018). *„Black Panther": Endlich ein schwarzer Superheld,* https://www.zeit.de/2018/10/black-panther-comic-verfilmung-superheld-slavoj-zizek. Zugegriffen: 22. Okt. 2019.

Methodisch-technische Aspekte der Evaluation erweiterten Zusammenwirkens

Reinhold Haux und Nicole C. Karafyllis

Zusammenfassung

Im Querschnittsfeld Technik und Medizin wird aus Informatik und Philosophie die Frage bearbeitet, welche Werte und Evaluationskriterien beim erweiterten Zusammenwirken von Menschen und Maschinen zu berücksichtigen sind. Das in der VDI-Richtlinie 3780 zur Technikbewertung enthaltene Werteoktogon, das acht grundlegende Werte technischen Handelns zueinander in Beziehung setzt und das Abwägungsentscheidungen für Politik und Gesellschaft ermöglichen soll, wird besprochen. Nach Einführung der aktuell verwendeten Evaluationsmethodik in der klinischen Medizin, dort insbesondere in der Therapieforschung, wird diskutiert, inwieweit diese Evaluationsansätze sich auch auf Fragen bestmöglicher Diagnostik und Therapie, Prävention und Nachsorge im erweiterten Zusammenwirken von Menschen und Maschinen angewandt werden können. Es wird ausgeführt, dass zu der Evaluation dieses Zusammenwirkens ein hoher interdisziplinärer Forschungsbedarf besteht und dass adäquate Ausbildungsangebote vorhanden sein sollten.

R. Haux (✉)
Peter L. Reichertz Institut für Med. Informatik der TU Braunschweig und der Med. Hochschule Hannover, Braunschweig, Deutschland
E-Mail: Reinhold.Haux@plri.de

N. C. Karafyllis
Seminar für Philosophie, TU Braunschweig, Braunschweig, Deutschland
E-Mail: n.karafyllis@tu-braunschweig.de

Schlüsselwörter

Evaluation · Zusammenwirken · Natürliche Intelligenz · Menschliche Intelligenz ·
Künstliche Intelligenz · Technikethik · Technikbewertung · Langzeitstudien

1 Einleitung (Karafyllis)

Mit Blick auf das Querschnittsfeld Technik und Medizin werden die Autoren
im *gemischten Doppel* aus Informatik und Philosophie die Frage bearbeiten,
welche Werte und Evaluationskriterien beim erweiterten Zusammenwirken
lebender und nicht-lebender Systeme bzw. Entitäten als Minimalbedingung zu
berücksichtigen sind und wo sich dabei Probleme ergeben. Dies beginnt beim
eingedeutschten Begriff *Evaluation,* der inhaltlich nicht klar z. B. von dem der
Qualitätssicherung abgegrenzt ist (Ditton 2010). Die Begriffssemantik stammt
aus dem Feld der empirischen Bildungsforschung und meint allgemein eine
prozess- und ergebnis-orientierte Bewertung, womit sich Anknüpfungspunkte
zur unten erläuterten VDI-Richtlinie 3780 *(Technikbewertung)* ergeben. Diese
wird jüngst medizinethisch für den Bereich *E-Health* nutzbar gemacht (Groß
und Schmidt 2018), was mit ein Grund ist, sie in Abschn. 2 kurz vorzustellen.
E-Health wiederum versammelt sehr verschiedene digitale Gesundheitstechniken,
Anwendungen und Nutzergruppen (von Assistenz-Systemen wie im Beispiel 2 im
vierten Abschnitt unten, über Telemedizin bis zu Gesundheitsapps), weshalb sich
u. a. Groß und Schmidt für genauere Begriffsklärungen zur Digitalisierung im
Medizinbereich, spezifische Technologiebetrachtung und eine problemorientierte
statt einer technikinduzierten Technikbewertung aussprechen. Erkenntnisleitend
für die Lösungen sollte also das Problem sein und nicht die vorhandene oder
avisierte Technik. Dies ist eine Grundsatzentscheidung.

Im gängigen Verständnis ist eine Evaluation auf einen definierten Gegenstand und Zeitraum bezogen und wird von ExpertInnen durchgeführt, die auf
Basis empirischer Datenerhebung und anhand präzise fest- und offengelegter
Kriterien bewerten. Bei systematischen Informationsbewertungen geschieht dies
anhand bestimmter Regeln, etwa zum fach- und sachgerechten Umgang mit
Statistiken, zum Datenschutz und zur Einwilligung in die Erhebung personenbezogener Daten durch das Forschungssubjekt *Mensch,* das auch, wenn es
als Objekt beforscht wird, Subjekt bleibt. *Werte* bedeuten hier Regeln und
Kriterien. Da Evaluationen meist fach- und gegenstandsspezifisch sind, stehen
sie normativ im Zusammenhang zunächst mit der *beruflichen* Verantwortung
und nicht unbedingt notwendig mit *gesellschaftlicher* Verantwortung. Will man

diese Verantwortungsebene erreichen (und dies sollte man tun), muss man sich explizit für eine *normative* Technikbewertung entscheiden. Das bedeutet, dass Ethik, Wissenschafts- und Gesellschaftstheorie zu integralen Bestandteilen der Evaluation werden. In diesem Verständnis sind Werte den Regeln und Kriterien vorgeschaltet und normativ vorausgesetzt. Dabei wird gesellschaftlich um Begriffe und Konzepte gerungen, etwa um *Gesundheit* und *Lebensqualität,* im Bereich künstlichen Zusammenwirkens auch oft um *Freiheit.* Diese nicht vermeidbare philosophische Spannung innerhalb der *Wertfrage* – Werte sind Kriterien und Regeln sowohl vorausgesetzt wie inhärent – durchzieht auch den vorliegenden Artikel.

Je interdisziplinärer der Forschungsgegenstand und die Zusammensetzung der Expertenkommission, desto eher wird die Ebene gesellschaftlicher Verantwortung erreicht. Gleichzeitig verkomplizieren sich die Regeln und Kriterien der Evaluation; und vorab schon die Frage nach dem konkreten Gegenstand und seiner Normierung a priori. So ist in der Wissenschaftsevaluation jedem das konfliktträchtige Beispiel bekannt, dass Natur- und Technikwissenschaftler unter bewertungswürdigen *Publikationen* Artikel in Fachzeitschriften mit peer review verstehen, Geisteswissenschaftler hingegen meist Monografien in anerkannten Fachverlagen, vulgo: Bücher. Ähnlich hat sich auch der Begriff von *Dissertationsschrift* gewandelt: vom Buch zur kumulativen Verbindung von Fachartikeln sowie von der gedruckten zur elektronischen Publikation. Dass die Digitalisierung mit zum Sterben zahlreicher Fachverlage und Monopolisierung anderer beigetragen hat, mag gleich zu Beginn ihren weitreichenden Einfluss und Rückkopplungseffekt auf tradierte Bewertungskriterien und -methoden zeigen. Dabei ist angesichts der subversiven Wirkung von Digitaltechnologien die Frage, wann, wie und ob die Gestaltung der einzelnen Techniken überhaupt gelingen kann, schon in der Philosophie umstritten. So vergleicht Paul Virilio die Langzeitfolgen mit denen eines atomaren GAUs, u. a. mit Blick auf „strukturbedingte Massenarbeitslosigkeit" als „Fall out dieser Informationsbombe". Friedrich Kittler sieht die Lage optimistischer, denn: „Die Computertechnologie ist die einzige Technologie, die ich kenne, die wirklich radikal umprogrammierbar ist, wo ständig neue Sachen gemacht werden könnten, im Unterschied zur Fabrikationsstraße, die damals Henry Ford in Detroit errichtete […]" (Kittler 2017, S. 45). Hier wird also der programmierende Mensch als autonom gegenüber den Maschinen und Programmen gesehen und damit seine Handlungsfreiheit betont. Man beachte dennoch den Konjunktiv *könnten:* Denn ob und wie gut neue Sachen gemacht werden, hängt von den verantwortenden Menschen und ihrer Fähigkeit zum rekursiven Lernen ab. Dafür sind Evaluationen und

Technikbewertungen heuristische Werkzeuge, in die Wertentscheidungen eingehen (vgl. die Beiträge in Rapp 1999) – zuvorderst die Entscheidung, die Bedingungen von menschlicher Autonomie erhalten zu *wollen*.

Die Wissenschaftsphilosophie des 20. Jahrhunderts ist durch die Einsicht geprägt, dass bereits die Einschätzung, was überhaupt *definierter Gegenstand* der jeweiligen Forschung sein soll, Wertentscheidungen voraussetzt. In unserer auf die Medizin ausgerichteten Betrachtung, aber auch in der Bildungsforschung, meint dies nicht weniger als eine Antwort auf die Kantische Frage: Was ist der Mensch? Der gesunde Mensch ist aber ebenso wenig zu definieren wie der gebildete; es handelt sich also nicht um Absoluta, sondern um begriffliche Näherungen, die auf Maßverhältnissen beruhen und sich in Normen und Standards zunächst praktisch bewährt haben, bevor sie mit naturwissenschaftlich-mathematischen Methoden '*objektivier*' und dann informatisch technisiert werden (s. u.). Auch die Auswahl der Evaluationskriterien ist wertgeladen. Sie fußt u. a. auf dem Wissenschaftskriterium der Relevanz und damit auf denjenigen Erkenntnisinteressen, die eine Forschungsgemeinde zu einem bestimmten Zeitpunkt für relevant hält. Wir haben es also mit *verstecktem* normativem, zum Teil auch historisch kontingentem Wissen auf allen Ebenen der Bewertung zu tun, zuvorderst bei der Entscheidung, überhaupt etwas bewerten zu *wollen* – oder dies zu unterlassen. Dabei gilt: Auch unterlassene Handlungen sind zu verantworten (Birnbacher 1995). Diese Aussage ist für das Folgende wichtig, weil der beschleunigte technologische Wandel von Gesellschaften unserer Ansicht nach begleitende Evaluationen mit angemessener Methodik benötigt, um den Wandel aktiv und verantwortungsbewusst gestalten zu können. Das bedeutet, dass ein an juristischen Haftungsfragen orientiertes Handeln für die Übernahme von Verantwortung nicht ausreicht, sondern Sorge und Vorsorge einzuschließen hat. Ansonsten handelt es sich um dasjenige, was der Soziologe Wolfgang Krohn (2007) als „Realexperimente" mit Gesellschaft kennzeichnet und für die paradigmatisch der wissenschaftliche und politische Umgang mit der frühen Atomtechnologie und der Medikalisierung (Arzneimittelforschung) steht. Dabei wird imaginär das Labor[1] auf die ganze Gesellschaft oder auch die Natur ausgedehnt, ohne noch eine schützende Trennwand für die unerwarteten Nebenfolgen der Experimente zur Verfügung zu haben.

Strenggenommen gibt es sie also gar nicht: die bei Evaluationen vorausgesetzte Trennung von vorgeschalteter empirischer (datenerhebender) und

---

[1]Unter Einschluss des (natur)wissenschaftlichen Reduktionismus.

nachgeschalteter bewertender Ebene. Deshalb führt auch die gängige Vorstellung ins Leere, dass Ingenieurinnen und Informatiker zunächst wertfrei forschen und Modelle, Prototypen oder ähnliches entwickeln und Ethikerinnen und Philosophen dann die Produkte technischen Handelns bewerten (vgl. Ropohl 2009). Dass Ingenieure die Verantwortung den politischen Entscheidern überlassen (sollen), sehen jene selbst als kritisch (vgl. Kammeyer 2014). Vergleichbares gilt auch für Mediziner und Informatikerinnen. Notwendig ist deshalb eine Ethik *in* den Wissenschaften (Ammicht et al. 2015), denn Moral hat keine Arbeitsteilung, sondern betrifft jeden einzelnen Menschen – auch in seiner Funktion als Wissenschaftler und Wissenschaftlerin. In diesem Sinne meinte der Informatiker und Vordenker am MIT Joseph Weizenbaum, dass „jeder einzelne für die ganze Welt verantwortlich ist" (Weizenbaum 1977, S. 349). Aber dafür braucht er normative Hilfestellungen.

2 Technikbewertung (Karafyllis)

Es war diese Einsicht, die den Verein Deutscher Ingenieure (VDI) zu Beginn der 1970er Jahre bewog, eine Richtlinie zur Technikbewertung zu etablieren (zur Historie, König 2013). Sie sollte sich, gerade eingedenk der Beiträge von deutschen Ingenieuren zum Vernichtungskrieg, an den Ingenieur und sein Handeln richten, aber so offen formuliert sein, dass sie keine starre Handlungsanleitung ist. So wurde gewährleistet, dass man auf neue technische Entwicklungen reagieren kann, z. B. aktuell die Digitalisierung. Im zuständigen Ausschuss waren neben Ingenieuren zahlreiche Philosophen vertreten,[2] die unter *Bewertung* keine rigide DIN-Norm oder ähnliches verstanden wissen wollten und um diejenigen versteckten, da gesellschaftstheoretisch disponierten Normen und Werturteile stritten, die im ersten Abschnitt nur angedeutet werden konnten. Es dauerte fast 20 Jahre, bis die VDI-Richtlinie 3780 „Technikbewertung" 1991 offiziell verabschiedet wurde (VDI 1991, Nachdruck 2000). Sie bildet bis heute den berufsständischen Codex der deutschen Ingenieurinnen und Ingenieure sowie die Grundlage fortgesetzter technikethischer Reflexion zum Umgang mit ihr. Seit 2002 wird sie um die „Ethische[n] Grundsätze des Ingenieurberufs" ergänzt (VDI 2002), die sich mit einem Berufseid am tugendethischen Vorbild

---

[2]Das relevante VDI-Gremium hieß damals Hauptgruppe *Mensch und Technik,* beteiligte Philosophen waren u. a. Friedrich Rapp, Hans-Heinz Holz, Alois Huning und Günter Ropohl.

des Hippokratischen Eids in der Medizin orientieren (weiterführend Hubig und Reidel 2003). In der kanadischen *Society for Civil Engineering* hat der Berufseid schon seit 1925 Tradition: Beim Aufnahmeritus mit Schwur zur Anerkennung der berufsständischen Werte und Normen wird ein eiserner Ring (Iron Ring) verliehen. Dieser ist am kleinen Finger der Arbeitshand zu tragen und erinnert jeden Tag an die professionelle Demut im Umgang mit der Technik. Die ersten Ringe sollen aus den Eisenträgern der 1907 eingestürzten Quebec Brücke gewesen sein, Resultat von Planungs- und Konstruktionsfehlern mit Tod zahlreicher Menschen.

Der argumentative Ausgangspunkt der VDI-Richtlinie ist folgender: „Die Existenz und die Beschaffenheit der technischen Mittel gehen auf menschliche Zielsetzungen, Entscheidungen und Handlungen zurück, in denen Werte zum Ausdruck kommen." (VDI 1991, S. 341). Hier wird klar: Technik ist nicht wertfrei und der Mensch ist für die Technik verantwortlich. Weil also Ingenieure nicht nur Artefakte, sondern auch Werte erzeugen und verändern, müssen sie ihr Wertebewusstsein aktiv schulen. Dies wird in den formulierten Zielen der Richtlinie deutlich, unter anderem:

- IngenieurInnen für ihre gesellschaftliche Verantwortung sensibilisieren,
- Zielkonflikte zwischen verschiedenen Werten der Technik verdeutlichen,
- Abwägungsentscheidungen zur Wahl der angemessenen Technik ermöglichen.

Wenn Ingenieure Abwägungsentscheidungen auch für Politik und Gesellschaft ermöglichen sollen, müssen sie in Alternativen denken können. Wie aber kann man Techniken abwägen? Dazu legt die Richtlinie ein Werteoktogon vor, das acht grundlegende Werte technischen Handelns zueinander in Beziehung setzt (s. Abb. 1): Funktionsfähigkeit, Sicherheit, Gesundheit, Wirtschaftlichkeit, Umweltqualität, Wohlstand, Persönlichkeitsentfaltung und Gesellschaftsqualität.

Zwischen diesen Werten gibt es häufig Konkurrenzbeziehungen in der Zielerreichung, z. B. zwischen Wirtschaftlichkeit und Umweltqualität. Eine befördernde Instrumentalbeziehung wird hingegen zwischen Sicherheit und Gesellschaftsqualität gesehen, v. a. was die Unterkategorie der Versorgungssicherheit betrifft (die VDI-Richtlinie entstand zur Zeit der Ölkrisen). Heute würde man angesichts umfassender, digitaler Überwachungstechnologien nicht mehr nur eine generell förderliche Beziehung ausmachen. Hier wird deutlich, dass auch die Relationen zwischen Werten im Urteil historisch kontingent sein können. Generelles Ziel bleibt es, Ingenieure für ihre Verantwortung bezüglich möglicher Technikfolgen weiträumig zu sensibilisieren. Dafür liefert die VDI-Richtlinie einen guten Überblick über das gesellschaftliche Wertegeflecht,

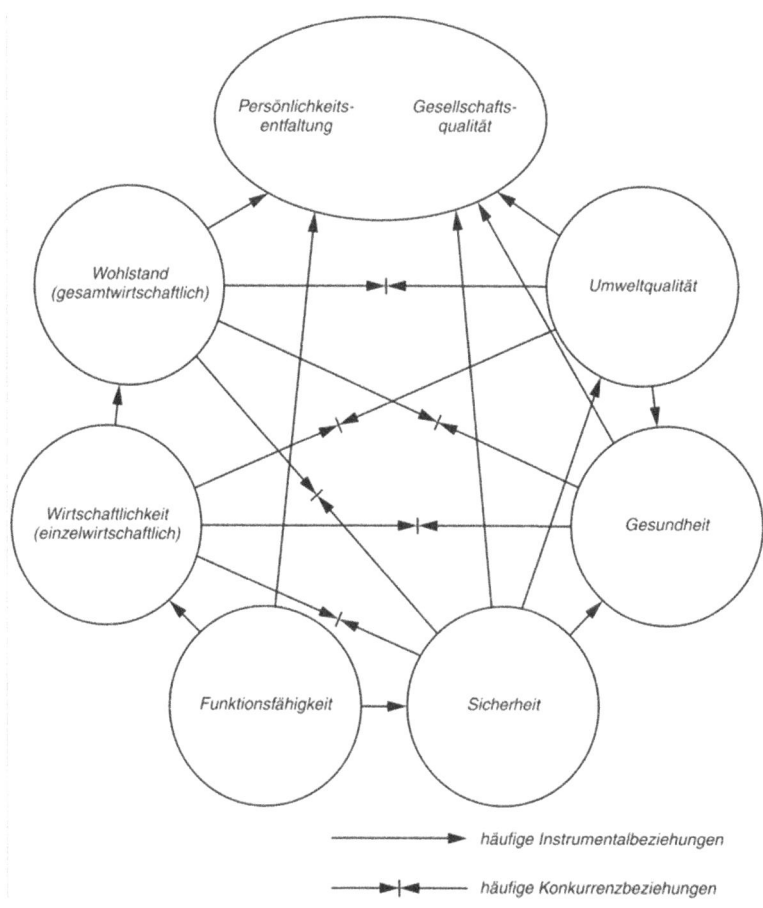

Abb. 1 Werteoktogon der VDI-Richtlinie 3780. (Quelle: VDI 2000, S. 21)

aber sie erlaubt noch keine moralischen Priorisierungen, welchen Werten im Konfliktfall der Vorzug zu geben ist. Dies leisten erst die 2002 vorgelegten „Ethischen Grundsätze im Ingenieurberuf" (VDI 2002). Im Mittelpunkt steht das *Prinzip des Bedingungserhalts*. Es bedeutet, dass prioritär immer Menschen und demokratische Gesellschaften als Bedingungen jeglichen technischen Handelns zu schützen sind. Im Wortlaut (§ 2.4):

„In Wertkonflikten achten Ingenieurinnen und Ingenieure den Vorrang der Menschengerechtigkeit vor einem Eigenrecht der Natur, von Menschenrechten vor Nutzenserwägungen, von öffentlichem Wohl vor privaten Interessen sowie von hinreichender Sicherheit vor Funktionalität und Wirtschaftlichkeit. Dabei sind sie sich bewußt, daß Kriterien und Indikatoren für die unterschiedlichen Wertbereiche nicht dogmatisch vorauszusetzen, sondern nur im Dialog mit der Öffentlichkeit zu ermitteln, abzuwägen und abzugleichen sind." (VDI 2002)

3   Evaluationsmethodik in der Medizin ... (Haux)

In der VDI-Richtlinie 3780 ist *Gesundheit* als einer von mehreren Werten im Hinblick auf die Bewertung von Technik aufgeführt (VDI 2000). In dem dort enthaltenen Werteoktogon haben *Sicherheit* und *Umweltqualität häufige Instrumentalbeziehungen* zu Gesundheit, die selbst eine solche Beziehung zu *Gesellschaftsqualität und Persönlichkeitsentfaltung* hat. Zudem hat Gesundheit dort *häufige Konkurrenzbeziehungen* zu *Wirtschaftlichkeit* und zu *Wohlstand*. Gesundheit wird bezogen auf ihre Bewertung in einen gesamtgesellschaftlichen Zusammenhang gestellt, wobei in dieser Richtlinie die Bewertung ausschließlich auf die Bewertung von Technik ausgerichtet ist.

In der auf den Patienten und auf Gesundheitsversorgung ausgerichteten *klinischen Medizin* hat sich die Vorgehensweise zur Bewertung von Gesundheit in den vergangenen Jahrzehnten erheblich weiterentwickelt. Dabei entstand eine spezielle Evaluationsmethodik, die heute dem Fachgebiet *Medizinische Biometrie* bzw. *Medizinische Statistik* zugeordnet werden kann und die im Folgenden vorgestellt werden soll. Evaluation in der klinischen Medizin ist auf den Menschen, insbesondere den Patienten ausgerichtet. Sie schließt die Bewertung von Technik mit ein, falls diese Teil der Gesundheitsversorgung ist, was den o. g. Wert *Versorgungssicherheit* berührt.

Als Medizininformatiker mit engem Bezug zur Medizinischen Biometrie möchte ich am Beispiel der Therapieforschung exemplarisch einen wichtigen, wenn nicht den aktuell wichtigsten Evaluationsansatz in der klinischen Medizin beschreiben. Dies insbesondere deshalb, da dieser auch bei dem „Zusammenwirken lebender und nicht lebender Entitäten im Zeitalter der Digitalisierung" (BWG-SYnENZ 2020) nicht nur in Medizin und Gesundheitsversorgung, sondern auch in anderen gesellschaftlichen Bereichen eine wichtige Rolle einnehmen könnte und vielleicht auch sollte.

Um dies näher erläutern zu können, wird zunächst über (klinische) Medizin, über Therapieforschung und über deren Evaluationsmethoden berichtet. Deren Bedeutung für die Evaluation des Zusammenwirkens lebender und nicht lebender

Entitäten und damit vor allem des Zusammenwirkens von Menschen und (funktional umfassenden, *intelligenten*) Maschinen wird im nächsten Abschnitt ausgeführt, der damit die Bewertung von Technik wieder notwendig mit umfasst.

Karl Jaspers beschrieb *Medizin* (inklusive Gesundheitsversorgung) folgendermaßen: „Die Medizin dient der Gesundheit, dem Leibeswohl des Einzelnen und der Hygiene der Zustände der gesamten Bevölkerung" (Jaspers 1946, S. 10 f.). Deshalb stehen Mediziner, v. a. die forschenden an Universitäten, vor der besonderen Aufgabe, den Menschen als individuelles Subjekt, Objekt und überindividuell zu erfassen: „Die medizinische Fakultät lebt in der Spannung der Auffassung des Menschen als Leib, der mit naturwissenschaftlichen Mitteln vollständig zu begreifen ist und dem allein mit diesen geholfen werden kann, und der Communication mit dem Menschen als Freiheit der Existenz, dem ich als Arzt Schicksalsgefährte, nicht mehr nur naturforschender Helfer bin." Der forschende Mediziner bleibt wesentlich Arzt mit der dafür notwendigen Empathie und ist deshalb immer mehr als ein Generator, Nutzer oder Anwender von empirischen Daten. Jaspers hebt nicht auf den technischen Aspekt ab, der noch im alten Wort *Heilkunst* zum Ausdruck kommt, wenngleich er mit dem Hinweis auf die Schicksalsgefährten Arzt und Patient ein metaphysisches Element der Beziehung stark macht, das geistesgeschichtlich entweder in der Kunst oder in der Natur verortet wird. Im letzteren Fall ergibt sich eine Brücke zur Vernaturwissenschaftlichung und Technisierung der Medizin, die Schicksal und Zufall versucht, berechenbar und teilweise auch kontrollierbar zu machen. Diese Transformation von der Medizin als heilender Praxis zur Medizin als Wissenschaft ist die theoretische Basis für die unten genannte Einführung statistischer Methoden und darauf basierender Evaluationen. Durch die zunehmende Spezialisierung und Arbeitsteilung in den Gesundheitsberufen, die nicht mehr für alle Patientenkontakt voraussetzen, muss hier die Frage offen bleiben, wie Jaspers' umfassender Berufsethos für den Arzt sich in den verschiedenen heute medizinisch arbeitenden Berufsgruppen durchdeklinieren lässt – sicherlich nur in Allianz mit Berufsethiken für technische Berufe. Wie die „Erhaltung der Gesundheit" und „Behandlung von Kranken" (vgl. Gross und Löffler 1997, S. 1), wie Diagnostik und Therapie, Prävention und Nachsorge bestmöglich durchgeführt und kommuniziert werden können, und welche wissenschaftlichen Ansätze passend für deren Bewertung sind, bleibt von zentraler Bedeutung in der medizinischen Forschung und für die Praxis der Gesundheitsversorgung.

In der *klinischen Medizin* spielen aufgrund der Komplexität und Variabilität des Menschen empirische Evaluationsansätze eine besonders wichtige Rolle: „Jeder Mensch ist einmalig […] Deshalb können wir nicht erwarten, dass diagnostische Verfahren immer den richtigen Befund liefern und Therapien

immer gleich wirken" (Gaus und Muche 2013, S. 5). Die traditionell subjekt-
basierte Beurteilung wurde zunehmend kritisch gesehen und als unwissenschaft-
lich eingestuft. So schrieb Carl Reinhold August Wunderlich[3] schon Mitte des
19. Jahrhunderts: „Jeder Arzt sollte Statistiker sein. Jeder Arzt soll Buch führen
über Erfolge und Nichterfolge" (Wunderlich 1851, S. 110).

Im 20. Jahrhundert gewann die auf empirischen Ansätzen basierende klinische
Forschung weiter an Bedeutung. Diese war und ist in Deutschland eng verbunden mit Paul Martini[4] und seiner Methodenlehre (Martini 1932). Nicht
ohne Grund stammt der erste Artikel der ältesten, auf Medizinische Informatik
und Biometrie spezialisierten Zeitschrift ‚Methods of Information in Medicine'
(McCray et al. 2011) von Paul Martini. Er befasste sich mit der Methodik der
„therapeutisch-klinischen Versuchsplanung" (Martini 1962). In seiner Aussage
„Das Grundgesetz jeder therapeutisch-klinischen Versuchsanordnung ist der
therapeutisch-klinische Vergleich" wird eine wichtige Erkenntnis zusammengefasst: Aufgrund der Komplexität des Menschen lassen sich Erkenntnisse,
wie Gesundheitsversorgung bestmöglich ausgestaltet werden kann und *welche*
therapeutischen Maßnahmen bestmöglich für Patienten geeignet sind, am besten
durch den fairen *Vergleich* mehrerer Maßnahmen gewinnen.

In der zweiten Hälfte des 20. Jahrhunderts etablierte sich eine auf dem fairen
Vergleich basierende Therapieforschung mittels *kontrollierter klinischer Studien,*
die in erheblichem Maße zum medizinischen Fortschritt beitrug. Grundvoraus-
setzung des fairen Vergleichs ist die sogenannte *Strukturgleichheit:* Bis auf die
zu untersuchenden Therapien sollen alle anderen Eigenschaften von Patienten,
die den Therapieerfolg beeinflussen könnten (ob bekannt oder unbekannt) in
den jeweiligen Therapiegruppen möglichst gleich verteilt sein (Leiner et al.
2012, S. 231). Die *Randomisation,* die *streng zufällige Zuteilung* von Patienten
zu Therapien, entwickelte sich zur Methode der Wahl für diesen fairen Vergleich.
Eine systematische Planung von Studien, formalisierte Methoden (insbesondere
statistische Hypothesen-Tests) und rechnerbasierte Auswertungssysteme trugen
dazu bei und markieren einen ersten Höhepunkt für die 1970er Jahre – in dieses
Jahrzehnt fällt nicht nur die erste *Digitalisierungswelle* der Wissenschaften,
sondern auch die sog. Medikalisierung in Industriegesellschaften.

---

[3]Arzt, von 1850–1877 Professor an der Medizinischen Klinik an der Universität Leipzig.
[4]Arzt, von 1932–1959 Professor für Innere Medizin an der Universität Bonn.

Exemplarisch seien für die methodischen Neuerungen genannt: das Lehrbuch über Medizinische Statistik von Herbert Immich[5] (1974), das unter Federführung von Hans Joachim Jesdinsky[6] (1978) entstandene „Memorandum zur Planung und Durchführung kontrollierter klinischer Studien" (Jesdinsky 1978) und das kurz darauf unter Federführung von Norbert Victor[7] herausgegebene Buch über Therapiestudien (Victor et al. 1981). Im dortigen Aufsatz über Therapiestudien von Karl Überla[8] wird ausgeführt: „Der wesentliche Bestandteil der empirischen Erkenntnisgewinnung ist die Wiederholung derselben Ereignisse unter den gleichen Bedingungen" sowie: „Im biologischen Vergleich treten die Ereignisse nicht mit schöner Regelmäßigkeit auf wie das Aufgehen der Sonne. […] Therapiestudien sind der Versuch, mit dieser Variabilität, die einen hilflos läßt, rational fertig zu werden" (Überla 1981, S. 10).

In einem jüngeren Überblick über die „Entwicklung klinischer Studien von Paul Martini bis heute" schrieb Martin Schumacher: „Der Prototyp der randomisierten klinischen Studie hat als ‚Gold-Standard' in den letzten 40 Jahren das Bild der klinischen Therapieforschung weltweit und auch in Deutschland bestimmt." (Schumacher 2016).

Letztendlich ging es bei diesen Evaluationsansätzen darum, trotz der Einmaligkeit eines jeden Menschen in der klinischen Medizin Entscheidungen auf wissenschaftlicher Basis[9] herbeizuführen, dies zum Wohl des Patienten. Dabei wurden der Patient und die Patientin notwendig zu einem standardisierbaren Typus.

Eine Typisierung klinischer Studien, wie sie von Gaus und Muche (2013) vorgeschlagen wird, ist in Abb. 2 dargestellt. Kontrollierte klinische Studien sind dort bei Eingriffen in Diagnostik und Therapie als *Interventionsstudien* und bei Fragestellungen als *Therapien beurteilen* eingeordnet. Für die Planung, Durchführung und Auswertung klinischer Studien, die gerade bei Therapiestudien

---

[5]Arzt, von 1971–1982 Professor für Medizinische Statistik, Dokumentation und Datenverarbeitung an der Universität Heidelberg.

[6]Arzt, Professor für Biomathematik und Statistik an der Universität Düsseldorf.

[7]Mathematiker, damals Professor für Biomathematik an der Universität Gießen, von 1983–2007 Professor für Medizinische Biometrie und Informatik an der Universität Heidelberg.

[8]Arzt und Psychologe, von 1974–2005 Professor für Medizinische Informationsverarbeitung, Biometrie und Epidemiologie an der Ludwig Maximilians-Universität München und von 1981 bis 1985 Präsident des Bundesgesundheitsamtes.

[9]Kriterien dazu, u. a. Reproduzierbarkeit, sind in Haux (2003) beschrieben. Dort befindet sich auch weitere Literatur zu dieser Thematik.

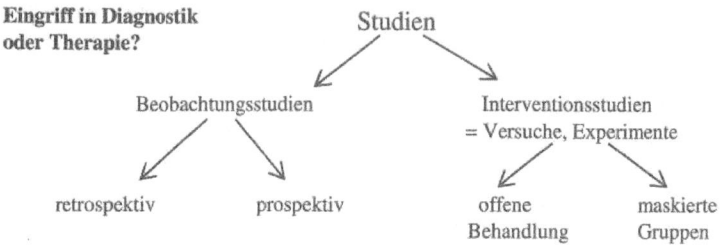

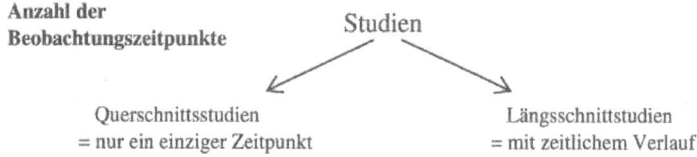

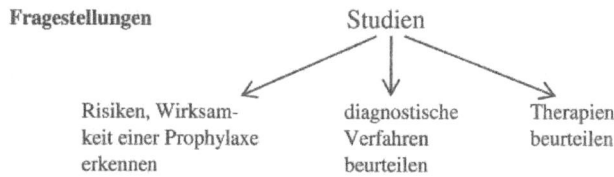

Abb. 2 Typen klinischer Studien anhand von drei Einteilungskriterien. Kontrollierte klinische Studien sind dort bei Eingriff in Diagnostik und Therapie als Interventionsstudien und bei Fragestellungen als Therapien beurteilen beschrieben. (Quelle: Gaus und Muche 2013, S. 38)

ja Experimente am Menschen sind, gelten u. a. strenge ethische Kriterien, für die die *Deklaration von Helsinki* (WMA 1964) eine wichtige Grundlage bildet. Bevor solche Studien durchgeführt werden, müssen hierfür eingerichtete Ethikkommissionen den Studienplänen zustimmen. Bei Studien mit Arzneimitteln müssen klinische Prüfungen zunächst die Phasen I (Pharmakokinetik, Dosis-Wirkungsbeziehung) und II (Verträglichkeit, prinzipielle Wirksamkeit) erfolgreich durchlaufen haben, bevor in einer Phase III mittels kontrollierter klinischer Studien ein Wirksamkeitsnachweis an einer größeren Zahl von

Patienten untersucht werden darf (Gaus und Muche 2013, S. 51). Erst danach darf ein Medikament in Deutschland zugelassen werden. Eine Phase IV nach Zulassung dient dann u. a. der Arzneimittelüberwachung. Zuständige Behörden, die hierfür eingerichtet wurden, sind in Deutschland das *Bundesinstitut für Arzneimittel und Medizinprodukte* (BfArM) und in der Europäischen Union die *European Medicine Agency* (EMA).

Anhand eines Beispiels, der CAO/ARO/AIO-04-Studie (Rödel et al. 2015)[10], soll das Prinzip kontrollierter klinischer Studien verdeutlicht werden. Die Darstellung ist vereinfacht.

Beispiel 1: CAO/ARO/AIO-04-Studie

Die CAO/ARO/AIO-04-Studie diente der Untersuchung der Hypothese, dass bei Patienten mit fortgeschrittenem Rektumkarzinom die bisher etablierte Kombinationstherapie aus Bestrahlung, Chemotherapie und Operation – nachfolgend Verum genannt – oder dass eine Therapie, bei der zusätzlich das Medikament Oxaliplatin gegeben wird – nachfolgend Novum genannt –, überlegen ist. Zugelassen wurde die Studie von der Ethikkommission der Universität Erlangen-Nürnberg.

In dieser zweiarmigen, multizentrischen klinischen Phase-III-Studie wurden zwischen 2006 und 2010 in 88 beteiligten Zentren Patienten rekrutiert und untersucht. Patienten, die nach ihrer Zustimmung in die Studie aufgenommen werden konnten, mussten mindestens 18 Jahre alt sein und ein histologisch gesichertes, fortgeschrittenes, primäres Rektumkarzinom haben.

Die Randomisierung erfolgte geschichtet nach Schweregraden und Zentren. Primärer Endpunkt für einen Therapieerfolg war das dreijährige krankheitsfreie Überleben. Der Berechnung des Stichprobenumfangs lag zugrunde, dass die neue Therapie die bisherige 3-Jahres-Überlebensrate von 75 % auf mindestens 82 % erhöhen sollte. Bei einem Signifikanzniveau von 5 % (Wahrscheinlichkeit für den sog. Fehler 1. Art (‚α', aufgrund der Stichprobe von Patienten Unterschiede nicht zu erkennen, obwohl sie in Wirklichkeit vorhanden sind) und bei einer Trennschärfe von 80 % (damit bei einer Wahrscheinlichkeit von 20 % für den sog. Fehler 2. Art (‚β', aufgrund der Stichprobe von Patienten Unterschiede anzunehmen, obwohl sie

---

[10]Das Beispiel verdanke ich dem Direktor des Instituts für Medizininformatik, Biometrie und Epidemiologie, Prof. Olaf Gefeller, in dessen Institut die biometrische Studienplanung und Datenanalyse durchgeführt wurde.

in Wirklichkeit gar nicht vorhanden sind), wurde ein notwendiger Stichprobenumfang von 1200 Patienten berechnet. Als statistischer Test wurde ein geschichteter Log-Rank-Test (geschichtet nach Zentren und Schweregraden) verwendet. Die Null-Hypothese lautete, dass zwischen Verum und Novum keine Unterschiede im Hinblick auf das dreijährige krankheitsfreie Überleben zu erkennen sind. Die Alternativ-Hypothese war, dass die neue Therapie der bisher etablierten Therapie überlegen ist.

Von den Daten der zwischen 2006 und 2010 rekrutierten 1265 Patienten konnten 1236 ausgewertet werden: 613 in der Verum-Gruppe, 623 in der Novum-Gruppe. In der Novum-Gruppe lag die krankheitsfreie Überlebensrate bei 75,9 % während sie in der Verum-Gruppe bei 71,2 % lag. Die Alternativhypothese war anzunehmen.

Das klare Ergebnis einer signifikanten Verbesserung im Hinblick auf das dreijährige krankheitsfreie Überleben in der Gruppe, die eine Kombinationstherapie erhielt, bei der zusätzlich Oxaliplatin gegeben wurde, hatte erhebliche Beachtung gefunden. Die klinischen Leitlinien zur Behandlung von Patienten mit Rektumkarzinom wurden nach dieser Studie entsprechend geändert. ◄

4 … und ihr Potential für das Zeitalter der Digitalisierung (Haux)

Die Kommission Synergie und Intelligenz der Braunschweigischen Wissenschaftlichen Gesellschaft (BWG-SYnENZ 2020) befasst sich mit dem *Zusammenwirken lebender und nicht lebender Entitäten im Zeitalter der Digitalisierung,* insbesondere um das Zusammenwirken von Menschen und (funktional umfassenden, *intelligenten*) Maschinen. Im Hinblick auf Evaluation ist hier, wie in der VDI-Richtlinie 3780, die Bewertung von Technik wieder notwendig mit eingeschlossen.

Die Kommission benennt drei Anwendungsgebiete erweiterten Zusammenwirkens als Gegenstand ihrer Untersuchungen: erweitertes Zusammenwirken in Medizin und Gesundheitsversorgung, erweitertes Zusammenwirken mit Tieren und Pflanzen in der Landwirtschaft sowie physische und virtuelle Mobilitätsformen im erweiterten Zusammenwirken.

Im erstgenannten Anwendungsgebiet werden, wie in der vorher beschriebenen klinischen Forschung, Evaluationen über Studien durchgeführt, mit kontrollierten Studien als *Gold-Standard.* Dieser Evaluationsansatz lässt sich auch auf Fragen bestmöglicher Diagnostik und Therapie, Prävention und Nachsorge im erweiterten Zusammenwirken von Menschen und Maschinen anwenden.

Zwei Studien sollen dies exemplarisch verdeutlichen[11]. Auch diese werden wieder vereinfacht dargestellt. In diesen Studien war das Peter L. Reichertz Institut für Medizinische Informatik die verantwortliche Einrichtung für die Studienplanung und Datenanalyse. In unserer Medizininformatik-Forschung arbeiten wir in dem Forschungsschwerpunkt assistierende Gesundheitstechnologien u. a. an ‚intelligenten Wohnungen'. Als neuer diagnostisch-therapeutischer Raum sollen diese Wohnungen den Menschen assistieren und die Gesundheitsversorgung weiter verbessern (Haux 2016; Haux et al. 2016b; Mielke et al. 2017; Wolf et al. 2017).

Beispiel 2: GAL-NATARS-Studie

In der GAL-NATARS-Studie (Marschollek et al. 2014) ging es um das häusliche Langzeit-Monitoring von geriatrischen Patienten mit mobilitätseinschränkenden Frakturen. Primärziel war die Überprüfung der technischen Machbarkeit und die Akzeptanz technischer Assistenzsysteme, Sekundärziel die Identifikation von mittels assistiver Technologien ermittelten Risiko-Mustern im häuslichen Umfeld, die unter Praxisbedingungen abgeleitet und für das geriatrische Assessment genutzt werden können. Zugelassen wurde die Studie von der Ethik-Kommission der Medizinischen Hochschule Hannover.

An dieser prospektiven multizentrischen Beobachtungsstudie waren drei geriatrische Zentren beteiligt. Aufgenommen wurden Patienten mit mobilitätseinschränkenden Frakturen am Bewegungsapparat, die mindestens 70 Jahre alt waren und die einen Mini-Mental-State-Index von 20 oder mehr Punkten hatten. Bei Einwilligung der Patienten wurde in deren Wohnung für drei Monate nach Entlassung aus der stationären geriatrischen Rehabilitation körper- und insbesondere raumbezogene Sensorik installiert. Zudem wurden diese Personen zusätzlich klinisch-geriatrisch untersucht.

Zwischen 2012 und 2014 wurden 24 Personen mit einem durchschnittlichen Alter von 83,5 Jahren in die Studie aufgenommen. Die Studie belegte klar die technische Machbarkeit unter Praxisbedingungen (unseres Wissens zum ersten Mal). Zudem konnte (unseres Wissens ebenfalls zum ersten Mal) gezeigt werden, dass in Wohnungen über technische Assistenzsysteme Aktivitätsmuster gemessen werden können, die neue wichtige Informationen für eine verbesserte ärztliche und pflegerische Versorgung enthielten (Wang et al. 2014). ◄

---

[11]Allgemeinere Überlegungen und Übersichten hierzu befinden sich in Martin-Sanchez (2016), Haux (2010) und Haux et al. (2016a, b).

Beispiel 3: AGT-Reha-Studie

In der AGT-Reha-WK-Studie (Wolf et al. 2016) wird die Frage unter-
sucht, ob bei der poststationären Rehabilitation von Patienten mit Schulter-
schmerzen ein neu entwickeltes Informatik-Therapeutikum[12], das sogenannte
AGT-Reha-System, der bisherigen Standardnachsorge, der medizinischen
Trainingstherapie (MTT), gleich wirksam oder sogar überlegen ist (primäres
Studienziel). Zugelassen wurde die Studie von der Ethik-Kommission der
Medizinischen Hochschule Hannover.

 Nachdem eine Vorstudie (sozusagen eine Phase-II-Studie) die technische
Machbarkeit von AGT-Reha gezeigt hatte, konnte mit dieser vergleichenden
Therapiestudie (sozusagen eine Phase-III-Studie) im Februar 2017 begonnen
werden. Sie wurde als monozentrische prospektive Nicht-Unterlegenheits-
studie angelegt. Eingeschlossen sind Patienten im Alter von 18 bis 65 Jahren,
die an chronischen Schulterschmerzen (gemäß einer vorgegebenen Liste
von ICD-Diagnosen) leiden und die in stationärer Rehabilitation waren.
Nach stationärer Entlassung erfolgt unmittelbar anschließend eine sechs-
monatige Nachsorge entweder mit AGT-Reha oder mit MTT. Nach Einschluss
eines Probanden in die Studie während dessen stationärer Rehabilitation
erfolgt die Zuteilung des Rehabilitanden zu einer der zwei Behandlungsgruppen. Hierzu wird der Rehabilitand zunächst gefragt, ob er eine der beiden
Nachsorgeformen präferiert. Bevorzugt der Rehabilitand keine der beiden
Nachsorgeformen, erfolgt eine randomisierte Zuteilung zu einer der beiden
Behandlungsgruppen.

 Primäres Erfolgskriterium im Hinblick auf die Wiedererlangung der
Arbeitsfähigkeit ist die Bestimmung der Schulterfunktion über den Shoulder-
Pain-and-Disability-Index (SPADI). Eine Stichprobenumfangsberechnung
ergab, dass 42 Patienten pro Therapiegruppe benötigt werden (α: 0,025, β: 0,2,
SPADI-Differenz: 10). Als statistischer Hypothesen-Test wird der t-Test für
unabhängige Stichproben verwendet sowie ein Intervallinklusionsverfahren
für die Untersuchung der Nicht-Unterlegenheit. Diese Studie befindet sich
noch in der Durchführung. Bis September 2019 wurden 69 Patienten in die
Studie aufgenommen, von denen bis zu diesem Zeitpunkt bei 30 Patienten die
Abschlussuntersuchung durchgeführt werden konnte. ◄

---

[12]Zum Begriff Informatik-Therapeutikum vgl. Haux (2010, S. 606).

Auch wenn die in den Beispielen 2 und 3 verwendeten Informatik-Werkzeuge noch nicht als funktional umfassende, *intelligente* Maschinen angesehen werden können, ist jedoch abzusehen, dass dieser bei assistierenden Gesundheitstechnologien eingeschlagene Weg dazu führen wird, solche Maschinen zu bekommen. In anderen medizinischen Anwendungsgebieten haben sich schon neue rechtlich-ethische Fragen im erweiterten Zusammenwirken bis hin zu der Frage geteilter Autonomie zwischen Menschen und Maschinen gestellt (Steil et al. 2019). Die beiden Studien zeigen zudem auf, dass auch Technikbewertung im erweiterten Zusammenwirken mit der in der klinischen Forschung entwickelten Evaluationsmethodik durchgeführt werden kann, einschließlich eines fairen Vergleichs von verschiedenen Ansätzen durch vergleichende Interventionsstudien.

Digitalisierung – und mit ihr erweitertes Zusammenwirken – durchdringt alle gesellschaftlichen Bereiche. Aufgrund der positiven Ergebnisse in der klinischen Medizin sollte überlegt werden, ob diese Evaluationsansätze auch generell bei dem Zusammenwirken lebender und nicht lebender Entitäten verwendet werden können oder sollten. Die Einmaligkeit eines jeden Menschen (Gaus und Muche 2013, S. 5) ist auch hier gegeben. Die schon dadurch gegebene Komplexität und Variabilität wird noch vergrößert durch das Zusammenwirken von Menschen und funktional umfassenden, ‚intelligenten' Maschinen. Eine nur auf Machbarkeit oder Einzelfalluntersuchungen, nur auf Simulation oder Vorhersageberechnung, aber *ohne vergleichende Intervention* basierende Beurteilung erweiterten Zusammenwirkens würde dieser komplexen Problematik nicht gerecht werden. Wie bei den *klassischen* kontrollierten klinischen Studien geht es auch im erweiterten Zusammenwirken darum, trotz komplexer Sachverhalte, Entscheidungen auf wissenschaftlicher Basis herbeizuführen, dies zum Wohl der Menschen. Nicht zuletzt sollte überlegt werden ob sektorübergreifende Institutionen, ähnlich dem BfArM oder der EMA in der Medizin, für die Überwachung der Prüfung und für die Zulassung von erweitertem Zusammenwirken einzurichten sind.

Eine auf den Erfolgen der Therapieforschung basierende Weiterentwicklung von Ansätzen und von Methoden zur Evaluation, welche wie in der Therapieforschung auch ethische und rechtliche Aspekte einzuschließen hat, sollte frühzeitig angegangen werden.

5   Fazit und Ausblick (Karafyllis und Haux)

Wir haben hier zwei Bewertungsmethoden vorgestellt. Hintergrund war die Idee: Wenn natürliche und künstliche Systeme zusammenwirken, müssen dies auch deren Beurteilungsmaßstäbe *(Werte)* und Evaluationskriterien tun.

Verdeutlicht wurde dies an etablierten Bewertungspraxen von Ingenieurwesen und klinischer Medizin. Zu diesem und weiterem Zusammenwirken besteht hoher interdisziplinärer Forschungsbedarf und das Desiderat transdisziplinärer Methoden.

Als Vorteile der VDI-Richtlinie 3780 „Technikbewertung" erwiesen sich, dass acht Werte im Wechselspiel betrachtet und Priorisierungen formuliert werden. Positiv ist auch, dass die berufliche Verantwortung hin zur gesellschaftlichen Verantwortung des Ingenieurs erweitert wird. Dadurch wird das Wertegeflecht, in dem Menschen wirklich leben, modelliert. Nachteilig erscheinen unter empirischen Gesichtspunkten der Mangel an statistisch abgesicherten Bewertungen und der unklare zeitliche Horizont der Bewertung. Die Forderung nach Langzeitstudien wird bislang durch die Richtlinie nicht abgedeckt. Das betrifft auch die überprüfbare Zielerreichung des Wertes *Versorgungssicherheit.* Vielmehr wird auf das tugendethische *Ethos des Ingenieurs* abgehoben und damit auf die individuelle Verantwortung, die gegenüber dem Berufsstand und seiner Werte und Normen wie auch gegenüber der Gesellschaft wahrzunehmen ist.

Als Vorteile der Evaluationsmethodik in klinischen Studien erwiesen sich die statistisch breite Basis und die Langzeitorientierung. Der Mensch wird in seiner/ ihrer Variabilität betrachtet, in Form eines Typus. Als nachteilig erwies sich der Fokus auf den singulären Wert *Gesundheit,* der etwa Wechselwirkungen mit der Umwelt (z. B. Plastikmüll in Kliniken) und auch der Versorgungssicherheit (Stichwort: Erhalt von Krankenhäusern im ländlichen Raum) nicht berücksichtigt. Durch die mathematisch-informatisch gestützte Entscheidungsgrundlage werden Ärztin und Arzt zunächst moralisch entlastet, bleiben aber für den Dialog mit Patienten auf ihre eigene Urteilskraft und Verantwortung verwiesen. Für die Schulung, wie das Zusammenwirken menschlicher und nicht-menschlicher Systeme das ärztliche und auch das pflegerische Handeln verändert, empfiehlt sich das interdisziplinäre Gespräch mit den Informatikern. Von diesen wiederum ist Selbstreflexion und gesellschaftliches Folgenbewusstsein gefragt, um denjenigen Expertentyp zu vermeiden, den Joseph Weizenbaum bereits 1977 sorgenvoll den „zwanghaften Programmierer" nannte: (Weizenbaum 1977, S. 155–179).

Als Ausblick möchten wir eine Grundsatzfrage für die weitere Diskussion stellen: Welches *Menschenbild* wird beim Zusammenwirken lebender und nicht-lebender Entitäten (SYnENZ) implementiert? Denn auf diesem basieren auch die Normen, Methoden und Kriterien der Bewertung. Grundsätzlich wird das Menschenbild bei Debatten um das „Zusammenwirken" zwischen zwei Polen abgehandelt, zu denen es sich bewusst zu verhalten gilt:

a) Der eine Pol markiert *den Menschen* (als Gattungsbegriff) als sog. *human factor* oder sogar *human error.* Dieser streitbare Begriff ist v. a. in den Ingenieurwissenschaften und der Informatik erkenntnisleitend. Bei der Gestaltung für die Zukunft streben Wissenschaft und Technik fehlerfreie Technologien an, bei denen die Fehleranfälligkeit primär im menschlich defizitären Handeln und Verhalten gesehen wird (Beispiele: automatisiertes Fahren, OP-Roboter). Dies führt, weitergedacht, zur Frage: Sollte der Mensch bei wichtigen Handlungen am besten weiträumig eliminiert werden, z. B. der manchmal fehldiagnostizierende Arzt? Ist eine algorithmenbasierte Diagnostik grundsätzlich wünschenswert? *(Technik ohne Mensch?).* Dann hätte sich der Wert *Sicherheit* verselbstständigt und wäre von einer ethischen Theorie des guten Lebens ebenso entkoppelt wie vom zwischenmenschlichen Dialog. Diese Sicht führt auch dazu, Probleme im Umgang mit Techniken und Produkten als nur *technisch* zu lösende zu konzipieren. Beispiele: Gegen häufige Verkehrsunfälle kann jedoch nicht nur, wenn überhaupt, automatisiertes Fahren helfen, sondern dies können auch engmaschigere Alkoholkontrollen und regelmäßige Fahrtüchtigkeitsüberprüfungen z. B. von Autofahrern höheren Alters, wie sie in vielen EU-Ländern bereits vorgeschrieben sind (nicht aber in Deutschland). Fehldiagnosen von Ärzten sind sicherlich nicht nur durch mangelndes Wissen, sondern auch im ständig steigenden Zeitdruck im Praxisalltag bzw. klinischen Alltag begründet und damit in ökonomischen Sachzwängen des Gesundheitssystems. In summa: Technik und Evaluation können und sollten nicht von politischen, ökonomischen und gesellschaftlichen Urteilen und Entscheidungen entlasten.

b) Der zweite Pol markiert den Ansatz, *die Menschen* (als Singularetantum) in ihrer physisch-psychischen Variabilität *und* als Grundlage von Gesellschaft zu betrachten. Das Ziel ist nicht etwa ein *Mensch ohne Technik,* sondern das Erreichen einer humanen Technik bzw. angepassten Technologie, die den Menschen als Mittel zum Leben *ihrer* Werte dient. Maßgaben sind dabei sowohl die Komplexität des Menschen wie auch dessen Variabilität. Interdisziplinär geplante und statistisch abgesicherte Langzeitstudien zur Technikfolgenforschung sind notwendig, um das Ziel einer humanen Technik überhaupt anstreben zu *können,* und zwar in all denjenigen vielen neuen Bereichen, in denen lebende und nicht-lebende Systeme zusammenwirken.

Ende 2018 hat ein unabhängiges europäisches Expertengremium „Ethik-Leitlinien zur verantwortungsvollen KI", d. h. zur Künstlichen Intelligenz, zur

Diskussion gestellt (HEG-KI 2019). Die Verfasser schreiben: „Wir sind der Überzeugung, dass die KI das Potenzial hat, die Gesellschaft signifikant zu transformieren. Die KI ist kein Selbstzweck, sondern ein vielversprechendes Mittel, um das menschliche Gedeihen und somit das Wohlbefinden von Individuum und Gesellschaft und das Gemeinwohl zu steigern sowie zur Förderung von Fortschritt und Innovation beizutragen" (HEG-KI 2019, Art. 9). Gleichzeitig betonen sie:

> „Um dies zu erreichen, müssen KI-Systeme **auf den Menschen ausgerichtet**[13] sein und auf der verpflichtenden Grundlage stehen, dass ihre Nutzung im Dienste der Menschheit und des Gemeinwohls steht, mit dem Ziel, menschliches Wohl und menschliche Freiheit zu mehren. Obwohl KI-Systeme großartige Chancen bieten, entstehen durch sie auch bestimmte Risiken, die angemessen und verhältnismäßig behandelt werden müssen. Wir haben jetzt die wichtige und günstige Gelegenheit, auf die Entwicklung dieser Systeme gestalterischen Einfluss zu nehmen. Wir wollen gewährleisten, dass wir den sozio-technischen Umgebungen, in die sie eingebettet sind, vertrauen können, und wir wollen erreichen, dass die Hersteller von KI-Systemen dadurch einen Wettbewerbsvorteil erlangen, dass sie die vertrauenswürdige KI in ihre Produkte und Dienstleistungen integrieren." (ebd., Art. 10, S. 5).

Trotz der verdienstvollen Arbeit an diesen Ethik-Leitlinien und ihrer Begrüßungswürdigkeit im Einzelnen (z. B. in der Hervorhebung menschlicher Autonomie) muss festgehalten werden: Auch hier wird die Frage nach dem zugrunde liegenden Menschenbild nicht gestellt. So ergeben sich allein mit Blick auf die obigen Passagen zahlreiche Rückfragen zum Verhältnis der Begriffe *menschlich, Individuum, Gesellschaft* und *Menschheit;* zudem auch *Gemeinschaft,* der dem Terminus *Gemeinwohl* zugrunde liegt und sozialwissenschaftlich von dem der *Gesellschaft* unterschieden wird. Hinzu kommt die Problematik, dass im Verweis auf *Systeme* der KI die Grenzen des jeweils gemeinten Systembegriffs nicht selbsterklärend sind. Der kleinste gemeinsame normative Nenner der Ethik-Leitlinien sind die Menschenrechte, für die aber aus wissenschafts- und technikethischer Sicht gilt, dass sie primär einen größten gemeinsamen Zähler kennzeichnen, d. h. an *Menschheit* ansetzen. Wie *menschlich* die Menschheit in den verschiedenen Ländern, ihren Gesellschaften und Gemeinschaften, konzipiert werden soll, berührt fundamentale Wertfragen und bleibt ein politischer, gesellschaftlicher und vor allem auch juristischer

---

[13]Fettdruck im Original.

Aushandlungsprozess, der bislang nationalstaatlich institutionalisiert ist. Entsprechend nennen die Autoren das Recht an erster Stelle der drei zentralen *Komponenten* für eine vertrauenswürdige KI: „rechtmäßig", gefolgt von „ethisch" und „robust" (ebd., S. 2).

Die grundlegende Entscheidung zum Menschenbild ist: Betrachten wir eine menschliche oder natürliche Grenze als Hindernis, d. h. als eine, die überwunden werden muss? Dies führt zur Frage nach den ethischen Grenzen der Optimierung des Lebendigen überhaupt, sei sie durch Digitalisierung oder Biotechnologie oder deren Interaktion im Rahmen der Converging Technologies (Bio-, Nano-, Info-, Kogno-Technologien) verursacht. In den Worten Weizenbaums (1977, S. 337 ff.) sollten wir wachsam sein gegenüber dem „Imperialismus der instrumentellen Vernunft", der durch Digitalisierung und Computertechnologie in besonderer Weise befördert werde. Dies heißt aber nicht, dass wir gesamtgesellschaftlich davon entbunden wären, die bestmögliche Technologie anzustreben und ihr Zielerreichen kontinuierlich zu überprüfen. Die VDI-Richtlinie zur Technikbewertung und der geschilderte Gold-Standard der Evaluation qua klinischer Studien haben beide gezeigt, wie wichtig es ist, in Alternativen bzw. Alternativ-Hypothesen denken zu können. Die interdisziplinäre Ausbildung der zukünftigen Expertinnen und Experten,[14] wie sie einst fast überall durch ein verpflichtendes *Studium generale* angestrebt wurde, bleibt zentrale Aufgabe im Wissenschaftsbereich, um mögliche Folgen eigenen Handelns beim Zusammenwirken menschlicher und nichtmenschlicher Systeme überhaupt in den Blick nehmen zu *können.*

Literatur

Ammicht Quinn, R., & Potthast, T. (Hrsg.). (2015). *Ethik in den Wissenschaften: 1 Konzept, 25 Jahre, 50 Perspektiven.* Tübingen: IZEW.
Braunschweigische Wissenschaftliche Gesellschaft (BWG), & Kommission Synergie und Intelligenz (SYnENZ). (2020). https://bwg-nds.de/kommissionen/kommission-synenz/. Zugegriffen: 30. Jan. 2020.
Birnbacher, D. (1995). *Tun und Unterlassen.* Stuttgart: Reclam.
Ditton, H. (2010). Evaluation und Qualitätssicherung. In R. Tippelt & B. Schmidt (Hrsg.), *Handbuch Bildungsforschung* (3. Aufl., S. 607–623). Wiesbaden: Springer VS.

---

[14]In diesem Sinne haben die Fächer Informatik und Philosophie an der TU Braunschweig seit 2017/2018 die Pflichtveranstaltung „Ethik der Technik, Wirtschaft und Information" in das Curriculum integriert, die auch von Studierenden der Ingenieurwissenschaften besucht werden kann.

Gaus, W., & Muche, R. (2013). *Medizinische Statistik*. Stuttgart: Schattauer.

Groß, D., & Schmidt, M. (2018). E-Health und Gesundheitsapps aus medizinethischer Sicht. *Bundesgesundheitsblatt – Gesundheitsforschung – Gesundheitsschutz, 61*(3), 349–357.

Gross, R., & Löffler, M. (1997). *Prinzipien der Medizin*. Berlin: Springer.

Haux, R., et al. (2003). Kriterien für gute medizinische Forschung. In W. Eich (Hrsg.), *Wissenschaftlichkeit in der Medizin, Teil IV* (S. 181–201). Frankfurt a. M.: VAS.

Haux, R. (2010). Medical informatics: Past, present, future. *International Journal of Medical Informatics, 79,* 599–610.

Haux, R. (2016). My home is my hospital. On recent research on health-enabling technologies. *Studies in Health Technology and Informatics, 226,* 3–8.

Haux, R., Koch, S., Lovell, N. H., Marschollek, M., Nakashima, N., & Wolf, K.-H. (2016). Health-enabling and ambient assistive technologies: Past, present, future. *IMIA Yearbook of Medical Informatics, 25*(Suppl. 1), 76–91.

Haux, R., Marschollek, M., & Wolf, K.-H. (2016). Über assistierende Gesundheitstechnologien und neue Formen kooperativer Gesundheitsversorgung durch Menschen und Maschinen. In A. Manzeschke (Hrsg.), *Roboter, Computer und Hybride. Was ereignet sich zwischen Menschen und Maschinen?* (S. 131–143). Baden-Baden: Nomos.

HEG-AI (Hochrangige Expertengruppe für Künstliche Intelligenz). (2019). Ethik-Leitlinien für eine vertrauenswürdige KI. Brüssel: Europäische Kommission (Entwurfsfassung vorab veröffentlicht 18.12.2018; abgestimmte Fassung 10.4.2019).

Hubig, C., & Reidel, J. (Hrsg.). (2003). *Ethische Ingenieurverantwortung Handlungsspielräume und Perspektiven der Kodifizierung*. Berlin: Edition Sigma.

Immich, H. (1974). *Medizinische Statistik*. Stuttgart: Schattauer.

Jaspers, K. (1946). *Vom lebendigen Geist der Universität*. Heidelberg: Schneider.

Jesdinsky, H. J. (Hrsg.). (1978). *Memorandum zur Planung und Durchführung kontrollierter klinischer Studien*. Stuttgart: Schattauer.

Kammeyer, H.-U. (2014). Grundsätzliches zur Ethik für Ingenieure. In L. Hieber & H.-U. Kammeyer (Hrsg.), *Verantwortung von Ingenieurinnen und Ingenieuren* (S. 33–37). Wiesbaden: Springer VS.

Kittler, F. (2017). Die Informationsbombe. Gespräch mit Paul Virilio. In T. Baumgärtel (Hrsg.), *Texte zur Theorie des Internets* (S. 41–54). Stuttgart: Reclam.

König, W. (2013). VDI-Richtlinie zur Technikbewertung. In A. Grunwald (Hrsg.), *Handbuch Technikethik* (S. 406–410). Metzler: Stuttgart.

Krohn, W. (2007). Realexperimente – Die Modernisierung der , offenen Gesellschaft' durch experimentelle Forschung. *Erwägen Wissen Ethik, 18*(3), 343–356.

Leiner, F., Gaus, W., Haux, R., Knaup, P., Pfeiffer, K. P., & Wagner, J. (2012). *Medizinische Dokumentation* (6. Aufl.). Stuttgart: Schattauer.

McCray, A. T., Gefeller, O., Aronsky, D., Leong, T. Y., Sarkar, I. N., Bergemann, D., et al. (2011). The birth and evolution of a discipline devoted to information in biomedicine and health care. As reflected in its longest running journal. *Methods of Information in Medicine, 50,* 491–507.

Marschollek, M., Becker, M., Bauer, J., Bente, P., Dasenbrock, L., Elbers, K., Hein, A., Kolb, G., Künemund, H., Lammel-Polchau, C., Meis, M., Meyer zu Schwabedissen, H., Remmers, H., Schulze, M., Steen, E.-E., Thoben, W., Wang, J., & Haux, R. (2014).

Multimodal activity monitoring for home rehabilitation of geriatric fracture patients – Feasibility and acceptance of sensor systems in the GAL-NATARS-Study. *Informatics for Health and Social Care, 39,* 262–271.

Martini, P. (1932). *Methodenlehre der Therapeutischen Untersuchung.* Berlin: Springer.

Martini, P. (1962). Grundsätzliches zur therapeutisch-klinischen Versuchsplanung. *Methods of Information in Medicine, 1,* 1–5.

Martin-Sanchez, F. J., & Lopez-Campos, G. H. (2016). The new role of biomedical informatics in the age of digital medicine. *Methods of Information in Medicine, 55,* 392–402.

Mielke, C., Voss, T., & Haux, R. (2017). Residence as a diagnostic and therapeutic area: A smart home approach. *Studies in Health Technology and Informatics, 238,* 92–95.

Rapp, F. (Hrsg.). (1999). *Normative Technikbewertung. Wertprobleme der Technik und die Erfahrungen mit der VDI-Richtlinie 3780.* Berlin: Edition Sigma.

Rödel, C., Graeven, U., Fietkau, R., Hohenberger, W., Hothorn, T., Arnold, D., Hofheinz, R. D., Ghadimi, M., Wolff, H. A.,Lang-Welzenbach, M., Raab, H. R., Wittekind, C., Ströbel, P., Staib, L., Wilhelm, M., Grabenbauer, G. G., Hoffmanns, H., Lindemann, F., Schlenska-Lange, A., Folprecht, G., Sauer, R., Liersch, T., & German Rectal Cancer Study Group. (2015). Oxaliplatin added to fluorouracil-based preoperative chemoradiotherapy and postoperative chemotherapy of locally advanced rectal cancer (the German CAO/ARO/AIO-04 study): Final results of the multicentre, open-label, randomised, phase 3 trial. *Lancet Oncology, 16,* 979–989.

Ropohl, G. (2009). *Allgemeine Technologie* (3. Aufl.). Karlsruhe: KIT.

Schumacher, M. (2016). Entwicklung klinischer Studien von Paul Martini bis heute. *Drug Research, 66*(S01), 5–7.

Steil, J., Finas, D., Beck, S., Manzeschke, A., & Haux, R. (2019). Robotic systems in operating theatres: New forms of team-machine interaction in health care. On challenges for health information systems on adequately considering hybrid action of humans and machines. *Methods of Information in Medicine, 58,* e14–e25.

Überla, K. K., et al. (1981). Therapiestudien: Indikation, Erkenntniswert und Herausforderung. In N. Victor (Hrsg.), *Therapiestudien* (S. 7–21). Berlin: Springer.

VDI – Verein Deutscher Ingenieure. (1991). *VDI-Richtline 3780: Technikbewertung – Begriffe und Grundlagen.* Düsseldorf: VDI.

VDI – Verein Deutscher Ingenieure. (2000). *VDI-Richtline 3780: Technikbewertung – Begriffe und Grundlagen.* Berlin: Beuth (textidentisch mit Ausg. 1991).

VDI – Verein Deutscher Ingenieure. (2002). *Ethische Grundsätze des Ingenieurberufs.* Düsseldorf: VDI. https://www.vdi.de/ueber-uns/presse/publikationen/details/ethische-grundsaetze-des-ingenieurberufs.

Victor, N., Dudeck, J., & Broszio, E. P. (Hrsg.). (1981). *Therapiestudien.* Berlin: Springer.

Weizenbaum, J. (1977). *Die Macht der Computer und die Ohnmacht der Vernunft.* Frankfurt a. M.: Suhrkamp.

Wang, J., Bauer, J., Becker, M., Bente, P., Dasenbrock, L., Elbers, K., Hein, A., Kohlmann, M., Kolb, G., Lammel-Polchau, C., Marschollek, M., Meis, M., Remmers H., Meyer zu Schwabedissen, H., Schulze, M., Steen. E.-E., Haux, R., & Wolf, K.-H. (2014). A novel approach for discovering human behavior patterns using unsupervised methods. *Zeitschrift für Gerontolie und Geriatrie, 47,* 648–660.

Wolf, K.-H., et al., Studiengruppe AGT-Reha. (2016). Evaluation der Wirksamkeit und Kosten der poststationären häuslichen Tele-Rehabilitation mit AGT-Reha im Vergleich zur Medizinischen Trainingstherapie. Bericht mit Studienplan.

Wolf, K.-H., Dehling, T., Haux, R., Sick, B., Sunyaev, A., & Tomforde, S. (2017). On methodological and technological challenges for proactive health management in smart homes. *Studies in Health Technology and Informatics, 238,* 209–212.

World Medical Association (WMA). (1964). Declaration of Helsinki – Ethical principles for medical research involving human subjects. Adopted 1964, last amendment 2013. https://www.wma.net/policies-post/wma-declaration-of-helsinki-ethical-principles-for-medical-research-involving-human-subjects/. Zugegriffen: 30. Jan. 2020.

Wunderlich, C. A. (1851). Ein Plan zur festeren Begründung der therapeutischen Erfahrungen. *Jahrbücher der gesammten Medicin, 69,* 106–111.

Teil IV
Abschließende Reflexionen

Über das Zusammenwirken von menschlicher und künstlicher Intelligenz aus ethischer Sicht

Andreas Kruse

Zusammenfassung

Der nachfolgende Beitrag konzentriert sich auf das Zusammenwirken von menschlicher und künstlicher Intelligenz im Alter. Er untersucht dieses Zusammenwirken im Kontext von Selbstgestaltung, Weltgestaltung und Verletzlichkeit. Selbst- und Weltgestaltung werden als zwei grundlegende Motive des hohen Alters verstanden: es wird diskutiert, in welcher Hinsicht künstliche Intelligenz in ihrem Zusammenwirken mit menschlicher Intelligenz zur Verwirklichung dieser beiden Motive beizutragen vermag. Weiterhin werden die kompensatorischen Funktionen dieses Zusammenwirkens im Kontext der Verletzlichkeit diskutiert, wobei Verletzlichkeit als bedeutender Aspekt der Conditio humana interpretiert wird, auf den Menschen antworten müssen. Die Nennung von Prinzipien der ethischen Betrachtung digitaler Technologien soll als allgemeiner ethischer Orientierungsrahmen des Zusammenwirkens

Das Manuskript basiert auf einem am 7. Oktober 2019 gehaltenen Vortrag in einer von der Braunschweigischen Wissenschaftlichen Gesellschaft, der Ev.-luth. Kirchengemeinde St. Katharinen Braunschweig und der Evangelischen Studierendengemeinde Braunschweig organisierten Veranstaltung „Die Welt, in der wir leben – wollen". Dort umrahmte der Verfasser seinen Vortrag mit dem Präludium und der Fuge in cis-Moll von Johann Sebastian Bach (BWV 849).

A. Kruse (✉)
Institut für Gerontologie der Ruprecht-Karls-Universität Heidelberg, Heidelberg, Deutschland
E-Mail: andreas.kruse@gero.uni-heidelberg.de

R. Haux et al. (Hrsg.), *Zusammenwirken von natürlicher und künstlicher Intelligenz,* https://doi.org/10.1007/978-3-658-30882-7_14

von menschlicher und künstlicher Intelligenz dienen; Dilemmata der Nutzung digitaler Technologien werden aufgezeigt und diskutiert. Der fachlich und ethisch verantwortliche Umgang mit künstlicher Intelligenz wird als eine Chance für ein *gutes Leben* im Alter gewertet.

Schlüsselwörter

Selbstgestaltung · Weltgestaltung · Verletzlichkeit · Kompetenz · Potenziale · Prinzipien ethischer Betrachtung · Ethische Dilemmata · Gesellschaftliche Verantwortung

1   Einführung: Zur Würde des Menschen

Die ethischen Fragen der Künstlichen Intelligenz stehen im Vordergrund dieses Beitrags. Dabei soll der ethische Diskurs kontextualisiert werden: durch den Vortrag des Präludiums und der Fuge in cis-Moll, Wohltemperiertes Klavier, Band 1, von Johann Sebastian Bach (1685–1750). Erscheint eine derartige Rahmung angemessen für das mir aufgegebene Thema? In meinem Redebeitrag konnte ich Präludium und Fuge *vortragen;* in meinem schriftlichen Beitrag kann ich diese beiden Werke nur *mit Worten ausdeuten.* Aber auch diese Deutung wird zeigen: tiefer gehende ethische Fragen lassen sich sehr wohl mit den beiden genannten Werken von Johann Sebastian Bach kontextualisieren, weil uns diese Werke – bei näherem Hinschauen – *zu uns selbst führen,* mithin eine *Introversion mit Introspektion* anstoßen, die für die ethische Reflexion bedeutsam ist. Denn die ethische Reflexion berührt in zentraler Weise die sittlich-moralischen Grundlagen unseres Entscheidens und Handelns; und diese Grundlagen können wir nur in dem Maße erfassen, in dem wir in der Lage sind, in uns *hineinzuhören.* Dieses Hineinhören führt uns zu kognitiven Erkenntnissen, aber auch zu emotionalen und motivationalen Klärungen, die wichtig sind, wenn Antwort auf die Frage gegeben werden soll: wie bewerten wir sittlich-moralisch eine gegebene Situation?

Es sei die Reflexion über die Würde des Menschen mit einer Schrift eingeleitet, die für das Denken jener Epoche charakteristisch ist, die wir *Renaissance* nennen. In dieser Epoche, deren Beginn in der zweiten Hälfte des 14. Jahrhunderts lag, trat die *Frage nach der Würde des Menschen* in das Zentrum der philosophischen und theologischen Anthropologie; und die gegebenen Deutungsversuche haben das Denken über diesen Topos bis zum heutigen Tage beeinflusst. Mir liegt die nun aufzurufende Schrift nicht nur wegen ihrer historischen Bedeutung, nicht nur wegen ihrer auch heute noch höchst relevanten Aussagen am Herzen, sondern auch wegen der Tatsache, dass sie mir später die Möglichkeit eröffnen wird, das angesprochene Werk von Johann Sebastian Bach – und hier vor allem das Präludium und die Fuge in cis-Moll – in meine Überlegungen aufzunehmen.

Es handelt sich um die vom Florentiner Gelehrten Pico della Mirandola verfasste Schrift „De hominis dignitate" (deutsch: „Über die Würde des Menschen"), die im Jahre 1496 veröffentlicht wurde (Mirandola 1990). Pico leitet diese Schrift mit folgenden Aussagen ein, die die Fähigkeit des Menschen zur *Selbstgestaltung* und *Weltgestaltung* genauso wie das Geschenk der *Freiheit* in das Zentrum rücken (1990, S. 6 f.):

> „Endlich beschloss der höchste Künstler, dass der, dem er nichts Eigenes geben konnte, Anteil habe an allem, was die Einzelnen jeweils für sich gehabt hatten. Also war er zufrieden mit dem Menschen als Geschöpf von unbestimmter Gestalt, stellte ihn in die Mitte der Welt und sprach ihn so an: ‚Wir haben dir keinen festen Wohnsitz gegeben, Adam, kein eigenes Aussehen noch irgendeine besondere Gabe, damit du den Wohnsitz, das Aussehen und die Gaben, die du selbst dir aussiehst, entsprechend deinem Wunsch und Entschluss habest und besitzest. Die Natur der übrigen Geschöpfe ist fest bestimmt und wird innerhalb von uns vorgeschriebener Gesetze begrenzt. Du sollst dir deine ohne jede Einschränkung und Enge, nach deinem Ermessen, dem ich dich anvertraut habe, selber bestimmen. Ich habe dich in die Mitte der Welt gestellt, damit du dich von dort aus bequemer umsehen kannst, was es auf der Welt gibt. Weder haben wir dich himmlisch noch irdisch, weder sterblich noch unsterblich geschaffen, damit du wie dein eigener, in Ehre frei entscheidender, schöpferischer Bildhauer dich selbst zu der Gestalt ausformst, die du bevorzugst."

Jeder Mensch besitzt Würde; diese ist nicht an Eigenschaften, nicht an Leistungen gebunden. Sie ist *a priori* gegeben. Jeder Mensch hat zudem eine Vorstellung von seiner Würde, das heißt, er stellt implizit oder explizit Kriterien auf, die erfüllt sein müssen, damit ihm das eigene Leben als ein würdevolles erscheint. In dem Beitrag von Pico della Mirandola (1990) ist nun ausdrücklich auch die *Verwirklichung von Würde* angesprochen, das heißt, es wird eine Bedingung genannt, unter der die Würde des Menschen *lebendig* wird. Diese Bedingung lautet: die Möglichkeit, oder besser: die *Freiheit* zur Selbstgestaltung und Weltgestaltung. Diese Freiheit zur Selbstgestaltung und Weltgestaltung ist zugleich eine *Aufgabe,* die dem Menschen gestellt ist: nur wenn er diese Aufgabe löst, kann sein Leben – in Freiheit – gelingen, verwirklicht er seine Würde. Die Freiheit zeigt sich auch in *persönlichen Vorstellungen* von Würde, die jeder Mensch vertritt (und die immer in ihrer gesellschaftlichen und kulturellen Mitbedingtheit betrachtet werden müssen); diese persönlichen Vorstellungen spiegeln sich in den *Kriterien eines guten Lebens* wider, die die Person auch für sich selbst definiert: diese Kriterien müssen erfüllt sein, damit in ihren Augen das Leben ein stimmiges und sinnerfülltes ist, damit das Leben *gelingt*.

Schon an dieser Stelle sei der Bezug zur *Künstlichen Intelligenz* hergestellt: Inwiefern berühren, um nur ein Beispiel für Künstliche Intelligenz zu wählen, Roboter, die *stellvertretend für eine Person* bestimmte Aktionen ausüben, damit auch die Würde des Menschen? Diese Frage ist deswegen so wichtig, weil mit Künstlicher Intelligenz immer auch Fragen der Autonomie, der Freiheit des Menschen berührt sind: gibt dieser seine Freiheit – in Teilen – auf, wenn er sich der Robotertechnologie *anvertraut*? Wer ist nun in letzter Hinsicht der für das Handeln Verantwortung Übernehmende: die Person oder der Roboter? An dieser Stelle sei schon eine Aussage getroffen, die in der jüngst erstellten Stellungnahme des Deutschen Ethikrates (2020) zentrale Bedeutung annimmt: die Künstliche Intelligenz muss daraufhin angelegt sein, dass sie die Person darin unterstützt, *ihr Leben, ihre Welt zu gestalten,* dass sie also in ihren Aktionen in letzter Konsequenz eine *Stellvertreterposition* einnimmt: sie stellt sich in den Dienst der Person, alle Aktionen, die sie ausführt, müssen die sittlich-moralischen Haltungen der Person als Ausgangspunkt und Grundlage wählen. In diesem Falle fügt sich die Robotertechnologie – so zum Beispiel im Kontext der Pflege – in das grundlegende Bedürfnis des Menschen nach Selbstgestaltung und Weltgestaltung ein, sie wird in das individuelle Handlungsrepertoire geradezu *inkorporiert*. Sie kann zugleich als *Erweiterung* dieses Handlungsrepertoires betrachtet werden, ohne sich dabei von den sittlich-moralischen Haltungen der Person *zu lösen*.

Damit ist auch schon klar zum Ausdruck gebracht: die Künstliche Intelligenz steht nicht *a priori* der Freiheit, der Selbstgestaltung, der Weltgestaltung der Person entgegen; sie beschneidet nicht a priori die Würde des Menschen. Ein derartiger Technik-Skeptizismus wäre auch alles andere als hilfreich für eine tiefer gehende anthropologische Diskussion. Vielmehr muss es um die Frage gehen, inwieweit bei der *Entwicklung und Konstruktion,* inwieweit bei der *Applikation* von Robotertechnologie immer mitgedacht wird, dass diese die Person in ihrer Selbstgestaltung und Weltgestaltung *unterstützt* und ihr auch – vielleicht sogar gerade in Phasen *deutlich erhöhter Verletzlichkeit* – Möglichkeiten bietet, einen signifikanten Anteil der Entscheidungs- und Handlungskompetenz aufrechtzuerhalten und zu verwirklichen: ein großartiger Beitrag zur Selbstgestaltung und Weltgestaltung.

Die Selbstgestaltung und Weltgestaltung im Alter bilden nun Gegenstand meiner Überlegungen: wie drücken sich Selbstgestaltung und Weltgestaltung aus?

2   Selbstgestaltung

Die Selbstgestaltung zeigt sich zunächst in der vertieften, konzentrierten Auseinandersetzung des Individuums mit dem eigenen Selbst. Ich wähle den Terminus *Introversion mit Introspektion* (Kruse 2017), um diese konzentrierte Auseinandersetzung differenziert zu umschreiben. Im Zentrum steht das *Selbst,* das in der psychologischen Forschung als dynamischer Kern der Persönlichkeit betrachtet wird (Brandtstädter 2007). Das Selbst integriert alle Erlebnisse, Erfahrungen und Erkenntnisse, die das Individuum im Laufe seines Lebens in der Begegnung mit anderen Menschen, in der Auseinandersetzung mit der Welt, aber auch in der Auseinandersetzung mit sich selbst und seiner Biografie gewinnt. In dem Maße, in dem Menschen offen sind für neue Erlebnisse, Erfahrungen und Erkenntnisse, entwickelt sich auch das Selbst weiter: Dieses zeigt sich gerade in der Verarbeitung neuer Erlebnisse, Erfahrungen und Erkenntnisse in seiner ganzen Dynamik, in seiner (schöpferischen) Veränderungskapazität. Die Umschreibung *Introversion mit Introspektion* wähle ich, um die besondere Sensibilität alter Menschen für alle Prozesse hervorzuheben, die sich in ihrem Selbst vollziehen (Staudinger 2015). – Hier spielt auch der *Lebensrückblick* – der in der Theorie von Erik Homburger Erikson (1998) einen bedeutenden Teil der Ich-Integrität im Alter bildet – eine wichtige Rolle. Dieser Lebensrückblick betrifft in zentraler Weise das Selbst: Inwieweit werden dem Individuum bei dieser *Spurensuche* noch einmal Aspekte seines Selbst bewusst, die dieses aus heutiger Sicht positiv bewertet, inwieweit Aspekte des Selbst, die dieses eher negativ bewertet (Butler 1963)? Inwieweit gelingt es dem Individuum trotz negativer Bewertungen, *sich selbst Freund zu sein,* die eigene Biografie in ihren Höhen und Tiefen als etwas anzunehmen, das in eben dieser Gestalt stimmig, sinnerfüllt, notwendig war, inwieweit kann das Individuum sich selbst, aber auch anderen Menschen im Rückblick vergeben (Ritschl 2004)? Schließlich stößt die begrenzte Lebenszeit Prozesse der Introversion mit Introspektion an: In der Literatur wird auch von Memento-mori-Effekten gesprochen (Brandtstädter 2014), womit Einflüsse der erlebten Nähe zum Tod auf das Selbst gemeint sind. Im Zentrum stehen eine umfassendere Weltsicht und eine damit einhergehende Ausweitung des persönlich bedeutsamen Themenspektrums, weiterhin eine gelassenere Lebenseinstellung, begleitet von einer abnehmenden Intensität von Emotionen wie Ärger, Trauer, Reue und Freude. Zudem treten Spiritualität, Altruismus und Dankbarkeit stärker in das Zentrum des Erlebens (Kruse und Schmitt 2018).

Ein weiteres bedeutsames Merkmal der Selbstgestaltung ist die *Offenheit:* Die konzentrierte, vertiefte Auseinandersetzung mit sich selbst wird durch die Offenheit des Individuums für neue Eindrücke, Erlebnisse und Erkenntnisse gefördert. Offenheit wird in der psychologischen Literatur auch mit dem Begriff der *kathektischen Flexibilität* (Peck 1968) umschrieben, was zum einen bedeutet, dass auch neue Lebensbereiche emotional und geistig besetzt und damit subjektiv thematisch werden, was zum anderen bedeutet, dass sich Menschen auf neue Handlungsstrategien einlassen: hier übrigens kommt auch die Künstliche Intelligenz ins Spiel. Inwieweit, so lässt sich fragen, ist das Individuum offen für die Nutzung der Künstlichen Intelligenz, also zum Beispiel für die Integration robotischer Systeme in den Lebensraum und Alltag? Der Grad der Offenheit für neue Erlebnisse, Erfahrungen und Handlungsstrategien – mithin auch für innovative technische Erzeugnisse – ist weniger vom Lebensalter der Person als von der *seelisch-geistigen Flexibilität* bestimmt, die diese in der Biografie entwickelt und kultiviert hat. Aus diesem Grunde lässt sich auch mit Blick auf die Künstliche Intelligenz feststellen, dass die *digitale Spaltung* eher an *Sozialschicht-Grenzen* und weniger an *Alters-Grenzen* thematisch wird (Kommission 2020). Offenheit bedeutet in einem umfassenderen Sinne, dass sich das Individuum auf den *fließenden Charakter* des Selbst einlässt und damit auch etwas Neues hervorbringt, *schöpferisch lebt.* Wir verdanken Friedrich Nietzsche (1844–1900) – nämlich seiner 1878 anlässlich des 100. Todestages Voltaires erschienenen Schrift „Menschliches, Allzumenschliches – ein Buch für freie Geister" – ein bemerkenswertes Zitat, das den fließenden Charakter des Selbst, das schöpferische Leben anschaulich umschreibt:

> „Wer nur einigermaßen zur Freiheit der Vernunft gekommen ist, kann sich auf Erden nicht anders fühlen denn als Wanderer – wenn auch nicht als Reisender nach einem letzten Ziele: denn dieses gibt es nicht. Wohl aber will er zusehen und die Augen dafür offen haben, was alles in der Welt eigentlich vorgeht; deshalb darf er sein Herz nicht allzu fest an alles Einzelne anhängen; es muss in ihm selber etwas Wanderndes sein, das seine Freude an dem Wechsel und der Vergänglichkeit habe." (Nietzsche 1878/1998, S. 65)

Das Potenzial zur Selbstgestaltung ist nicht mit einem gewissen Alter abgeschlossen, sondern besteht – sofern nicht schwere Krankheiten dieses Potenzial zunichtemachen – bis zum Ende des Lebens.

3 Weltgestaltung

In einer ersten Annäherung ist mit Weltgestaltung die *Schaffung einer sozialen, räumlichen und technischen Umwelt* gemeint, die den eigenen Ansprüchen an Stimulation, Bezogenheit und Teilhabe, Privatsphäre, Intimität, Ästhetik und Barrierefreiheit entspricht. Dieses hier zum Ausdruck kommende, grundlegende Bedürfnis nach Weltgestaltung ist nicht nur in jüngeren, sondern auch in späteren Lebensphasen deutlich erkennbar; in ihm drückt sich auch die Identität der Person aus. Die Integration robotischer Systeme lässt sich auch vor dem Hintergrund des Motivs der Weltgestaltung deuten: inwieweit trägt diese Integration dazu bei, dass das Individuum in einer sozialen und räumlichen Umwelt lebt, dies es *meistern* kann, in der sich der Teilhabegedanke verwirklicht, in der Lebensqualität erfahrbar wird?

Ein Beispiel für die Roboter-Technologie, das hier angeführt werden soll, bildet das *Exoskelett,* welches einem Schlaganfallpatienten hilft, trotz einer (noch) nicht zu lindernden Hemiparese eine deutlich höhere Mobilität zu zeigen. Das Exoskelett leitet einzelne Bewegungsabläufe *autonom* ein, wobei es sich aber in den Gesamtbewegungsablauf *einschwingt* bzw. *einschmiegt.* Für eine Patientin bzw. einen Patienten bedeutet das Anlegen eines Exoskeletts zunächst einen erheblichen *Eingriff* in ihre bzw. seine Autonomie. Denn einzelne Bewegungsabläufe werden vorgegeben, andere Bewegungsabläufe werden korrigiert. Zugleich aber wird mit dem Exoskelett die Weltgestaltung erheblich gefördert: die Person kann sich nun in stärkerem Maße selbstständig in ihrer Umwelt bewegen, was nicht nur eine bessere Erreichbarkeit physikalischer Orte, sondern auch sozialer Orte bedeutet.

Bereits dieses Beispiel zeigt: wenn über den Wert von Künstlicher Intelligenz gesprochen wird, so ist diese immer auch im Kontext von Weltgestaltung zu betrachten: inwiefern ermöglicht oder fördert diese die Kontrolle über die räumliche Umwelt, inwieweit ermöglicht oder fördert sie den Austausch mit der sozialen Umwelt, inwieweit hilft sie, Umweltbereiche (und damit auch Lebensbereiche) zu erschließen, die der Person andernfalls (weitgehend) verschlossen blieben? Die Bewertung von Künstlicher Intelligenz kann also nie eine abstrakte, von den individuellen Kompetenzen und Bedürfnissen losgelöste sein: entscheidend ist, in welcher Weise sie hilft, im konkreten Fall das Bedürfnis nach Weltgestaltung zu verwirklichen. Gerade damit ist das Zusammenwirken von menschlicher und künstlicher Intelligenz angesprochen. Durch dieses Zusammenwirken wird das Individuum bei der Verwirklichung seines Bedürfnisses nach Weltgestaltung unterstützt.

In einer zweiten Annäherung ist mit Weltgestaltung die *Sorge* der Person gemeint, in der sich zunächst das Bedürfnis des Menschen nach *praktizierter Mitverantwortung* ausdrückt, also der Wunsch, etwas für andere Menschen zu tun, deren Entwicklung zu fördern (Kruse 2017; Kruse und Schmitt 2015, 2016). Sorge meint zudem die Sorge, die die Person von anderen erfährt. Dabei ist auch mit Blick auf Sorgebeziehungen im hohen Alter hervorzuheben, wie wichtig ein *Geben und Nehmen* von Hilfe und Unterstützung *(Reziprozität)* für die Akzeptanz erfahrener Sorge ist. Die fehlende Möglichkeit, die empfangene Sorge zu erwidern, macht es schwer, Sorge anzunehmen. Dieser Aspekt gewinnt besondere Bedeutung in Phasen *erhöhter Verletzlichkeit.* Gerade in solchen Phasen sind Menschen sensibel dafür, ob sie primär als Hilfeempfangende wahrgenommen und angesprochen werden, oder ob sie auch in ihrer Kompetenz, selbst Hilfe und Unterstützung zu leisten, ernst genommen werden. Zugleich ist im thematischen Kontext von Sorge immer mitzudenken, wie wichtig es ist, dass das Individuum rechtzeitig lernt, Hilfe und Unterstützung, die objektiv nötig ist, bewusst anzunehmen (Baltes 1996; Kruse 2005a). – Mit dem Begriff der Sorge ist nicht allein das Wohl einzelner Menschen angesprochen, für die das Individuum Mitverantwortung übernimmt, sondern auch das Wohl der Welt. Damit tritt die *politische* Dimension in das Zentrum meiner Argumentation. Mit dem politischen (und nicht nur psychologischen) Verständnis von Sorge folge ich den politikwissenschaftlichen Beiträgen von Hannah Arendt (1993), die ausdrücklich von der *Liebe zur Welt* (Amor mundi) spricht und diese als einen wichtigen Grund für ihre Arbeit an einer politischen Theorie nennt – so lesen wir in einem ihrer Briefe an Karl Jaspers. Die Liebe zur Welt führt nach Hannah Arendt zur *Sorge um die Welt,* die den Kern, den *Mittelpunkt der Politik* bildet. Hannah Arendt löst ihre Deutung von *Welt* nie vom *Menschlichen* ab. Wenn sie von *Welt* spricht, so orientiert sie sich grundsätzlich am Menschlichen – nämlich an einem öffentlichen Raum, in dem sich das *Zwischen den Menschen* entfalten kann, in dem sich Menschen in Wort und Tat begegnen, die Gestaltung der Welt als eine gemeinsam zu lösende Aufgabe begreifen. Und Hannah Arendt geht noch weiter: Ihr Verständnis von Politik orientiert sich auch an dem Wesen der Freundschaft (Arendt 1989). Inwiefern? Sie hebt hervor, dass das Schließen von Freundschaften keinem äußeren Zweck geschuldet ist, sondern dass dieses hervorgeht aus der Erfahrung des *Zwischen,* in dem sich Menschen im Vertrauen darauf zeigen und aus der Hand geben können, dass sie in ihrer Unverwechselbarkeit erkannt und angenommen werden – dieses Vertrauen ist dabei entscheidend für die Initiative, für den Neubeginn, für die Gebürtlichkeit (Natalität) des Menschen.

Welche Konsequenzen ergeben sich aus diesem psychologischen, anthropologischen und politikwissenschaftlichen Verständnis von Sorge für die ethischen

Fragen der Künstlichen Intelligenz? Auch hier soll ein Beispiel angeführt werden, das hilft, diese Konsequenzen zu veranschaulichen. Ich denke an die robotischen Monitor-Techniken, die sich eigenständig oder von der Nutzerin bzw. dem Nutzer ferngesteuert in der Wohnung bewegen können. Ich denke weiterhin an Telepräsenzsysteme, die die Überwachung von Körperfunktionen durch medizinische oder pflegerische Fachpersonen ermöglichen; zugleich sind sie für Interaktionen mit nahestehenden Personen funktional, die weit entfernt leben und mit denen der unmittelbare (face-to-face-) Austausch nicht möglich ist. Zu nennen sind schließlich Roboter, die der sozialen Begleitung dienen (Sharkey und Sharkey 2012); diese *robot companions* werden zudem in ihren Potenzialen zur Unterstützung therapeutischer Maßnahmen in Psychiatrie, Psychologie und Psychotherapie diskutiert (Fiske et al. 2019). Mit derartigen Robotertechniken kann zunächst dazu beigetragen werden, dass gesundheitlich belastete und funktionell eingeschränkte Personen länger in ihrem Privathaushalt verbleiben können: dies hat nicht nur Folgen für die Selbstgestaltung, sondern auch und vor allem für die Weltgestaltung, da die Person nicht ihre vertraute soziale und räumliche Umwelt aufgeben muss. Zudem können diese Robotertechniken die bewusst angenommene Abhängigkeit von Hilfen durch andere Menschen fördern. Warum? Indem bestimmte Hilfeleistungen einem Roboter übertragen werden, wird vermieden, dass die angestrebte Reziprozität von Hilfen in den nahestehenden Beziehungen mehr und mehr erodiert. Dies könnte der Fall sein, wenn pflegende Angehörige zahlreiche Hilfen zu erbringen haben, die in ihrer Häufung als (zusätzliche) Belastung empfunden werden. Im Falle zurückgehender Reziprozität kann es für die pflegebedürftige Person schwer sein, die Abhängigkeit von der Hilfe anderer Menschen bewusst anzunehmen. Und schließlich darf nicht der potenzielle Gewinn für die Weltgestaltung übersehen werden, der durch Telepräsenzsysteme geschaffen wird: der Zugang zur *Welt* ist damit auch jenen Menschen eröffnet, die ihre Wohnung – aufgrund schwerer Einbußen ihrer Mobilität – gar nicht mehr oder nur unter größten Kraftanstrengungen verlassen können. Indem der Zugang zur Welt eröffnet ist, kann sich nicht nur das soziale, sondern auch das politische Interesse der Person verwirklichen.

In einer dritten Annäherung ist mit Weltgestaltung die Wissensweitergabe, ist auch das Fortwirken des Individuums in nachfolgenden Generationen angesprochen (in der Begrifflichkeit von Hannah Arendt (1960): *symbolische Unsterblichkeit*). Dieses Fortwirken vollzieht sich auch auf dem Wege materieller und ideeller Produkte, die das Individuum erzeugt und mit denen es einen Beitrag zum Fortbestand und zur Fortentwicklung der Welt leistet (Staudinger 1996). So sehr eine Person in der Erinnerung an das gesprochene Wort und die einmalige Gebärde fortlebt, so sehr Begegnungen mit dieser in uns emotional und geistig fortwirken, so wichtig ist es auch, die materiellen und ideellen Produkte im Auge zu haben, die sich nicht notwendigerweise unmittelbaren Begegnungen mit nachfolgenden Generationen verdanken, sondern die in Verantwortung vor der Welt und für die Welt entstanden sind. Auch diese Produkte hat Hannah Arendt im Auge, wenn sie von symbolischer Unsterblichkeit spricht (Arendt 1960). Es geht hier um Werke, die (auch) aus einer Verantwortung gegenüber der Welt entstanden sind, mit denen bewusst zum Fortbestand und zur Fortentwicklung der Welt beigetragen werden soll (Blumenberg 1986). Das Handeln als höchste Form der Vita activa beschränkt sich also nicht allein auf den unmittelbaren, konkreten Austausch mit Menschen. Wir treten auch in unseren Gedanken in einen – vielleicht *virtuell* zu nennenden – Austausch mit Menschen, die wir kannten (und die heute nicht mehr leben), die wir kennen (denen wir aber gegenwärtig nicht unmittelbar begegnen können) und die wir noch nicht kennen, ja, niemals kennenlernen werden: Damit ist in besonderer Weise die *geistige* Dimension der Vita activa, des *gemeinsamen* Handelns (als eines Konstituens der Vita activa) und des Politischen (als der Umschreibung von gemeinsam geteilter Verantwortung vor der Welt und für die Welt) angesprochen.

Die Kommunikationstechnologie erscheint geradezu *wie gemacht* für diese Wissensweitergabe. Telepräsenzsysteme können die Wissensweitergabe in einer sehr lebendigen Art und Weise sicherstellen, weil sie eine vergleichsweise enge Berührung von Sender und Empfänger ermöglichen. Sie können schließlich dazu beitragen, dass wir an dem Leben einer Person teilhaben, die in ihren Kommunikationsmöglichkeiten erheblich beeinträchtigt, zugleich aber von dem Motiv geleitet ist, das eigene – lebendige – Wissen an andere Menschen weiterzugeben, sie an dem eigenen Schicksal teilhaben zu lassen. *Pathemata paideumata genesetai tois allois* (deutsch: mein Leiden, so schwer es ist, kann auch zu Lehren für Andere werden: eine Aussage, die sich der altgriechischen Philosophie verdankt, kann durch technische Entwicklungen in besonderer Weise verwirklicht werden.

4 Verletzlichkeit

Wie ist Verletzlichkeit im hohen Alter zu verstehen, durch welche Merkmale zeichnet sich diese aus? Vor dem Hintergrund der mittlerweile umfangreichen empirischen Literatur zum hohen Alter ist davon auszugehen, dass sich im Verlauf des neunten Lebensjahrzehnts der Übergang vom höheren *(dritten)* zum hohen *(vierten)* Alter allmählich, fließend, kontinuierlich vollzieht (Kruse 2017). Dabei ist das neunte Lebensjahrzehnt nicht als ein Jahrzehnt zu begreifen, in dem körperliche und psychische Erkrankungen notwendigerweise plötzlich, abrupt über das Individuum hereinbrechen. Vielmehr ist im neunten Lebensjahrzehnt eine graduell zunehmende Anfälligkeit des Menschen für neue Erkrankungen und funktionelle Einbußen ebenso erkennbar wie die graduelle Zunahme in der Schwere bereits bestehender Erkrankungen und bereits bestehender funktioneller Einbußen (Fried et al. 2001). Damit ist ein wichtiges Merkmal des hohen Alters beschrieben, das auch im Erleben der Menschen dominiert: Die allmählich spürbare Zunahme an Krankheitssymptomen, die allmählich spürbaren Einbußen in der körperlichen, zum Teil auch in der kognitiven Leistungsfähigkeit, schließlich die allmählich spürbaren Einschränkungen in alltagsbezogenen Fertigkeiten werden vom Individuum im Sinne der erhöhten Verletzlichkeit erlebt und gedeutet (Clegg et al. 2013). Verletzlichkeit heißt dabei nicht Gebrechlichkeit; letztere ist vielmehr Folge ersterer. Verletzlichkeit lässt sich auch nicht mit den medizinischen Begriffen Multimorbidität und Polysymptomatik angemessen umschreiben. Vielmehr meint Verletzlichkeit eine erhöhte Anfälligkeit und Verwundbarkeit, mithin das deutlichere Hervortreten von Schwächen, meint verringerte Potenziale zur Abwehr, Kompensation und Überwindung dieser körperlichen und kognitiven Schwächen. Die objektiv messbare wie auch die subjektiv erlebte Verletzlichkeit tritt zu interindividuell unterschiedlichen Zeitpunkten im neunten Lebensjahrzehnt auf; sie kann sich bei dem einen sogar noch später (also erst im zehnten Lebensjahrzehnt), bei dem anderen sogar noch früher (also schon im achten Lebensjahrzehnt) einstellen. Entscheidend ist, dass im Verlauf des neunten Lebensjahrzehnts bei der Mehrzahl alter Menschen eine derartige erhöhte Verletzlichkeit objektiv nachweisbar ist und subjektiv auch als eine solche empfunden wird.

Mit dem Hinweis auf die erhöhte Verletzlichkeit wird angedeutet, dass im hohen Lebensalter ein Merkmal der Conditio humana – nämlich die grundsätzliche Verwundbarkeit – noch einmal stärker in das Zentrum tritt, dabei auch in das Zentrum des Erlebens. Mit diesem Hinweis wird die vielfach vorgenommene, strikte Trennung zwischen drittem und viertem Lebensalter relativiert: Es ist nicht so, dass das dritte Lebensalter ganz unter dem Zeichen erhaltener körperlicher, kognitiver und sozio-emotionaler Kompetenz, das vierte Lebensalter hingegen ganz unter dem Zeichen verloren gegangener körperlicher, kognitiver und sozio-emotionaler Kompetenz (im Sinne eines modus deficiens) stünde. Vielmehr finden wir auch im dritten Alter graduelle Verluste und damit allmählich stärker werdende Schwächen, die in summa auf eine erhöhte Verletzlichkeit des Menschen deuten; und im vierten Alter sind vielfach seelische, geistige, sozio-emotionale und sozial-kommunikative Ressourcen zu beobachten, die das Individuum in die Lage versetzen, ein schöpferisches, persönlich sinnerfülltes und stimmiges Leben zu führen – dies auch in gesundheitlichen Grenzsituationen (Brothers et al. 2016).

Die Robotertechnologie möchte auch Antwort auf die Frage geben, wie sie die Person in Phasen deutlich erhöhter Verletzlichkeit unterstützen kann, sodass ihr Selbstgestaltung und Weltgestaltung auch in Phasen dieser erhöhten Verletzlichkeit möglich sind. Ein überzeugendes Beispiel der Unterstützung ist eine neurochirurgische Intervention, die auch mit dem Terminus der *Tiefen Hirnstimulation* belegt wird. Durch ein chirurgisch hergestelltes Loch in der Schädeldecke können elektrische Sonden in das Gehirn eingesetzt werden: es wird jene Hirnregion gewählt, in der die Funktion der Nervenzellen unterbrochen oder bleibend gestört ist (Bei Patienten*innen mit einer Parkinson-Erkrankung bildet die *Substantia nigra* die geschädigte Region.). Die Elektroden sind mit einem unter das Schlüsselbein implantiert Schrittmacher verbunden. Schwache Stromstöße bedingen eine kontinuierliche elektrische Reizung jener Hirnregion, die die überaktiven Nervenzellen hemmt. Die Beweglichkeit verbessert sich erheblich: Die *Tiefe Hirnstimulation* im fortgeschrittenen Stadium einer Parkinson-Erkrankung ist deutlich besser als die alleinige Behandlung mit Medikamenten (L-Dopa) zu einer Symptomlinderung geeignet, auch wenn keine umfassende Heilung von der Erkrankung versprochen werden kann. Zudem sind Mensch-Maschine-Verbindungen geeignet, elektrophysiologische Signale aus einzelnen Hirnregionen in andere Hirnregionen zu übertragen: zu nennen ist hier die computergestützte Übertragung von Kognitionen an motorische Zentren bei Patienten*innen, die an einer fortgeschrittenen *Amyotrophen Lateralsklerose* leiden. Diese Krankheit gehört zur Gruppe der Motoneuronkrankheiten: das motorische Nervensystem erkrankt sowohl in seinen zentralen (*oberes Motoneuron,* Pyramidenbahnen bis Rückenmark) als auch in seinen peripheren Anteilen (*unteres Motoneuron,* Hirnstamm und Rückenmark mit den motorischen Nervenfasern bis zum Muskel). Mit einer Computervorrichtung, die die Gedanken *dechiffrieren* kann, wird versucht, die Gedanken in Impulse zu übertragen, die an die verschiedenen Muskelpartien weitergeleitet werden. Dadurch erhält die nicht-geschädigte Muskulatur Impulse, die ihrerseits die Ausführung und Koordination von Bewegungen anstoßen sowie die Muskulatur erregen, wodurch Steifheit gelindert werden kann. Das *Exoskelett,* das um Beine, Becken und Rücken, Arme gelegt werden kann, dient dazu, Funktionsabläufe *stellvertretend* für das geschädigte periphere Organ auszuführen; zudem wird versucht, durch gezielte Erregungsmuster die Kontrollinstanzen im Gehirn (motorische Zentren) gezielt zu erregen.

Wo liegen hier ethische Herausforderungen, wo ethische Dilemmata?
Die Eingriffe, die in den Organismus vorgenommen werden, sind erheblich. Verbunden damit ist aufseiten der Patienten*innen die Sorge, nicht mehr *Herr im eigenen Hause zu sein,* d. h. Kontrolle über Funktionen abzugeben. Allerdings steht dieser Sorge ein Gewinn gegenüber: nämlich auf dem Wege eines technischen Hilfsmittels vermehrt Kontrolle über Körperfunktionen ausüben zu können. Die Beispiele zeigen, wie wichtig es ist, Patienten*innen Künstliche Intelligenz und deren Effekte mit Blick auf ihre spezifische Erkrankung und ihre spezifischen Funktionseinbußen zu erklären. Der Begriff des *Arbeitsbündnisses* ist in diesem Kontext besonders wichtig. Denn nur auf der Grundlage eines Arbeitsbündnisses wird es gelingen, die hier sehr kurz beschriebenen potenziellen Effekte tatsächlich zu erzielen, in denen sich auch das Zusammenwirken von menschlicher und künstlicher Intelligenz eindrucksvoll zeigt.

5 Johann Sebastian Bach – ein kurzer Blick auf seine Biografie

Ich hatte zu Beginn des Beitrags angedeutet, dass auch eine Reflexion über *Präludium und Fuge in cis-Moll,* Wohltemperiertes Klavier, Band I, von Johann Sebastian Bach (1685–1750) erfolgen wird. Das Präludium leitet im Verständnis des Komponisten die Fuge ein: aus diesem Grunde wird auch von einem Prä-ludium, einem Vor-spiel gesprochen. In den beiden Bänden *Wohltemperiertes Klavier, I und II* finden sich jeweils 24 Satzpaare aus einem Präludium und einer Fuge in allen Dur- und Molltonarten. Die Satzpaare sind dabei chromatisch aufsteigend angeordnet (von C-Dur bis h-Moll).

Warum erfolgt hier dieser Einschub? In dem Vortrag, auf dem dieser Beitrag aufbaut, hatte ich die Ehre, Präludium und Fuge in cis-Moll, Wohltemperiertes Klavier, Band I, vorzutragen. Die Überlegung des Veranstalters war, eine Reflexion über das hohe Lebensalter auch auf musikalischem Wege vorzunehmen: und es wird deutlich werden, dass uns eine Fuge sehr viel über das hohe Lebensalter mitzuteilen vermag.

Zunächst seien einige wenige Aussagen über die Biografie von Johann Sebastian Bach getroffen; danach sei auf eine grundlegende Merkmale der Fugenkomposition eingegangen; hier vor allem auf die Fuge in cis-Moll.

Johann Sebastian Bach zeigte in allen Phasen seiner Biografie ein hohes Maß an Fleiß, an Offenheit, an schopferischen Kräften (ausführlich in Wolff 2009). Schon im Kindes- und Schulalter begeisterte er sich für Musik – was auch damit zu tun hatte, dass im Hause der Eltern die Stadtpfeifer Eisenachs regelmäßig

probten (Bachs Vater Ambrosius Bach leitete das Konsortium der Stadtpfeifer). Zugleich gehörte er in der Schule zu den Besten seines Jahrgangs. Im
Alter von 15 Jahren brach er mit seinem Schulfreund Erdmann von Ohrdruf in
Thüringen nach Lüneburg auf, um dort – im Michaeliskloster – um einen *Frei-
tisch* (Stipendium) nachzusuchen; dieses Gesuch wurde angenommen, sodass
Bach in der dortigen Schule mit 17 Jahren seine Matura ablegen konnte. In den
weiteren Phasen seiner Biografie imponierte Bach nicht nur als Orgelprüfer
und Organist (seine erste Anstellung erhielt er schon im Alter von 18 Jahren in
Arnstadt), sondern auch und vor allem als Komponist, Orchester- und Chor-
leiter (stellvertretend für zahlreiche Ämter sei hier das Amt des Thomaskantors
in Leipzig genannt). In seinen Kompositionen zeigt sich eine kaum zu über-
bietende Kreativität – nicht nur was den Umfang seines Oeuvres angeht, sondern
auch dessen Qualität: Bach erfüllte nicht nur die damals bestehenden Maßstäbe
höchster Kompositionskunst, sondern er setzte ganz neue Maßstäbe, so zum Beispiel mit der Missa in h-Moll, mit dem Musikalischen Opfer, mit der Kunst der
Fuge – wobei hier nur drei Beispiele aus seinem Spätwerk angeführt wurden.
Würde man auf seine mittlere Schaffensperiode Bezug nehmen, so wären die
Johannes-Passion sowie die Matthäus-Passion als Beispiele für Kompositionen
zu nennen, mit denen Bach Maßstäbe gesetzt hat. Neben dem schöpferischen
Reichtum seiner Kompositionen (als hervorstechendem Merkmal seiner bis zum
Lebensende bestehenden Kreativität) zeichnete sich Bach durch umfassende
Bildung (so zum Beispiel in Philosophie und Theologie, in Mathematik, in
Latein) sowie durch hohes Engagement für seine Schüler aus (er nahm noch in
seinen letzten Lebensmonaten einen Schüler bei sich auf).

Zugleich war das Leben Bachs von zahlreichen, schweren und schwersten
Belastungen bestimmt (ausführlich in Kruse 2014). Zu nennen sind der Verlust beider Elternteile im zehnten Lebensjahr (Johann Sebastian Bach wurde
nach dem Tod seiner Eltern von seinem ältesten Bruder aufgenommen und lebte
fünf Jahre bei diesem), der Tod seiner ersten Ehefrau Maria Barbara in seinem
36. Lebensjahr (wobei er nach der Rückkehr von einer sechswöchigen Konzert-
reise erfuhr, dass seine Frau verstorben und schon beerdigt sei und seine vier
Kinder auf mehrere Familien aufgeteilt worden seien), der Tod von elf seiner 20
Kinder, die gesundheitlichen Einschränkungen in seinen letzten Lebensjahren und
schließlich die Kränkung, dass bereits ein Jahr vor seinem Tod ein Nachfolger
für ihn als Thomaskantor bestimmt wurde. Zudem musste sich Bach während
seiner gesamten Berufstätigkeit immer wieder mit Kritik auseinandersetzen, die

sich an seiner für die damalige Zeit höchst modernen Musik entzündete und ihm vor Augen führte, dass seine außerordentliche Begabung und Kreativität von geistlichen und weltlichen Oberen nicht erkannt wurde – eine Tatsache, die ihn schmerzte.

Aber in diesen Belastungssituationen war auch ein hohes Maß an psychischer Widerstandsfähigkeit (Resilienz) erkennbar, also die Fähigkeit, Belastungen verarbeiten und bewältigen zu können und in diesem Prozess schöpferische Kräfte zu entwickeln, die seinem Lebenswillen wie auch seiner Lebensgestaltung zugutekamen (ausführlich in Kruse 2015). Dabei wurde die Resilienz durch das Eingebundensein des Komponisten in unterschiedliche *Ordnungen* gefördert: In die Ordnung der Familie (Johann Sebastian Bach blickte auf befruchtende erste Lebensjahre zurück und auch nach dem Tod seiner Eltern fand er in der Familie Rückhalt), in die Ordnung der Musik, in die Ordnung des Glaubens (die den cantus firmus seiner Kompositionen bildete), in die Ordnung sozialer Beziehungen (hier ist vor allem die Mitverantwortung für nachfolgende Generationen – seine Kinder, Neffen, Schüler – zu nennen). Diese Ordnungen sollten sich über die gesamte Biografie als sehr stabil und damit haltgebend erweisen. Und schließlich entwickelte Johann Sebastian Bach schon früh Eigeninitiative, war immer offen für neue Eindrücke, zeigte in allen Lebensphasen großen Fleiß. Damit schuf er die Grundlage für seine außergewöhnliche Produktivität und Kreativität bis in die letzte Lebensphase.

In den letzten Lebensjahren litt Bach an den Folgen eines Diabetes mellitus Typ II, er verlor allmählich sein Augenlicht (die Erblindung war auch mitverursacht durch zwei völlig fehlgeschlagene Augenoperationen des Londoner *Starstechers* Taylor), er war aufgrund stark eingeschränkter Motorik schließlich nicht mehr in der Lage, seine Kompositionen selbst niederzuschreiben, sondern musste sich hierfür der Hilfe seiner Schüler bedienen. Kurz vor seinem Tod trat ein Schlaganfall auf. Und doch arbeitete er trotz dieser gesundheitlichen Einschränkungen an dem Musikalischen Opfer und schloss dieses ab, führte systematisch die Kunst der Fuge weiter, die zwar nicht vollständig niedergeschrieben werden konnte (der Contrapunctus 14 bricht nach Einführung des letzten Fugenthemas ab), die aber mit hoher Wahrscheinlichkeit in der Vorstellung Johann Sebastian Bachs fertiggestellt war, vollendete die h-Moll-Messe und schuf kurz vor seinem Tod den Choral *Vor Deinen Thron tret ich hiermit* (ausführlich in Kruse 2014).

6 Fuge in cis-Moll – Verbindung zu Alter, Sterben und Tod

Der Begriff Fuge stammt aus der griechischen und lateinischen Sprache. Er beschreibt die Flucht. Flucht – *phyge* im Griechischen, *fuga* im Lateinischen – ist hier nicht im Sinne von Flüchten zu verstehen. Nein, Fuge meint etwas anderes, nämlich das Fliehen auf ein Ziel hin. In der lateinischen Sprache wird dieses Verständnis von *fliehen* mit dem Verb *fugere* umschrieben, das etwas anderes bedeutet als *fugare,* das mit *in die Flucht schlagen* übersetzt wird. Wir fliehen auf ein Ziel hin. Und was ist dieses Ziel? Im Verständnis von Johann Sebastian ist dieses Ziel *der Tod,* der nicht als Ende, sondern als *Übergang* verstanden wird.

Der Tod gilt in der Renaissance und in der Barockzeit – auch in der Kompositionslehre beider Epochen – als jener Punkt, *auf den unser Leben zuläuft,* als ein Punkt, auf den hin wir fliehen, was letzten Endes bedeutet, dass wir auch im Vorfeld des Todes den Aspekt der Selbstgestaltung und Weltgestaltung nicht vernachlässigen dürfen. Denn: wir sollen uns auf diesen Übergang vorbereiten und unsere nächsten Personen in diese Vorbereitung wie auch in das Abschiednehmen einbeziehen. Das Ende unseres Lebens ist somit nicht ein *inferiorer* Teil des Lebens, er ist nicht einer, der *eigentlich* nicht mehr zum Leben gehörte, von diesem *abgeschnitten* werden könnte. Nein: dieser Teil des Lebens ist ein bedeutender, in dem unsere Biografie zu einer gewissen *Rundung* kommen kann. Zudem – und hier kann man sich von der Philosophie des ägyptisch-römischen Neuplatonikers Plotin (205–270 n. Chr.) inspirieren lassen – findet am Ende unseres Lebens ein Übergang statt: nämlich jener der individuellen Seele in die Weltseele, jener des individuellen Geistes in den Weltgeist, schließlich der Rückgang des Seelischen und Geistigen in das Eine. An dieser Stelle sei angemerkt, dass der Kirchenvater Augustinus von Hippo (354–430 n. Chr.) in seiner Konzeption von Seele und Geist auch auf die Lehre Plotins zurückgriff. Und es gibt sehr gute Arbeiten zum Verständnis der Fuge von Johann Sebastian Bach, in denen dessen Fugenkompositionen in eine enge Beziehung zur Plotinschen Lehre des Sterbens als *Rückkehr in die Heimat* gesetzt werden (hier ist vor allem zu nennen: Dentler 2004; ein Überblick findet sich in Kruse, 2013).

Ein eindrucksvolles Beispiel für dieses Verständnis der Fuge im Denken von Johann Sebastian Bach lässt sich in seinem Werk *Kunst der Fuge* finden (siehe dazu Eggebrecht 1998). Im *Contrapunctus 15* wird sein Name – B-A-C-H – als drittes Fugenthema, das Johann Sebastian Bach über den Leitton *cis* zum Ton d führt, zum königlichen Ton. Er integriert also symbolisch seinen Namen in die göttliche Ordnung (Wolff 2009). Hier fühlen wir uns an einen eindrucksvollen Vers aus den Sonetten von Michelangelo Buonarroti – dieser lebte von

1475–1564 – erinnert, wo es heißt: „Des Todes sicher, nicht der Stunde – wann. Das Leben kurz, nur wenig komme ich weiter, den Sinnen zwar scheint diese Wohnung heiter, der Seele nicht – sie bittet mich, stirb an" (Buonarroti 2002).

Noch einmal: wir streben auf ein großes Ziel hin – dieses Ziel ist unser Tod. Ich werde Ihnen gleich eine Fuge *vorspielen,* eine der großen Fugen des Johann Sebastian Bach: die Fuge in cis-Moll aus dem Wohltemperierten Klavier I. Am Ende einer jeden Fuge, die Johann Sebastian Bach komponiert hat, steht immer das musikalische Bild: *Wir sind an dem Ziel angekommen.* Dies ist auch und in besonderer Weise in der Fuge in cis-Moll der Fall. Bei Bach endet auch eine in Moll gesetzte Fuge mit einem Durakkord, was ausdrückt: Wir haben das Ziel erreicht. Zudem finden Sie in den letzten Takten einer Fuge eine Engführung aller Stimmen: die Stimmen setzen noch einmal nacheinander in kurzen Abständen ein und präsentieren das Thema der Fuge: in der cis-Moll-Fuge entsteht somit am Ende noch einmal eine unglaubliche Klangfülle und -dichte, wodurch der Ziel- oder Fluchtpunkt einmal mehr symbolisch ausgedrückt wird.

Und weiter: Die Fuge zeichnet sich dadurch aus, dass in der Vielfalt der Motive das *Fugenthema* (es können auch mehrere Fugenthemen sein) deutlich hervortritt. Im Verständnis von Johann Sebastian Bach lässt sich auch sagen: hier wird die *göttliche Stimme* in der Vielzahl der menschlichen Stimmen vernehmbar. Wir können, wenn wir dieses *momentum specificum* nicht theologisch, sondern psychologisch deuten wollen, auch sagen: in der Vielzahl der Motive wird ein zentrales Thema (oder: werden zentrale Themen) hörbar, *Daseinsthemen,* die für unser Erleben zentral sind. Diese Daseinsthemen rahmen die täglichen Erlebnisse und Erfahrungen sowie die Antworten auf diese ein.

Die Person ist immer auch von ihren *Daseinsthemen* her zu begreifen (Thomae 1968), die ihrerseits als zentrale Anliegen des Menschen verstanden werden können. Diese Themen ziehen sich als *Leitmotive* durch die Biografie, sie geben dem individuellen Dasein eine Kontinuität – auch wenn sie sich im Laufe der Biografie in ihrer Intensität, in ihrem Ausdruck wandeln. Eine biografische Analyse ist immer auch eine daseinsthematische Analyse (ausführlich in Kruse 2005b).

So können wir auch alten Menschen eine Fuge vorspielen und diese psychologisch wie theologisch erläutern. Und in dieser Erläuterung gelangen wir dann an den Punkt, an dem wir sagen: Erkennen Sie in den immer wiederkehrenden Themen auch eine Analogie zu jenen Themen, die Sie bereits seit langer Zeit beschäftigen, die für Ihr Erleben zentral waren, zentral sind?

Die *cis-Moll-Fuge* baut auf drei Themen auf, die immer in den fünf Stimmen aufgegriffen werden und sozusagen die Struktur der Fuge bilden. Das erste Thema der cis-Moll-Fuge erinnert an das dritte Thema des 15. Kontrapunkts

der *Kunst der Fuge:* nämlich an das Thema B-A-C-H; in diesem ersten Thema
ist ein *Kreuzmotiv* erkennbar, das auf eine religiöse Aussage dieser Fuge deutet.
) Das zweite Thema ist ein in Achtel-Noten gesetzte Kantilene, die möglichst
leicht und zart gespielt werden muss: hier wird in der Literatur auch gerne von
der Verkörperung des Geistes gesprochen. Das dritte Thema ist in Viertel-Noten
gesetzt, sehr pointiert zu spielen: hier wird in der Literatur auch gerne von der
Verkörperung Gottes gesprochen. Kreuz Jesu Christi, Geist und Gott: wir stehen
im Zentrum der musikalischen Umschreibung der *Trinität.*

Um diese drei Themen also gruppiert sich die gesamte Fuge. Die Fugenthemen müssen aus der Vielfalt der erklingenden Motive so deutlich herausgearbeitet werden, dass Sie diese an den verschiedenen Stellen der Fuge
wiedererkennen – und damit die thematische Struktur, die den Kern dieser Fuge
bildet. Am Ende des Stückes nehmen Sie eine *Verdichtung* wahr: alle Stimmen
greifen jetzt diese drei Themen noch einmal in kurzen Abständen auf, sodass Sie
den Eindruck gewinnen müssen (Sie können sich dessen gar nicht erwehren),
dass hier eine Verdichtung, eine *Engführung* – wie man dies in der Musik
nennt – stattfindet. Diese Verdichtung, diese Engführung: zeichnet diese
nicht vielfach das menschliche Leben an dessen Ende aus? Das hohe und sehr
hohe Lebensalter und das Ende des Lebens aus einer solchen Perspektive zu
betrachten: dies erscheint mir als bedeutsam mit Blick auf ein tieferes Verständnis
der Psyche alter Menschen sowie der Psyche sterbender Menschen.

7   Prinzipien ethischer Bewertung digitaler Technologien

Im Folgenden möchte ich auf die in biomedizinethischen Diskursen und
ethischen Leitlinien durchscheinenden Prinzipien eingehen, die – auch wenn sich
aus diesen keine verbindlichen Handlungsempfehlungen oder -entscheidungen
ableiten lassen – im Sinne eines *allgemeinen Orientierungsrahmens ethischer
Entscheidungen* zu verstehen sind, die mit Blick auf die Entwicklung, Verbreitung
und Nutzung digitaler Technologien getroffen werden (European Commission
2018). Diese Prinzipien verweisen auf *grundlegende Rechte der Person;* die
Beschneidung dieser Rechte hat in jedem Falle als (hinreichend informiert)
zustimmungspflichtig bzw. im Falle eingeschränkter Entscheidungsfähigkeit als
kompetent begründungs-, wenn nicht sogar genehmigungsbedürftig zu gelten.
Denn es werden hier zentrale Aspekte der Selbstgestaltung und Weltgestaltung
angesprochen; zudem stehen zentrale Aspekte der Identität, Intimität und Teilhabe im Zentrum. Aus den verschiedenen Prinzipien können sich *konkurrierende*

Handlungsorientierungen ergeben, ethische Dilemmata also, die im Einzelfall auf der Grundlage von personenzentrierten Präferenzen und Kosten-Nutzen Erwägungen gelöst werden müssen. Gerade dann, wenn es um die personenzentrierten Präferenzen geht, stehen wir im Zentrum der Selbstgestaltung und Weltgestaltung.

Autonomy: Das Prinzip der Autonomie spricht die Fähigkeit der Person an, sich in Denken und Handeln an eigenen Wünschen und Präferenzen zu orientieren, bzw. die Freiheit, selbstgewählte Ziele und Pläne zu verfolgen: eine zentrale Dimension von Selbstgestaltung. Hierzu gehört ausdrücklich auch das Recht auf Verweigerung ohne vermeidbare Nachteile. Im Zusammenhang mit *intelligenter assistierender Technologie bei Demenz* umfasst Autonomie folgende Teilkomponenten:

a) Selbstständigkeit, und zwar im Sinne der Möglichkeit, auch unabhängig von kontingenten, das heißt für die Person nicht beeinflussbaren Grenzen und externer Gestaltung von Alltagsroutinen und Lebenswelt zu handeln: in meiner Diktion eine zentrale Dimension von Selbstgestaltung.
b) Altern in vertrauter Umgebung, und zwar im Sinne der Fähigkeit, im eigenen Haushalt und Quartier sicher, mit ausreichend hohem Standard und unabhängig zu leben, und dies unabhängig von Alter, Einkommen und Fähigkeitsniveau: in meiner Diktion eine zentrale Dimension von Weltgestaltung.
c) Nutzerzentrierung, und zwar im Sinne eines von den Bedürfnissen der zu unterstützenden Person ausgehenden und kontinuierlich anzupassenden und zu optimierenden Technikdesigns: in meiner Diktion eine zentrale Dimension von Selbstgestaltung *und* Weltgestaltung.

Dabei gilt die Autonomie der Person sowohl als ein zu *respektierendes Recht* als auch als eine *aktiv zu fördernde Fähigkeit* von potenziellen Nutzern. Besonders wichtig erscheint mir die Betonung der *aktiv zu fördernden Fähigkeit* des Individuums, eine Forderung, die sehr gut in den von Martha Nussbaum explizierten *capability approach* (fähigkeitsorientierten Ansatz) eines *guten Lebens* integriert werden kann (siehe Nussbaum 2011). Was hier deutlich wird und auch mit Blick auf die Robotertechnologie nicht genügend hervorgehoben werden kann: Sowohl Personen mit Assistenz- oder Pflegebedarf als auch Personen, die Assistenz oder Pflege leisten (bzw. die Verantwortung im Kontext der Rehabilitation wahrnehmen), *müssen befähigt werden,* Robotertechnologie in ihren möglichen Chancen und Risiken für die persönliche Lebenssituation zu bewerten und – vor allem – diese Technologie verantwortungsvoll zu nutzen.

Und hier möchte ich direkt hinzufügen: die notwendige *kognitive und Verhaltensplastizität* ist bei alten Menschen, sofern bei ihnen keine neurokognitiven Erkrankungen vorliegen, vorhanden.

Privacy: Das Prinzip der Privatheit verweist auf die Fähigkeit und den Rechtsanspruch von Individuen und Gruppen, über den Kontakt und die Nähe zu Anderen (physical privacy) sowie über die Verfügbarkeit von Informationen über die eigene Person (informational privacy) selbstverantwortlich zu bestimmen: eine Bedingung für Selbstgestaltung und Weltgestaltung. Das Eindringen in die Intim- oder Privatsphäre der Person ist zu vermeiden und gegen deren Willen bzw. ohne deren Zustimmung auch gar nicht zu rechtfertigen. Des Weiteren ist die Sicherheit sensibler Daten unverzichtbare Voraussetzung des Einsatzes entsprechender Technik; Erhebung, Speicherung und Weitergabe personenbezogener Daten sind ohne ausdrückliche Zustimmung durch die Person zu vermeiden. Wenn diese Dimensionen von Privatheit nicht berücksichtigt werden und der durch sie konstituierte normative Rahmen nicht respektiert wird: dann wird die Person die durch die Robotertechnologie erbrachte Assistenz eher als einen *Eingriff in die Privatsphäre* denn als einen Beitrag zur Ermöglichung von Selbstgestaltung und Weltgestaltung begreifen. Die Integration von Robotertechnologie in diagnostische, therapeutische, rehabilitative und pflegerische Akte kann nur auf der Grundlage von *geteilten Entscheidungen* (shared decisions) zwischen jener Person, die auf Assistenz oder Pflege angewiesen ist, und jenen Personen, die diese leisten, vorgenommen werden.

Beneficence: Das Prinzip der Wohltätigkeit bzw. Wohlfahrt verweist auf die zentrale Zielsetzung kurativer Medizin. In der biomedizinischen Ethik besteht zunehmend Konsens, dass dieses Prinzip in einem umfassenden (holistischen) Sinne zu interpretieren ist, der über die Heilung von Erkrankungen im engeren Sinne hinausgeht und die Erhaltung und Steigerung von Lebensqualität ebenso umfasst wie Aspekte von Sorge und Optimierung bzw. Enhancement (Branch 2015; Savulescu 2007).

a) *Lebensqualität* ist in diesem Zusammenhang zu verstehen sowohl im Sinne von objektiven Lebensbedingungen und verfügbaren Optionen der Lebensgestaltung als auch im Sinne von persönlichen Werten, Standards, Anliegen (Group 1995): hier sind Aspekte der Selbstgestaltung *und* Weltgestaltung angesprochen.

b) *Sorge im Sinne von Empathie, Würde und (Be-)Achtung von Vulnerabilität* wie auch im Sinne einer Orientierung an individuellem emotionalen Wohlbefinden: hier sind Aspekte der Achtung vor dem Menschen in seiner Verletzlichkeit angesprochen (Rentsch 2019), wobei ich den Aspekt der Achtung

noch um jenen der *Demut vor dem Leben* erweitert sehen möchte; in letzt-
genanntem Aspekt kommt auch die *Ehrfurcht vor dem Leben* (Schweitzer
1991) zum Ausdruck. Zudem sehe ich hier Anknüpfungspunkte zu Arbeiten
von Immanuel Lévinas (1991), der als zentrale Form der Empathie die Fähigkeit und Bereitschaft des Menschen umschreibt, *sich vom Antlitz des Anderen
berühren zu lassen.* Derartige sittlich-normative (und nicht nur fachliche)
Qualitäten dürfen nicht aus dem Auge verloren werden, wenn es um die
Integration von Robotertechnologie in diagnostische, therapeutische, vor allem
in rehabilitative und pflegerische Akte geht.

c) *Optimierung bzw. Enhancement* im Sinne der Steigerung körperlicher und
kognitiver Kapazität jenseits von spezifischen Therapiezielen. Auf diesen
wichtigen Punkt, der auch Fragen der Gesundheitsförderung und Prävention
berührt, werde ich im nachfolgenden Abschnitt zu sprechen kommen.

Non-maleficence: Das Prinzip des Nichtschadens verweist auf die Verpflichtung,
die mit dem Einsatz von (nicht nur digitaler) Technologie verbundenen Risiken
zu identifizieren, zu minimieren und im Kontext von Kosten-Nutzen-Erwägungen
zu berücksichtigen. Zudem wird hier die *Erhöhung von Sicherheit* als eine grundlegende Zielsetzung des Einsatzes assistierender Technologien genannt; man
denke nur an die frühzeitige Detektion körperlicher und kognitiver Risikofaktoren
für einen Sturz. Zu berücksichtigen sind hier zudem die nicht intendierten
Technikfolgen, die im Kontext von Evaluationsstudien (nicht nur im Prozess
der Technikentwicklung, sondern auch nach der Implementierung von Technik)
ermittelt werden können. Dabei stellt sich auch die Frage nach der *Verantwortung*
in jenen Fällen, in denen ein ganzes Netzwerk von Verantwortungsträgern
besteht, was zum Beispiel in stationären Einrichtungen der Fall ist. Wie wird die
Verantwortung geteilt, wie wird diese kodifiziert und dokumentiert? Mir erscheint
dieser Aspekt vor allem im Kontext der medizinischen, rehabilitativen und
pflegerischen Versorgung von Menschen wichtig, bei denen eine deutlich erhöhte
körperliche, vor allem eine deutlich erhöhte kognitive Vulnerabilität erkennbar ist.

Interdependence: Das Prinzip der Interdependenz verweist auf die grundlegende Bezogenheit des Menschen (auf Andere und Anderes) und die Zielsetzung intelligenter assistierender Technologien, Beziehungen zur sozialen und
physikalischen (inklusive digitalen) Umwelt zu fördern oder zu ermöglichen: ein
Beispiel für das Zusammenwirken von menschlicher und künstlicher Intelligenz.
Zentrale Aspekte sind hier soziale Teilhabe, Einsamkeit und Verlust persönlich
bedeutsamer Kontakte sowie Möglichkeiten, Teilhabe zu erhalten, Einsamkeit zu
überwinden und den Verlust persönlich bedeutsamer Kontakte zu kompensieren.

Justice: Das Prinzip der Gerechtigkeit postuliert eine faire Verteilung von Nutzen, Risiken und Kosten der Technologien; in meiner Diktion: die Verringerung, wenn nicht sogar Überwindung von *digitaler Spaltung.* Mit Blick auf intelligente assistierende Technologien sind insbesondere folgende Aspekte angesprochen: Gleichheit, fairer Zugang und Offenheit. Unter dem Aspekt der Gleichheit stellt sich die Frage, inwiefern Menschen in vergleichbaren Situationen bzw. mit vergleichbaren Bedarfen gleiche Voraussetzungen für die Nutzung der Technik haben bzw. in gleicher Weise von der Technik profitieren können. Die Forderung nach einem fairen Zugang bezieht sich sowohl auf die physikalische Verfügbarkeit von Technologie (z. B. in städtischen versus ländlichen Regionen) als auch auf gegebene Möglichkeiten zur Aneignung von Technologie (z. B. für verschiedene soziale Statusgruppen) und damit verbunden auf die Entwicklung erschwinglicher Technik unter der Zielsetzung der Vermeidung einer *digitalen Spaltung* der Gesellschaft, die bestehende Ungleichheiten weiter akzentuiert. Offenheit bezieht sich auf die (unter hinreichender Wahrung von geistigem Eigentum, Urheber- und Nutzungsrechten) möglichst freie Verfügbarkeit von Software-Codes, Lizenzen und Hardware-Komponenten.

Explicability/Transparency: Erklärbarkeit und Transparenz bilden eine grundlegende Voraussetzung für die Gewinnung und Aufrechterhaltung des Vertrauens potenzieller Nutzer in die Entwicklung digitaler Technologien. Dabei ist zu differenzieren zwischen Erklärbarkeit und Transparenz von Technologien – Systeme müssen prüffähig, nachvollziehbar und für Menschen mit unterschiedlicher Qualifikation und Nutzererfahrung verständlich sein – und Erklärbarkeit und Transparenz von Geschäftsmodellen – die Anwenderinnen und Anwender müssen hinreichend über die Intention der Entwicklung und Implementierung von Technologie informiert werden. Des Weiteren bezieht sich das Prinzip der Erklärbarkeit und Transparenz a) auf die Forderung nach einer informierten Zustimmung der von Technikanwendungen Betroffenen, b) auf die Notwendigkeit, Zuständigkeiten und Verantwortung für unerwünschte Technikfolgen zu klären, sowie c) auf den Nachweis des Nutzens der Entwicklung und Implementierung von Technologien.

8   Ethische Dilemmata der Nutzung digitaler Technologie

Aus der Nutzung digitaler Technologie ergeben sich sowohl spezifische Chancen als auch spezifische Risiken für Versorgungsqualität; Möglichkeiten des Einsatzes digitaler Technologie verweisen auf ethische Dilemmata, die im Zuge der

Entwicklung, Nutzung und Finanzierung dieser Technologien bedacht werden müssen und gerade (aber nicht nur) dann, wenn jene, die von der jeweiligen Technologie profitieren sollen, in deren Nutzung nicht explizit und hinreichend informiert einwilligen können.

Im Kontext von digitaler Technologie in Diagnostik, Therapie, Rehabilitation und Pflege ergeben sich insbesondere Dilemmata aus Konflikten zwischen der Achtung der Autonomie und der Orientierung am Wohlergehen des Individuums. Der Einsatz *zunehmend autonom agierender* Technik ist mit der Gefahr verbunden, die Autonomie des Menschen zu missachten. Das Wohlergehen des Menschen erfordert die Berücksichtigung von Personalität, seine Einschätzung und Einfühlung, die (wenn überhaupt) schwer auf der Grundlage objektiv messbarer Kriterien zu operationalisieren ist. Ein besonderes Problem ist darin zu sehen, dass Eingriffe in die Autonomie des Menschen in vielen Fällen nicht durch eine informierte Einwilligung legitimiert werden, und Einschätzungen des Wohlergehens häufig nicht auf Willensäußerungen oder kommunizierte Präferenzen gegründet werden können. Demenziell erkrankte Menschen sind hier als eine besonders vulnerable Gruppe anzusehen (ausführlich in Kruse 2019; Lauter 2010).

8.1 Ebene des Individuums

Auf individueller Ebene ergeben sich Möglichkeiten der Förderung von Autonomie und Wohlergehen etwa durch die Unterstützung alltäglicher Routinen, kognitive Assistenzfunktionen (Information, Aktivierung), physische Dienstleistungen (Ernährung, Mobilität) oder die Erhöhung von Sicherheit (Monitoring). Dabei ergibt sich die Notwendigkeit, Schutz/Sicherheit und Selbstbestimmung gegeneinander abzuwägen und der Personalität der Pflegebedürftigen gerecht zu werden, insbesondere auch festzulegen, wann spezifische Voraussetzungen spezifische (automatisierte) Reaktionen notwendig machen. Nicht zu vernachlässigen sind dabei ethisch legitime Ansprüche von weiteren Akteuren im Versorgungsgeschehen (z. B. Angehörige, Professionelle), die auch unter ethischen Gesichtspunkten eine multiperspektivische Betrachtung erforderlich machen. Hier möchte ich den von Loewy und Springer-Loewy (2000) verwendeten Begriff der *Orchestrierung* aller Maßnahmen nennen, der zum einen die Kooperation zwischen den Berufsgruppen (darüber mit den Angehörigen) sehr gut veranschaulicht, der zum anderen deutlich macht, wie vielfältig die Bedürfnisse des schwerkranken oder sterbenden Menschen sind:

auch daraus ergibt sich die enge Kooperation zwischen allen Akteuren im Versorgungsgeschehen und in welchem Maße diese ineinandergreifen (Loewy und Springer-Loewy 2000).

Während hinsichtlich der Forderung, dass im Kontext von Therapie, Rehabilitation und Pflege körperliche Schäden zu vermeiden sind, Konsens besteht, kann dies für die unter der entsprechenden Zielsetzung *gerechtfertigten Mittel* nicht vorausgesetzt werden. Hier muss zwischen dem Recht auf körperliche Unversehrtheit und weiteren Rechten, insbesondere der persönlichen Freiheit, dem Recht auf Schutz vor psychologischer Gewalt (u. a. auch Beeinträchtigungen des Sinn- und Kontrollerlebens) und dem Recht auf Privatheit abgewogen werden. Die Angemessenheit von Maßnahmen zur Gewährleistung von Sicherheit sollte wesentlich von der (psychischen und kognitiven) Gesundheit der auf Hilfe oder Pflege angewiesenen Person abhängig gemacht werden. Sharkey und Sharkey (2011) verdeutlichen dies etwa am Beispiel des Öffnens einer Schublade, die scharfe Messer enthält, und der damit verbundenen Gefahr der Selbstschädigung. Hier dürfte zunächst Einigkeit bestehen, dass Pflegefachkräfte in dieser Situation eine ältere Person nicht in ihrer Handlungsfreiheit beeinträchtigen sollten. Sofern es sich dagegen um einen älteren Menschen handelt, bei dem die Diagnose einer Suizidgefährdung vorliegt, dürfte das Unterbinden der Handlung eher angemessen, wenn nicht geboten sein. Während eine demenzkranke Person, die noch in der Lage ist, selbstständig im Privathaushalt zu leben, (eine nicht zu weit fortgeschrittene Erkrankung vorausgesetzt) nicht auf eine mögliche Gefahr aufmerksam zu machen oder gar in ihrer (vermeintlichen) Handlungsabsicht präventiv einzuschränken, wäre im Falle eines Menschen mit weiter fortgeschrittener Demenz eine entsprechende Intervention geboten. In ähnlicher Weise kann ein permanentes Monitoring u. U. im Kontext einer Intensivpflege als angemessen erachtet werden, während es im Kontext einer Teilzeitpflege oder der Verrichtung von Pflegetätigkeiten im Privathaushalt der Person als schwere Verletzung der Privatheit gelten kann, wenn die Person etwa beim Duschen oder beim Toilettengang beobachtet wird. Spezifische Probleme im Einsatz autonomer digitaler Technologie ergeben sich hier nicht allein aus der Notwendigkeit, eindeutig festzulegen, welche Reaktionen in welcher Situation notwendig und angemessen sind, und in diesem Zusammenhang auch die dem beobachteten Verhalten zugrunde liegenden Intentionen zuverlässig abzuschätzen. Unstrittig ist, dass Pflegefachkräfte hierzu gegenwärtig prinzipiell besser in der Lage sind als technische Systeme. Darüber hinaus ergibt sich das Problem, dass weder vorausgesetzt werden kann, dass sich die beobachteten Personen zum Zeitpunkt ihrer Handlungen darüber im Klaren sind, dass digitale Aufzeichnungen angefertigt werden, noch dass sie diesen in jedem Falle informiert zustimmen würden, zumal durch die Speicherung und Übertragung von Aufnahmen der Kreis potenzieller (mehr oder weniger befugter) Betrachter möglicherweise nicht mehr überschaubar ist (Deutscher Ethikrat 2018). Zu dem hier angesprochenen Risiko einer nicht gerechtfertigten Verletzung von Privatheit tritt die Gefahr einer Verletzung der Autonomie der Person hinzu. In diesem Zusammenhang verweist Sharkey (2014) auf ökonomische Erwägungen, die eine Ausweitung von Monitoring-Systemen hin zu weitgehend autonomen Überwachungssystemen wahrscheinlich machen. Da reines Monitoring, auf dessen Grundlage Pflegefachkräfte über die Notwendigkeit spezifischer Interventionen entscheiden können, mit einem vergleichsweise hohen Aufwand verbunden ist, liegt es nahe, *Monitoring mit Robotik zu verbinden*, die vor potenziell gefährlichen Aktivitäten warnen und diese ggf. auch aktiv unterbinden kann (etwa in dem Sinne, dass innerhalb eines Privathaushalts auf der Grundlage von Kartenmaterial Zonen ausgewiesen werden, die nicht betreten werden dürfen). Unabhängig davon, dass eine Einschränkung der persönlichen Freiheit im Interesse der Betroffenen im Einzelfall gerechtfertigt sein mag, besteht die Gefahr, dass autonome Systeme aus guten Gründen bestehenden rechtlichen Regelungen zuwider handeln könnten.

Bei der Begleitung sterbender Menschen können Monitoring-Systeme bis zum Lebensende (bis zur Feststellung des Todes) eingesetzt werden, wobei mit der Veränderung überwachter Vitalparameter prinzipiell autonom Interventionsmaßnahmen eingeleitet werden könnten. Gerade im Zusammenhang mit der Begleitung am Lebensende kann argumentiert werden, *dass Kontakte zu anderen Menschen nicht durch Maschinen ersetzt und geregelt werden sollten.* Des Weiteren wird gerade im Kontext der Sterbebegleitung deutlich, dass der Einsatz von Technik auch abgelehnt werden können sollte (dies auch im Sinne eines zur angemessenen Zeit Sterben-Dürfens).

8.2 Ebene zwischenmenschlicher Beziehungen

Auf der zwischenmenschlichen Ebene haben digitale Technologien das Potenzial, Möglichkeiten der Beziehungsgestaltung zu stärken, indem sie etwa durch die Übernahme von zeitaufwendigen oder belastenden Routinetätigkeiten (Hol- und Bringdienste, Hebetätigkeiten) Freiräume für Pflegefachkräfte ermöglichen. Gleichzeitig besteht die Gefahr, dass der Einsatz von digitaler Technologie eine Reduzierung sozialer Kontakte zur Folge hat, entstehende Freiräume mithin die Einsparung von Personal zur Folge haben. In diesem Zusammenhang kann darauf hingewiesen werden, dass ältere pflegebedürftige Menschen – in Privathaushalten wie in stationären Einrichtungen – ein erhöhtes Risiko für Einsamkeit und Isolation aufweisen und gerade hierin auch ein Grund dafür zu sehen ist, dass sie den Einsatz von Pflegerobotern in vielen Fällen ablehnen. Besuche von Pflegekräften sind für die Betroffenen möglicherweise so bedeutsam, dass auch in ansonsten schambesetzten Bereichen wie Körperhygiene Kontakt zu anderen Menschen als positiv erfahren und gesucht wird (Parks 2010; Sparrow und Sparrow 2006). Insbesondere mit Blick auf die Pflege bei fortgeschrittener Demenz könnte der Einsatz von digitaler Technologie im ungünstigen Falle Isolationstendenzen verstärken. Des Weiteren könnte ein Gewinn an Sicherheit zu einem geringeren Verantwortungsgefühl von Angehörigen beitragen. Empirische Studien machen deutlich, dass die Interaktion mit persönlichen Robotern wie der Pflegerobbe PARO positive Auswirkungen auf Einsamkeitsgefühle und Kommunikationsverhalten haben kann. Vor dem Hintergrund nachgewiesener Zusammenhänge zwischen sozialen Kontakten und kognitiver Leistungsfähigkeit sowie Einsamkeit und Demenz wie allgemein vor dem Hintergrund eines Rechts auf soziale Teilhabe ist festzustellen, dass emotionale Roboter soziale Kontakte allenfalls ergänzen, keinesfalls aber ersetzen können. In diesem Zusammenhang ist zu bedenken, dass digitale Technologien, die auf emotionale Befindlichkeiten und Kontaktbedürfnisse von Menschen reagieren, Bedürfnissen nach *Bezogenheit* schon deshalb nicht wirklich gerecht werden können, als sie empathische Reaktionen lediglich vortäuschen und – insofern sie auf Programmroutinen beruhen – der Individualität der Betroffenen gerade nicht gerecht werden. Das Bedürfnis nach Bezogenheit bezieht sich primär auf andere Menschen, darüber hinaus – biografisch bedingt – auf die erlebte Nähe zu Tieren (Preuß und Legal 2017) oder vertraute Gegenstände und Orte als Teil gewachsener Identität, nicht auf bis dato unvertrauten technischen Systemen und Robotern. Nicht übersehen werden sollte hier eine weitere, aus ethischer Perspektive weit positiver zu bewertende Option der Nutzung autonomer Systeme: deren Nutzung zur Anbahnung, Aufrechterhaltung und Anreicherung der zwischenmenschlichen Interaktion. PARO kann sich im konkreten Fall durchaus als ein probates Mittel für das Pflegepersonal erweisen, einen neuen Weg in der Kommunikation mit Menschen mit Demenz zu verfolgen. Dies verdeutlicht, dass die Gegenüberstellung von vollautomatisierter Betreuung und Versorgung und menschlicher Nähe dann in die Irre führt, wenn sie nicht im Sinne der Möglichkeit einer *triadischen* Kooperation ergänzt wird.

Die Auswirkungen assistierender Technologien auf zwischenmenschliche Kontakte sind gegenwärtig allerdings nicht primär darin zu sehen, dass sie Pflegefachkräfte ersetzen und so zur Isolation von Pflegebedürftigen beitragen. Entsprechende Szenarien orientieren sich weit stärker an möglichen Entwicklungen von Technik als an deren aktuell bestehenden Möglichkeiten und verfügbaren Anwendungen. Nicht übersehen werden sollte, dass durch Technologie auch spezifische Hilfen bereitgestellt werden, die Selbstständigkeit erhöhen und einen von Pflegefachkräften unabhängigeren Lebensstil ermöglichen können: ein Potenzial der Robotertechnologie.

8.3 Ebene der Gesellschaft

Auf gesellschaftlicher Ebene ergibt sich die Notwendigkeit, neben der Bewertung aktuell verfügbarer oder im Sinne von Visionen antizipierter Technikprodukte den Prozess verantwortlicher Forschung und Entwicklung stärker in den Blick zu nehmen. Weiterhin stellt sich die Frage, wie mit digitaler Technologie verbundene Chancen und Lasten (Finanzierung) gerecht verteilt werden können. In diesem Zusammenhang wäre zwischen *gesellschaftlicher Verteilungsgerechtigkeit* und *individueller Bedarfsgerechtigkeit* zu differenzieren. Letztere kann vor dem Hintergrund des bereits erwähnten Befähigungsansatzes im Sinne von Befähigungsgerechtigkeit diskutiert werden. In diesem Zusammenhang wurde die Befürchtung geäußert, dass unter der Voraussetzung der Verfügbarkeit effektiver Technologie technologische Leistungen gegenüber personalen Leistungen aus ökonomischen Erwägungen vorrangig gewährt werden könnten, was im Einzelfall zur Folge haben kann, dass befähigende Hilfe zur Selbsthilfe Aspekte der Bedarfsgerechtigkeit vernachlässigt (Remmers 2018, 2019).

8.4 Folgerungen

Es liegt in der Natur ethischer Dilemmata, dass verschiedene Handlungen und Unterlassungen, die in einer spezifischen Entscheidungssituation geboten erscheinen, nicht miteinander zu vereinbaren sind, spezifische Chancen zugunsten anderer aufgegeben, spezifische Risiken im Dienste der Vermeidung anderer in Kauf genommen werden müssen. Entsprechend lassen sich die beschriebenen, im Kontext ethischer Entscheidungen zu berücksichtigenden Prinzipien nicht verbindlich ordnen, z. B. in dem Sinne, dass Einschränkungen von Freiheit, Autonomie und Privatheit gerechtfertigt wären, wenn damit nachgewiesenermaßen Schaden vermieden oder zur Verwirklichung von Aspekten *objektiver Lebens qualität* beigetragen wird. Allgemeine ethische Prinzipien stellen sich gerade auch für die von Verletzungen (potenziell) Betroffenen kontext- wie personenspezifisch zum Teil sehr unterschiedlich dar (Kruse 2017). Verletzungen von

Privatheit in Form einer Speicherung und Weiterverarbeitung personenbezogener
Daten im Kontext der Nutzung digitaler Dienstleistungs- und Unterhaltungs-
angebote dürften etwa von den meisten Menschen anders bewertet werden als
Verletzungen im Kontext gesundheitlicher Versorgung oder im Kontext der
individuellen Absicherung von Risiken. Des Weiteren dürfte das, was manchen
als in Art und Ausmaß unter keinen Umständen hinnehmbare Verletzung
persönlicher Rechte erscheint, von anderen vor dem Hintergrund sich daraus
(mutmaßlich) ergebender Vorteile als unbedeutend erscheinen. Vor diesem
Hintergrund erscheint es weder möglich noch wünschenswert, Dilemmata aus
konkurrierenden ethischen Perspektiven inhaltlich (im Sinne einer jeweils verbindlich zu präferierenden Alternative) zu lösen. Die beschriebenen Dilemmata
verweisen vielmehr auf die Frage, wie Entscheidungsprozesse – im Allgemeinen
wie im konkreten Fall – zu gestalten sind. Hier dürfte Einigkeit bestehen, dass
Menschen grundsätzlich das Recht zukommt, Technologie *nicht zu nutzen* bzw.
der Anwendung von Technik im Einzelfall *zu widersprechen* – dies unabhängig
von einem von anderen erwarteten Nutzen: Menschen dürfen etwa Behandlungen
ablehnen, sie haben im Übrigen auch das Recht, sich selbst zu schaden,
Präventions- und Kompensationsmöglichkeiten nicht zu nutzen, vermeidbare
Risiken einzugehen (Deutscher Ethikrat 2018).

Im Kontext der Entwicklung, Implementierung und Nutzung digitaler Technologie ergeben sich darüber hinaus aber weitere Probleme. Zunächst benötigen
Menschen Informationen, um sich zwischen Alternativen entscheiden zu können,
wobei sich die individuelle Einschätzung von Chancen und Risiken über die Zeit
verändern können – mit zunehmenden Erfahrungen im Umgang mit Technik
(eigenem Handeln wie Handeln und Reaktionen anderer) wie allgemein mit Veränderungen der Lebenssituation. Sodann ist zu berücksichtigen, dass im Falle
gravierender Einschränkungen der Urteilsfähigkeit auch stellvertretend für die
Betroffenen (vor dem Hintergrund deren mutmaßlich leitender Bedürfnisse und
Präferenzen) entschieden werden muss (auch der Verzicht auf den Einsatz von
Technik ist in diesem Zusammenhang begründungsbedürftig). Des Weiteren ist
die Verfügbarkeit von Alternativen bereits das Ergebnis (auch) ethischer Ent-
scheidungen, insofern technische Artefakte ausgehend von gesellschaftlichen
Problemdefinitionen und Lösungsvisionen entwickelt werden. Daraus ergibt sich
die Forderung, im Prozess der (Weiter-)Entwicklung von digitaler Technologie
Chancen und Risiken aus zum Teil sehr unterschiedlichen Perspektiven (nicht nur
jener der potenziellen Nutzer, sondern auch anderer in die Entwicklung, Nutzung,
Verbreitung und Vermarktung involvierter Personen) sensibel zu reflektieren.
In diesem Zusammenhang hat sich im Kontext der öffentlichen Förderung von

Technologieentwicklung die Forderung nach einer ethisch informierten Begleitforschung durchgesetzt (Kommission 2020). Derartigen Bemühungen vorgeordnet ist allerdings die Notwendigkeit eines gesellschaftlichen Diskurses, der sich nicht wie ethisch informierte Begleitforschung primär auf das *wie,* sondern grundlegender auf das *ob* konzentriert – im Zusammenhang mit Enhancement als zentrales Anwendungsfeld digitaler Technologie wurde auf diesen Punkt ausführlicher eingegangen. Des Weiteren ergeben sich aus der prinzipiellen Verfügbarkeit von Technologie Gerechtigkeitsfragen, die gleichfalls nur auf einer gesellschaftlichen Ebene (ggf. auch durch die Etablierung von justiziablen Rechten und Pflichten) beantwortet werden können. Klar dürfte sein, dass die Vorstellung, technologische Innovationen bzw. spezifische technische Artefakte könnten allen Menschen in identischer Weise zugänglich sein, nicht nur naiv, sondern auch nicht wünschenswert ist. Vielmehr geht es darum, zu klären, welche Möglichkeiten von Technik vor dem Hintergrund spezifischer Bedarfe jeweils in welchem Umfang zur Verfügung zu stellen und ggf. auch solidarisch zu unterstützen oder zu finanzieren sind (Kommission 2020).

9 Abschluss

Die Zielsetzung des Beitrags bestand darin, Selbstgestaltung und Weltgestaltung – als grundlegende Bedürfnisse und Orientierungen der Person – in ihrer Bedeutung für die Anwendung von Künstlicher Intelligenz, hier vor allem der Robotertechnologie aufzuzeigen. Dabei ließ sich der Beitrag von der Annahme leiten, dass Künstliche Intelligenz, dass Robotertechnologie in keinem Gegensatz zu personalen Entscheidungs- und Handlungsprozessen stehen, sondern diese in fruchtbarer, die Selbst- und Weltgestaltung fördernder Art und Weise bereichern können. Diese Bereicherung ergibt sich in dem Maße, in dem diese Technologie *harmonisch,* man könnte vielleicht auch sagen: *organisch* in die Lebenswelt und das Handlungsspektrum der Person integriert wird, was auch bedeutet, dass die Person durch diese Technologie befähigt wird, bestimmte Handlungen auszuführen, die ihr sonst – so zum Beispiel im Falle der Einbußen in den für die Lebensgestaltung zentralen Funktionen und Fertigkeiten – nicht möglich wären. Der Erfolg in der Umsetzung dieser Technologien ist auch davon abhängig, inwieweit die Person befähigt wird, die Technologie in ihrem potenziellen Einfluss auf die eigene Lebenswelt, auf das eigene Handeln zu verstehen und zu nutzen: damit ist ein bedeutender *Bildungsauftrag* angesprochen.

Dass dem Autor die Aufgabe übertragen war, bei der Vorbereitung auf den – diesem Beitrag zu-zugrunde liegenden – Vortrag die Musik von Johann

Sebastian Bach, hier *Präludium und Fuge in cis-Moll aus dem Wohltemperierten Klavier I*, mit ethischen Reflexionen über die Anwendung von Robotertechnologie zusammenzuschauen, war alles andere als der Anstoß eines Versuchs, *inkommensurabel* erscheinende Inhalte *künstlich* zusammenzuführen. Vielmehr lag darin die Aufforderung, Überlegungen darüber anzustellen, wie die Musik von Johann Sebastian Bach auch für ethische Reflexionen fruchtbar gemacht und in die hier geführte Diskussion eingebracht werden kann. Die Annahme, die hier aufgestellt und begründet wurde, lautete: die Musik von Johann Sebastian Bach – und hier vor allem die Kompositionsform der Fuge – ist in besonderer Weise geeignet, Prozesse der *Selbstreflexion* anzustoßen, die *Introversion mit Introspektion* zu fördern. Die Introversion mit Introspektion – von mir als eine grundlegende Orientierung im hohen Alter angesehen (Kruse 2017) – ist bedeutsam, wenn es darum geht, die Potenziale (seelisch-geistige Reifung) wie auch die Grenzen (körperliche, kognitive, emotionale Verletzlichkeit) in der gegenwärtigen Situation zu erkennen und auf diese verantwortungsvoll zu antworten, wobei die Verantwortung nicht nur sich selbst gegenüber, sondern auch dem sozialen Nahumfeld gegenüber besteht. Weiterhin sind die in der persönlichen Zukunft liegenden Potenziale und Grenzen zu bedenken (Antizipation). In einem solchen Prozess der Selbstreflexion, der Introversion und Introspektion gewinnt auch die Frage an Bedeutung, inwieweit Technik in die eigene Lebenswelt und in das eigene Handlungsspektrum *integriert* werden kann und welche Entwicklungs-, Anpassungs- und Veränderungsprozesse der eigenen Person notwendig sind, um diese Integration zu ermöglichen.

Literatur

Arendt, H. (1960). *Vita Activa oder vom tätigen Leben*. Stuttgart: Kohlhammer.
Arendt, H. (1989). Gedanken zu Lessing. Von der Menschlichkeit in finsteren Zeiten. In H. Arendt (Hrsg.), *Menschen in finsteren Zeiten* (S. 3–36). München: Piper.
Arendt, H. (1993). *Was ist Politik?* München: Piper.
Baltes, M. M. (1996). *The many faces of dependency in old age*. New York: Cambridge University Press.
Blumenberg, H. (1986). *Lebenszeit und Weltzeit*. Frankfurt: Suhrkamp.
Branch, W., Jr. (2015). A piece of my mind. The ethics of patient care. *JAMA, 313*(14), 1421–1422.
Brandtstädter, J. (2007). Konzepte positiver Entwicklung. In J. Brandtstädter & U. Lindenberger (Hrsg.), *Entwicklungspsychologie der Lebensspanne* (S. 681–723). Stuttgart: Kohlhammer.
Brandtstädter, J. (2014). *Lebenszeit, Weisheit und Selbsttranszendenz Aufgang – Jahrbuch für Denken, Dichten, Musik* (Bd. 11, S. 136–149). Stuttgart: Kohlhammer.

Brothers, A., Gabrian, M., Wahl, H.-W., & Diehl, M. (2016). Future time perspective and awareness of age-related change: Examining their role in predicting psychological wellbeing. *Psychology and Aging, 31*, 605–617.

Buonarroti, M. (2002). *Zweiundvierzig Sonette* (Übers. von R. M. Rilke). Frankfurt a. M: Insel.

Butler, R. N. (1963). The life review: An interpretation of reminiscence in the aged. *Psychiatry, 26*, 65–76.

Clegg, A., Young, J., Iliffe, S., Rikkert, M. O., & Rockwood, K. (2013). Frailty in elderly people. *Lancet, 381*, 752–762.

Dentler, H. E. (2004). *Johann Sebastian Bachs „Kunst der Fuge" Ein pythagoreisches Werk und seine Verwirklichung.* Mainz: Schott.

Deutscher Ethikrat. (2018). *Big Data und Gesundheit – Datensouveränität als informationelle Freiheitsgestaltung. Stellungnahme.* Berlin: Deutscher Ethikrat.

Deutschen Ethikrat. (2020). *Robotik für gute Pflege. Stellungnahme.* Berlin: Deutscher Ethikrat.

Eggebrecht, H. H. (1998). *Bachs Kunst der Fuge. Erscheinung und Deutung* (4. Aufl.). Wilhelmshaven: Florian Noetzel.

Erikson, E. H. (1998). *The life cycle completed. Extended version with new chapters on the ninth stage by Joan M. Erikson.* New York: Norton.

European Commission. (2018). *High-Level Expert Group on Artifical Intelligence. Draft. Ethics Guidelines for Trustworthy AI.* Brussels: European Commission.

Fiske, A., Henningsen, P., & Buyx, A. (2019). Your robot therapist will see you now: Ethical implications of embodied artificial intelligence in psychiatry, psychology, and psychotherapy. *Journal of Medical Internet Research, 21*(5), e13216. https://doi.org/10.2196/13216

Fried, L. P., Tangen, C. M., Walston, J., Newman, A. B., Hirsch, C., Gottdiener, J., et al. (2001). Frailty in older adults: Evidence for a phenotype. *Journal of Gerontology, 56A*, 146–156.

Kommission. (2020). *Ältere Menschen und Digitalisierung. Achter Bericht zur Lage der älteren Generation in der Bundesrepublik Deutschland.* Berlin: Bundesministerium für Familie, Senioren, Frauen und Jugend.

Kruse, A. (2005a). Selbstständigkeit, Selbstverantwortung, bewusst angenommene Abhängigkeit und Mitverantwortung als Kategorien einer Ethik des Alters. *Zeitschrift für Gerontologie und Geriatrie, 38*, 273–287.

Kruse, A. (2005b). Biografische Aspekte des Alter(n)s: Lebensgeschichte und Diachronizität. In U. Staudinger & S.-H. Filipp (Hrsg.), *Enzyklopädie der Psychologie, Entwicklungspsychologie des mittleren und höheren Erwachsenenalters* (S. 1–38). Göttingen: Hogrefe.

Kruse, A. (2014). *Die Grenzgänge des Johann Sebastian Bach – Psychologische Einblicke* (2. Aufl.). Heidelberg: Springer Spektrum.

Kruse, A. (2015). *Resilienz bis ins hohe Alter – was wir von Johann Sebastian Bach lernen können.* Heidelberg: Springer.

Kruse, A. (2017). *Lebensphase hohes Alter – Verletzlichkeit und Reife.* Heidelberg: Springer.

Kruse, A. (2019). Demenz als Herausforderung an gelingendes Sterben. In O. Mitscherlich-Schönherr (Hrsg.), *Gelingendes Sterben Zeitgenössische. Theorien im interdisziplinären Dialog* (S. 177–204). Berlin: deGruyter.

Kruse, A., & Schmitt, E. (2015). Shared responsibility and civic engagement in very old age. *Research in Human Development, 12,* 133–148.

Kruse, A., & Schmitt, E. (2016). Sorge um und für andere als zentrales Lebensthema im sehr hohen Alter. In J. Stauder, I. Rapp, & J. Eckhard (Hrsg.), *Soziale Bedingungen privater Lebensführung* (S. 325–352). Heidelberg: Springer.

Kruse, A., & Schmitt, E. (2018). Spirituality and transcendence. In R. Fernández-Ballesteros, A. Benetos, & J.-M. Robine (Hrsg.), *Cambridge Handbook of Successful Aging* (S. 426–454). Cambridge: Cambridge University Press.

Lauter, H. (2010). Demenzkrankheiten und menschliche Würde. In A. Kruse (Hrsg.), *Lebensqualität bei Demenz? Zum gesellschaftlichen und individuellen Umgang mit einer Grenzsituation im Alter* (S. 27–42). Heidelberg: Akademische Verlagsgesellschaft.

Lévinas, I. (1991). *Entre nous. Essais sur le penser-à-l'autre.* Paris: Grasset & Fasquelle. (Deutsch: [1995]. *Zwischen uns. Versuche über das Denken an den Anderen.* München: Hanser.)

Loewy, E., & Springer-Loewy, R. (2000). *The ethics of terminal care. Orchestrating the end of life.* New York: Kluwer Academics.

Mirandola, P.G., d. (1496/1990). *De hominis dignitate* (Deutsch: Über die Würde des Menschen). Hamburg: Meiner.

Nietzsche, F. (1878/1998). *Menschliches, Allzumenschliches.* Berlin: De Gruyter.

Nussbaum, M. C. (2011). *Creating capabilities: The human development approach.* Cambridge: Belknap Press of Harvard University Press.

Parks, J. (2010). Lifting the burden of women's care work. Should robots replace the "human touch"? *Hypatia, 25*(1), 100–120.

Peck, R. (1968). Psychologische Entwicklung in der zweiten Lebenshälfte. In H. Thomae & U. Lehr (Hrsg.), *Altern – Probleme und Tatsachen* (S. 376–384). Wiesbaden: Wissenschaftliche Buchgesellschaft.

Preuß, D., & Legal, F. (2017). Living with the animals: Animal or robotic companions for the elderly in smart homes? *Journal of Medical Ethics, 43,* 407–410.

Remmers, H. (2018). Pflegeroboter: Analyse und Bewertung aus Sicht pflegerischen Handelns und ethischer Anforderungen. In O. Bendel (Hrsg.), *Pflegeroboter* (S. 161–180). Wiesbaden: Springer.

Remmers, H. (2019). Pflege und Technik. Stand der Diskussion und zentrale ethische Fragen. GKV-Spitzenverband. (Hrsg.), *Digitalisierung und Pflegebedürftigkeit – Nutzen und Potenziale von Assistenztechnologien* (S. 225). Hürth: Haarfeld.

Rentsch, T. (2019). Das Gelingen des Lebens im hohen Alter – Sieben Thesen. In O. Mitscherlich-Schönherr (Hrsg.), *Gelingendes Sterben. Zeitgenössische Theorien im interdisziplinären Dialog* (S. 73–84). Berlin: deGruyter.

Ritschl, D. (2004). Metaphorik der Anthropologie der Zeit. In D. Ritschl (Hrsg.), *Zur Theorie und Ethik der Medizin. Philosophische und theologische Anmerkungen* (S. 53–59). Neukirchen-Vluyn: Neukirchener.

Savulescu, J. (2007). In defence of procreative beneficence. *Journal of Medical Ethics, 33*(5), 284–288.

Schweitzer, A. (1991). *Die Ehrfurcht vor dem Leben – Grundtexte aus fünf Jahrzehnten* (6. Aufl.). München: Beck.

Sharkey, A. (2014). Robots and human dignity: A consideration of the effects of robot care on the dignity of older people. *Ethics and Information Technology, 16,* 63–75.

Sharkey, N., & Sharkey, A. (2011). The Rights and Wrongs of Robot Care. In C. Allen, W. Wallach, J. J. Hughes, S. Bringsjord, J. Taylor, N., Sharkey, & R. O'Meara (Hrsg.), *Robot ethics: The ethical and social implications of robotics* (S. 267–282). Cambridge: MIT Press.

Sharkey, A., & Sharkey, N. (2012). Granny and the robots: Ethical issues in robot care for the elderly. *Ethics and Information Technology, 14*(1), 27–40.

Staudinger, U. (1996). Psychologische Produktivität und Selbstentfaltung im Alter. In M. M. Baltes & L. Montada (Hrsg.), *Produktives Leben im Alter* (S. 344–373). Frankfurt a. M.: Campus.

Staudinger, U. M. (2015). Images of aging: Outside and inside perspectives. *Annual Review of Gerontology and Geriatrics, 35,* 187–209.

Sparrow, R., & Sparrow, L. (2006). In the hands of machines? The future of aged care. *Mind and Machine, 16,* 141–161.

Thomae, H. (1968). *Das Individuum und seine Welt.* Göttingen: Hogrefe.

Wolff, Ch. (2009). *Johann Sebastian Bach* (3. Aufl.). Frankfurt a. M.: Fischer.

Nachwort

Zusammenfassung

Die Beiträge über das Zusammenwirken von natürlicher und künstlicher Intelligenz zeigen, in welch fundamentaler Weise unsere Welt durch drei große parallele, interdependente Strömungen verändert wird: durch die Technisierung, Medialisierung und Digitalisierung wird unser Verhältnis zu unserer Mit- und Umwelt, unser menschliches Selbstverständnis, unsere moralisch-existenzielle und unsere juristische Autonomie gewandelt. In diesem Nachwort werden die Beiträge dieses Buches zusammengefasst und reflektiert. Das Zusammenwirken von Mensch und Technik, von menschlicher und künstlicher Intelligenz erfordert eine enge natur-, technik-, kultur- und wertwissenschaftliche Kooperation im Bewusstsein individueller und sozialer Verantwortung für die Gegenwart und die Zukunft.

Schlüsselworter

Automatisierung, Autonomie, Mensch-Technik-Assistenz, Schwarmintelligenz, Gesundheitswesen, Landwirtschaft, Mobilität, Sozialverhalten, Verantwortung

Vor dem Hintergrund der sich durch Technisierung und Digitalisierung verändernden Welt, genauer: der Erfahrungs- und Lebenswelt des Menschen in weiten Bereichen unseres Alltags, galt im Februar 2019 ein Symposium der Braunschweigischen Wissenschaftlichen Gesellschaft (BWG) dem Zusammenwirken von natürlicher und künstlicher Intelligenz. Die Beiträge des vorliegenden Buches basieren größtenteils auf dort gehaltenen und nachfolgend ausgearbeiteten Vorträgen. Die Thematik des Zusammenwirkens von natürlicher und künstlicher Intelligenz war unter anderem aus der langjährigen Forschungsarbeit des Medizininformatikers Reinhold Haux zu Informationssystemen des Gesundheitswesens und zu assistierenden Gesundheitstechnologien hervorgegangen. Sie wird in seiner Einführung in die Thematik näher erläutert.

Die zentrale Frage war die nach der Gestaltung unserer Lebenswelt unter dem Einfluss der medial vermittelten Technik in drei beispielhaften Bereichen: der automatisierten Mobilität, der Landwirtschaft und der Gesundheitsversorgung. Inhaltliche Schwerpunkte der Reflexion der unabdingbar interdisziplinären Forschung und deren Umsetzung in alltägliche Praxis sind normative (juristische und ethische) Aspekte von Autonomie und Verantwortung, Individualität und Kollektivität, von Individualisierung und Normierung in den hier gewählten Feldern der Kooperation von menschlicher und künstlicher Intelligenz. Hier wird die Notwendigkeit interdisziplinärer Zusammenarbeit deutlich, die von der BWG-Kommission *Synergie und Intelligenz: technische, ethische und rechtliche Herausforderungen des Zusammenwirkens lebender und nicht lebender Entitäten im Zeitalter der Digitalisierung* (SYnENZ) weiterhin verfolgt wird.

Der Anspruch des kritischen Bedenkens des Zusammenwirkens von menschlicher und Künstlicher Intelligenz (KI) kann – schon gar bei der engen Wahl nur dreier Beispielfelder – bei weitem nicht erfüllt werden. Die vorgetragenen Berichte aus den Forschungsfeldern der Autoren können und wollen nur Annäherungen an Perspektiven auf das übergreifende Problem sein: Verändert sich unser individuelles und soziales Selbstbild und Selbstverständnis mit der unser Alltagsleben – auch auf die Zukunft hin – verändernden Technik i. w. S. im skizzierten Zusammenwirken?

Im 1. Teil dieses Buches gehen Meike Jipp und Jochen Steil von einer Definition Künstlicher Intelligenz (KI) aus, wie sie seit der *Dartmouth Conference* 1956 als der menschlichen Intelligenz vergleichbare Befähigung technischer Systeme, komplexe Probleme zu lösen, als *künstlich-intelligent* gebraucht wird. Solchen Systemen wird gelegentlich sogar der Begriff der juristischen, moralisch konnotierten Autonomie zugesprochen, sofern sie *automatisiert,* gar *autonom,* d. h. ohne menschliches Eingreifen komplexe Aufgaben lösen können (s. *autonomes Autofahren*!). Hier ist zu fragen, ob *Intelligenz* hinreichend charakterisiert und ob nicht die implizite Gleichsetzung von automatisiert und autonom eine unzulässige, weil reduktive Begriffsverschiebung, ja -verwechselung ist. Bleiben wir bei der kategorialen Unterscheidung von automatisch/automatisiert und autonom! Der rapide wachsende Grad von Automatisierung oder Automation der Technik betrifft die Sensorik, d. h. die

Aufnahme von Daten, und deren Umsetzung in Schritte der Zielhandlung (Aktorik). Je höher der Automatisierungsgrad, desto größer die Störanfälligkeit und damit die Notwendigkeit menschlichen Eingreifens *(Ironie der Automation)*. Wie von Jipp und Steil dargestellt, erfordern hochkomplexe Aufgaben die Auflösung in Teilschritte gemäß sog. generischer Funktionen der Mensch-Technik-Interaktionen in Informationsaufnahme, -verarbeitung, Entscheidungsfindung und Umsetzung in die Zielhandlung. Indem Teilaufgaben flexibel und adaptiv dem Gesamtsystem übertragen werden, entstehen hybride Systeme der Kooperation menschlicher und Künstlicher Intelligenz. Deren wechselseitige Abstimmung bestimmt das Ergebnis der zu erledigenden Aufgaben. Es bleibt die Frage *Steuern wir oder werden wir gesteuert?*

Wegen der Unbestimmtheit des Begriffes *Künstliche Intelligenz* bevorzugt der Philosoph Bruno Gransche den der Mensch-Technik-Relation, der dem Charakter beider Partner als philosophischen Reflexionsbegriffen Rechnung trägt. Jedoch ist zu beachten, dass die beiden Kollektiv-Singulare Mensch und Technik Anlass zu gefährlichen Vorurteilen geben können.

Analog einander unterstützender Mensch-zu-Mensch-Assistenz lassen sich auch Mensch-Technik-Assistenzen unterscheiden. Das Zusammenwirken von Mensch und Technik ist quasi ein menschlich-technisches Hybrid, ein zwei- oder mehrpolig systemisches Ko-agieren mit gegenseitigen Erwartungen. In technischen Assistenz-Systemen ist (z. B. in der Werbung) die angebotene Hilfeleistung oft nur Mittel zum Zweck. Im Falle von weltweiten Werbe- und Geschäftsmodellen gibt es zweifellos durch zwecktransformierende Mensch-Technik-Assistenzsysteme Getäuschte und Betrogene. Das Engagement der Nutzer ist dabei der *Treibstoff* für die immer stärker vernetzte Ausweitung des Umfangs und die schleichende Vereinnahmung der Nutzer. Zwar untersagt das *Gesetz des unlauteren Wettbewerbs* (2004) *irreführende geschäftliche Handlungen;* Entscheidungs- und Handlungsbeeinflussung der Nutznießer sind damit aber nicht zu unterbinden. Die in der menschlichen Assistenzrelation noch mögliche Zwecksetzungsautonomie wird mit wachsendem Angebot unkontrollierbar erweitert über den selbstständig erreichbaren Horizont menschlicher Kompetenz hinaus, sodass schließlich immer mehr Aufgaben Experten-, Empfehlungs- oder Entscheidungsunterstützungssystemen überlassen werden (müssen); d. h. nicht nur die von der Technik übernommenen Ausführungskompetenzen, sondern auch die normative Zwecksetzungs-autonomie; die nicht delegierbare Pflicht autonomer Subjekte geht dem Menschen verloren. Auf diese Weise können handlungsassistierende Systeminterventionen der eigentlichen Assistenznachfrage zuvorkommen. Andererseits wird die Technik unter der Maßgabe der Anstrengungsentlastung und der Komfortmaximierung

zuvorkommend: ein Vorstoß technischer Assistenzfähigkeit in die normative
Zwecksetzungsautonomie! Ausgehend von der These, dass das Verhältnis des
Menschen zur Welt stets durch Technik vermittelt, also technik-spezifisch transformiert wird, unterscheidet der Autor verkörperte, hermeneutische und Hintergrundrelationen. Letztere erfassen mit der zunehmend vernetzten Technik,
speziell mit lernender Technik, nahezu jeden Weltkontakt als Technikkontakt
und verwandeln damit Weltwahrnehmung zu weltinterpretierender Technikwahrnehmung. Es kommt schleichend zu einer *Inversion* der hermeneutischen
Relation, zu einer Verkehrung der Deutungspriorität und -hoheit. So werden
Assistenzrelationen normativ beeinflusst. Mit der Lernfähigkeit von Mensch
und *autonomer,* vernetzter Technik nimmt deren Potenzial der Delegierung
an die Technik zu. Dabei kann sich die Relation von der Umsetzungs- und
Realisierungs- auf die Zwecksetzungsunterstützung ausweiten. Je mehr unser
Weltkontakt Technikkontakt wird, desto schwieriger wird die Erkennung von
Manipulierbarkeit zweckautonomer, unvermittelter Entscheidungen.

Im Beitrag von Sanaz Mostaghim und Sebastian Mai geht es um den Einfluss von *Umweltfaktoren* auf das Verhalten von *Schwärmen.* Ausgehend von dem
Phänomen quasi emergenter Schwarmintelligenz (z. B. bei Vögeln oder Fischen)
wurden *Schwärme* von kleinen Robotern auf deren Verhalten unter wechselnden
Umwelteinflüssen (Temperaturgradienten zum Boden des Versuchsraumes
oder zu Nachbar-Robotern) untersucht, um Faktoren kollektiven Lernens zu
ermitteln. Als Emergenz wird hier das Phänomen der Herausbildung von Eigenschaften oder Fähigkeiten eines sich spontan oder durch interne oder externe
Faktoren beeinflussten *Kollektivs* oder *Systems,* die über die Möglichkeiten der
Individuen *(über-additiv)* hinausgehen, angenommen. Vogel- oder andere Tier-
schwärme werden in diesem Sinne als emergente Systeme gesehen. In ihnen ist
zu beobachten, dass immer wieder neu *ein* Individuum die Rolle eines Anführers
des Schwarmverhaltens übernimmt. Experimentell lässt sich solches Verhalten
simulieren in *Schwärmen* von Kleinrobotern, die sich in einem Versuchsfeld oder
-raum bewegen können. Ihre spontane *Umtriebigkeit* kann durch kollektive Ziel-
aufträge gelenkt werden: z. B. die Sortierung nach ihrer Farbe, nach Temperaturgradienten zu ihrem Standort oder die Bewegungsordnung auf den minimalen
Energieaufwand. Die *Kommunikation* unter den eng benachbarten Individuen
oder die momentan bestimmende kollektive Zielsetzung prägen die Gesamt-
bewegung des Schwarmes, d. h. wir können eine kognitive und eine soziale
Bewegungskoordination feststellen. Vergleichbare Verhaltensweisen sind auch in
Menschenschwärmen zu beobachten, indem ad hoc selbsternannte Anführer das
zunächst ungeordnete Verhalten auf ein Ziel hin koordinieren.

Als einem Schwarm analoges System wird auf das *Internet der Dinge*, auf die Vernetzung von Geräten in einem selbstorganisierenden System verwiesen. Zu beachten sind darin die Skalierbarkeit in der Koaktion der Teilsysteme, die Robustheit gegen den Ausfall von Teilen des Systems und das adaptive Verhalten der Systemteile. Wie sich in Tierschwärmen temporäre Anführer zeigen, so können auch in technischen Systemen einzelne Elemente wechselnd die *Steuerfunktion* übernehmen. Aufgrund der Stärke der Selbstorganisation eines (z. B. Vogel-) Schwarmes ist eine Steuerung einzelner Individuen in komplexen *Schwärmen* i. w. S. von außen kaum möglich; hingegen ist es durchaus möglich, einzelne oder multiple interagierende Elemente eines *Internets der Dinge* und damit das *Schwarmverhalten* durch *umprogrammieren* zu beeinflussen (das sollte aber von den Autoren nicht untersucht werden).

Der kollektiven Wahrnehmung widmen sich Mostaghim und Mai mit der Untersuchung, ob Veränderungen der Umgebung *schwarm-intelligenter Systeme* gezielte Effekte der Selbststeuerung hervorrufen können. Z.B. können mit Sensoren ausgestattete Roboter mit Hilfe von sog. evolutionären Algorithmen wie Schwarmtiere lernen, sich kollisionsfrei im Versuchsraum zu bewegen, selbst beim Passieren eines schmalen Tores zu einem Nachbarraum.

Im 2. Teil des Buches geht es zunächst um ein besonders sensibles Feld des Zusammenwirkens: um den Einsatz der Technik in der Krankenbetreuung in der Privatsphäre häuslichen Wohnens (Michael Marschollek und Klaus-Hendrik Wolf). Eine wachsende Vielfalt tragbarer und raumbezogen installierter Überwachungssysteme zur Erfassung von Bewegungsaktivitäten ermöglicht heute vielen Menschen, gesundheitsbezogene Informationen in häuslicher Umgebung zu registrieren und telemetrisch an Dienststellen des Gesundheitswesens zu übertragen, wo derartige Daten ausgewertet und ggf. in Versorgungskonsequenzen umgesetzt werden können. Derartige Kooperationen gestatten eine kontinuierliche Bewegungsüberwachung für gefährdete Personen in der poststationären Rehabilitation, der Pflege oder der prästationären Diagnostik.

In *intelligenten* Wohnungen, welche mit Sensoren ausgerüstet sind, erlauben Schrittzähler, Pulszähler und (implantierte) Sensorsysteme eine weitgehende Positions-, Bewegungs- und Aktivitätserfassung von (z. B.) Personen mit Bewegungsstörungen unter Physiotherapie wie auch bei selbstständigen Übungen. Das kann eine immer bessere Motivation ermöglichen. Zu beachten ist jedoch die mögliche Verletzung der Privatsphäre der Rehabilitanden.

Ein weiteres Feld sind dialog-basierte Einrichtungen zum Informationsaustausch über Gesundheitsbeschwerden und Ratschläge für Konsequenzen. Alles in allem fördern diese vielfältigen Möglichkeiten eine verbesserte Gesundheitsversorgung in der Betreuung und der institutions-unabhängigen Rehabilitation und Krankenpflege. Diese begrüßenswerten Möglichkeiten bringen aber auch neue ethische Probleme mit sich. Handelt es sich hier doch um sehr intime, wertbesetzte Bereiche des Menschen (Autonomie, Selbstbestimmung, Sinnfragen im Kontext von Gesundheit und Krankheit, Selbst- und Fremdverantwortung, Leiden und Akzeptanz u. a.). Eine Gefahr liegt in der Reduktion der Zuwendung auf rational-funktionale Informationen mit einer emotionalen Verarmung und Vereinsamung.

Ein rapide wachsender Bereich des Zusammenwirkens natürlicher und sog. Künstlicher Intelligenz ist der der aktuellen und zukünftigen Mobilität. Dem widmen sich Meike Jipp und Karsten Lemmer mit ihrem Beitrag zur möglichen Gestaltung moderner Mobilitätsformen und diesbezüglicher Bedürfnisse der Gesellschaft. Real- und virtuell-räumliche, zeitliche und soziale Mobilität führt zur Flexibilisierung gesellschaftlicher Strukturen. Virtuelle Mobilität überwindet Distanzen ohne physische Bewegung mittels Kommunikationstechnologien in vielen Lebensbereichen. Physische Mobilität überwindet reale Distanzen mittels vielfältiger Verkehrsmittel im privaten und öffentlichen Personenverkehr. Automatisierung, Digitalisierung und KI verändern das Mobilitätsverhalten. Quantitative und qualitative Evaluation der Auswirkungen der Mobilitätsformen gelten der Sicherheit, der Lärmbelästigung, der Staub- und Abgasemission und dem Flächenverbrauch. Die auf Mobilität gerichteten Bedürfnisse sind hierarchisch zu ordnen: von primären physiologischen, sozialen Bedürfnissen bis hin zu den Wünschen nach Selbstverwirklichung. Sie werden durch Satisfaktoren befriedigt. Es lassen sich für die Nutzung öffentlicher Verkehrsmittel Motivatoren und Hemmnisse ausmachen: soziale Widerstände, technische Vorbehalte oder Sicherheitsbedenken einerseits und Unabhängigkeit und Selbstständigkeit andererseits. Eine Zielvorstellung ist die bedürfnis-orientierte Gestaltung der Mobilitätsangebote. Der Befriedigung von Sicherheitsbedürfnissen können z. B. individuelle, abschließbare Kabinen, Überwachungs-, Melde- und video-basierte Assistenzsysteme u. ä. zum Abbau von Nutzungshemmnissen von Kabinenfahrzeugen i. w. S. dienen. Auch mobilitätsfremde Angebote innerhalb autonomer Shuttles im ÖPNV kommen der Akzeptanz entgegen. In der Kooperation von Nutzern und Service- und Fahrzeugentwicklern können Anforderungssets und flexible Mobilitätskonzepte unter Nutzung von KI ausgearbeitet werden. Das kann dazu beitragen, dass Menschen eher bereit sind, auf individuelle Fahrzeuge zu verzichten. Das würde auch den Flächenverbrauch individueller Verkehrsmittel reduzieren.

Auch die Landwirtschaft stützt sich zunehmend auf das Zusammenwirken von natürlicher und Künstlicher Intelligenz (Lars Wolf). Der Einsatz verfolgt den Zweck einer verbesserten Nutzung der erforderlichen Techniken und der

Möglichkeiten der Gewinnung von Informationen über die Bodenbeschaffenheit, den Bedarf an Nährstoffen für Pflanzen und Tiere, die geo-ökologischen
und klimatischen Gegebenheiten: für die Beobachtung und Dokumentation,
die Beurteilung und Prognose über die Technik zur digitalisierten Sensorik und
Aktorik unter Einsatz von Informationstechnologie und KI bis zur künstlichen
Klimatisierung.

Für erfolgreiche Landwirtschaft inklusive Nutz- und Weideland, Acker- und
Waldland sind Informationen über Temperatur, Niederschläge, Wind, Sonnenschein etc. vonnöten. Dazu können standortgebundene oder mit den Bewirt-
schaftungsprozessen mobile Sensoren bis zu fliegenden Messgeräten (Drohnen
u. a.) für die Ermittlung der Bodenbeschaffenheit, Feuchtigkeit etc. genutzt
werden mit lokaler oder telemetrischer Datenerfassung und -übermittlung für
mikroklimatische oder großräumige Prognosemodelle. Die Beobachtung von
Wachstum und Reifung bis zur Ernte, des Transportes und der Lagerung des
Erntegutes ermöglicht eine Optimierung der Lagerbedingungen (Temperatur,
Luftfeuchtigkeit etc.) mit Verringerung der Verluste und des Ressourcenbedarfs.

Für die Interoperabilität von Geräten und die Interaktion von Sensornetzen
sind wegen der limitierten Konnektivität und begrenzten Datenübermittlungs-
möglichkeiten Verbesserungen der Mobilfunktechniken oder von satellitenbasierten Netzen erforderlich. – In der landwirtschaftlichen Tierhaltung geht
es um die Aufzucht, die Fütterung, und Verarbeitung unter Nutzung von Daten
und deren Umsetzung in Haltungs- und Nutzungsmaßnahmen. – Für die weitere
Entwicklung des Zusammenwirkens in der Landwirtschaft sieht der Referent
technische Aufgaben der Datenerhebung, -verarbeitung und -sicherheit incl.
juristischer Regelungen. Der Mensch trägt hier Verantwortung für die Sicher-
stellung menschlicher Versorgungsgrundlagen regional und global.

Im 3. Teil des Buches werden Veränderungen unserer alltäglichen Wahrnehmung der soziokulturellen Wert- und Lebenswelt skizziert, wie sie sich unter
dem Einfluss der zunehmenden Kooperation von menschlicher und Künstlicher
Intelligenz entwickeln können: das Verantwortungsbewusstsein, das Sozialverhalten und die Wertbeurteilung. Stellt sich doch die Frage nach dem Ort und dem
Halt der das Zusammenwirken leitenden Normativität, nach der Wertorientierung
menschlichen Verhaltens und des selbst- und fremd-reflexiven Verhältnisses
des Menschen als Subjekt und Objekt des Zusammenwirkens von *Mensch und
Technik* unter dem Diktat von Technisierung, Medialisierung und Digitalisierung
unserer Lebenswelt.

Schlüsselbegriff ist dem Rechtstheoretiker Otto Luchterhandt die Verantwortung. Zu deren philosophischer und theologischer Deutung stützt er sich
auf vier seinerzeit maßgebende Autoren: auf den Rechtsphilosophen Hans

Ryffel, den Theologen Helmuth Thielicke, den Philosophen Georg Picht und auf Hans Jonas' *Prinzip Verantwortung.* Hinter deren Verantwortungskonzeptionen steht ein von Bewusstseinsfähigkeit, Autonomie und Entscheidungsfreiheit geprägtes Menschenbild. Im Blick auf den hier diskutierten Zusammenhang fragt Luchterhandt, ob KI fähig sei zu Bewusstsein, wertebestimmter Reflexion und Selbstgesetzgebung. Roboter seien ebenso wie künstliche neuronale Netzwerke Imitate menschlicher Intelligenz; menschliche Gehirnleistung sei mit einer reichen Gefühlswelt, mit rationalem und intersubjektivem Problembewusstsein verbunden, die in verantwortliche Entscheidungen eingehen.

Die rasant und komplex expandierende KI verlangt parallele und vorgreifende ethische und juristische Neujustierungen in kollektiven Verantwortungsketten in Gesellschaft, Wirtschaft, Wissenschaft und Staat. Die Realisierung von Verantwortung im Einsatz von KI muss über sog. Gefährdungshaftungen geregelt werden. Luchterhandt sieht aus rechtlicher und anthropologischer Sicht in der progredienten Digitalisierung und der notwendigen adaptiven, sich selbst funktionalisierenden Umformung die fundamentale Gefahr, dass sich der Mensch seiner autonomie- und würde-begründenden Moralität, Rationalität und Sozialität entfremdet.

Eine in ihrer Absicht entlastende, in ihren Konsequenzen aber beängstigende Beobachtung des Soziologen Stefan Selke ist die schleichende Veränderung unserer unmittelbaren Wahrnehmung der Mitwelt, des Sozialraumes, die zu einer Verschiebung *(shifting baselines)* des Referenzrahmens des eigenen Handelns und des situationsbezogenen Problembewusstseins, ja zu einer Neuordnung des Sozialen führt, indem z. B. die video-geführte Überwachung von Geschäftsräumen oder Flughafenhallen oder anderen öffentlichen Räumen eine kategorisierende Personenwahrnehmung fördert. Der damit verbundene Appell an unsere zu steigernde Wachsamkeit und an die soziale Mitverantwortlichkeit im Blick auf den Mitmenschen und an den Willen zur Selbstermächtigung veranlasst eine medial getragene, digitale Transformation der impliziten Weltwahrnehmung. Sie verändert auch unser Selbstkonzept im sozialen Raum, unseren sozialen Blick. Die kategorisierende Wahrnehmung kann ein merkmals-orientiertes Organisationsprinzip des Sozialen (z. B. Hautfarbe, Kleidung etc.) begründen, das zu einem Verdacht und schließlich zu einer rationalen Diskriminierung veranlasst. Genuine Solidarität, empathische Fürsorge und spontane Verantwortung werden selektiv Gruppen zugeteilt mit der möglichen Konsequenz des Verlustes der Achtung vor der Menschenwürde und der Bedürftigkeit der übrigen Mitmenschen. Das wächst sich aus zu einem neuen (nicht formalisierten) Gesellschaftsvertrag. Selke appelliert an die grundlegende Verantwortung des *Bedienungspersonals der Zivilisation,* an Ingenieure und Techniker, an deren

Bringschuld gegenüber der Gesellschaft betr. Information der Öffentlichkeit über die immer weiter ausgreifende mediale Lenkung. Es bedarf neben dem geförderten technischen Sachwissen eines gesellschaftlich zukunftweisenden Verantwortungswissens.

Das Zusammenwirken von *Mensch und Maschine,* von natürlicher Intelligenz und KI verpflichtet aufseiten beider Kooperationspartner zu belastbarer, transparenter Evaluation (Reinhold Haux und Nicole Karafyllis). Weder ist Technik in sich wertfrei noch in ihrer Anwendung am oder für den Menschen neutral. Dieser Doppelaspekt erfährt in der Medizintechnik i. w. S. eine besondere Wichtigkeit benennbarer Kriterien für eine technisch-wissenschaftliche und ethische Evaluation.

Im technischen Bereich folgen Ingenieure und Hersteller in gesellschaftlicher Verantwortung einem Werte-Oktogon möglicher Konkurrenz- und förderlicher Instrumentalbeziehungen grundlegender Werte technischen Handelns. Gemäß den *ethischen Grundsätzen des Ingenieursberufes* des Vereins Deutscher Ingenieure (VDI) habe die Angemessenheit der Nutzung der Technik für den Menschen Vorrang vor dem Eigenrecht der Natur, haben Menschenrechte Vorrang vor Nutzungserwägungen, öffentliches Wohl vor Privatinteressen, hinreichende Sicherheit vor Funktionalität und Wirtschaftlichkeit. Abwägungsprozesse seien im Dialog mit der Öffentlichkeit zu führen. Für die patientenbezogene Medizin gelten neben der 1964 verabschiedeten *Deklaration von Helsinki* grosso modo vier (nicht unumstrittene, ergänzungsbedürftige) von Beauchamp und Childres 1979 veröffentlichte *Principles of Medical Ethics: autonomy, non-maleficence, beneficence and justice.* Für die Medizin als Wissenschaft gilt die Basierung auf statistischen und biometrischen Methoden. Therapieforschung stützt sich auf randomisierte klinische Vergleiche.

Aus dem großen Feld der Gesundheitsversorgung werden hier drei Beispiele gewählt: a) der Wirksamkeitsnachweis medikamentöser Behandlung, b) die apparativ-assistierte Behandlung von Patienten mit Schulterschmerzen und c) die GAL-NATARS-Studie des Langzeit-Monitoring geriatrischer Patienten mit Mobilitätseinschränkungen. Eine allein auf Einzelfalluntersuchungen gestützte Therapiebeurteilung ist der komplexen Problemlage stets individueller Krankenbehandlung nicht gerecht. Auch für das Zusammenwirken menschlicher und technischer Intelligenz sollten ähnliche Evaluationsansätze für Therapie- wie Rehabilitationsverfahren entwickelt werden – unter Berücksichtigung individual- und sozialethischer und rechtlicher Aspekte. Dabei ist auch das mit der Technik und der Statistik als Wertungsaufgabe implementierte Menschenbild zu berücksichtigen.

Den enger (auf die hier gewählten drei Anwendungsfelder) sachbezogenen Vorträgen folgt ein Beitrag des Heidelberger Gerontologen Andreas Kruse, der das Zusammenwirken menschlicher und Künstlicher Intelligenz noch stärker unter dem Aspekt ihrer anthropologischen und ethischen Potenziale und Legitimation beleuchtet. Seine Kontextualisierung mit einem Alterswerk von Johann Sebastian Bach (Präludium und Fuge cis-Moll aus dem 1. Teil des wohltemperierten Klaviers) eröffnet den Blick auf die musikalische Form der Fuge als einer möglichen Analogie von Introversion und Introspektion, die den Lebensrückblick des alternden Menschen auszeichnen. Hintergrund von Kruses Überlegungen ist die Menschenwürde, wie sie seit Pico della Mirandolas *De dignitate hominis* als Befähigung und Freiheit des Menschen zur Selbst- und Weltgestaltung, als Aufgabe individueller und gesellschaftlicher Daseinssorge gedacht wird. Die damit verbundene menschliche Autonomie scheint durch die Robotertechnologie gefährdet. Künstliche Intelligenz müsse so angelegt sein, dass sie die Personalität des Menschen darin unterstütze, sein Leben, seine Welt zu gestalten. Entscheidungs- und Handlungskompetenz seien bestmöglich aufrechtzuerhalten und zu verwirklichen. Robotertechnologie müsse quasi in das individuelle Handlungsrepertoire inkorporiert werden und dürfe sich nicht von der sittlich-moralischen Haltung der sie nutzenden Person lösen. Das sei gerade in Lebensphasen erhöhter Vulnerabilität (Krankheit, Behinderung, Alter) zu bedenken. Zu fördern sei auch die Offenheit, die geistige Flexibilität des alternden Menschen durch mediale Technologie einschließlich der Robotik. Das Potenzial der Selbstgestaltung sei nicht mit einem gewissen Alter abgeschlossen, sondern bestehe bis zum Lebensende.

Die Weltgestaltung sei durch Schaffung einer räumlichen und technischen Umwelt unter Wahrung der Ansprüche an geistiger und sozialer Stimulation, Bezogenheit und Teilhabe, der Privatsphäre und Intimität auch durch Nutzung von Roboter- und Kommunikationstechnologie zu unterstützen. Auch kann in Gruppen Mitverantwortung gestaltet und gefördert werden. Hier sieht Kruse für die Altenpflege sogar eine politische Dimension im Sinne von Hannah Arendts *Sorge um die Welt.*

Mit der sog. tiefen Hirnstimulation mittels elektrischer Sonden lassen sich Bewegungsstörungen mancher Kranken (mit Parkinson o. a.) bessern; vielleicht wird es sogar möglich, mit Computervorrichtungen Gedanken und Bewegungsimpulse zu *dechiffrieren* und über ein Exoskelett gezielte Bewegungen zu unterstützen und Körperfunktionen im Sinne eines Arbeitsbündnisses, eines Zusammenwirkens von menschlicher und Künstlicher Intelligenz zu fördern.

Bevor Kruse auf ethische Dilemmata dieser medizin-technischen Neuerungen, die gerade alternden Menschen zugutekommen sollen, einging, skizzierte er

kurz die Altersbiografie von Johann Sebastian Bach, im Besonderen das vor-
getragene Präludium mit Fuge cis-Moll aus dem wohltemperierten Klavier,
mit Assoziationen zur *Kunst der Fuge*. Wie sehr deutlich wurden in Kruses
Erschließung die das Altern kennzeichnende Introversion und Introspektion?!

Den Bereich der Gerontologie überschreitend widmete sich Kruse schließlich
den Prinzipien der ethischen Bewertung digitaler Technologien in der unterstützenden und kompensierenden Betreuung und medizinischen Behandlung
gerade alternder Menschen: der angestrebten Wahrung der Autonomie mit
Selbstbestimmung, der Privatheit, dem körperlichen und seelischen Schutz, die
Sorge um Sinn und Achtung der Würde, der Vulnerabilität. Zu achten sei auch
die grundsätzliche Bezogenheit des Menschen auf Mitmenschen, die Angemessenheit medizinischer und pflegerischer Maßnahmen. Die Nutzung der
Roboter- und Kommunikationstechnologie verlangt in hohem Maße die ver-
ständliche Erklärung, Begründung und Rechtfertigung; sie darf nicht zu erhöter
Isolation und Vereinsamung führen. Es geht darin um eine besonnene triadische
Kooperation der betreuten Person mit Pflegenden und Behandelnden und den
Maschinen. Auch sollten primäre Bezugspersonen, Angehörige, Nahestehende
einbezogen werden. Auf gesellschaftlicher Ebene sind die individuelle Bedarfs-
und die soziale Verteilungsgerechtigkeit abzuwägen.

Zentrale Zielsetzung von Kruses Vortrag war die Wahrung der Würde
und Autonomie der zur Selbst- und Weltgestaltung – als den grundlegenden
Bedürfnissen und Orientierungen des Menschen – noch fähigen, darin zu
unterstützenden Personen, auch in der zunehmend von Informations- und
Robotertechnologie mitgeprägten Betreuung alternder Menschen.

Die hier vorgelegten Beiträge über *das Zusammenwirken von natürlicher und
Künstlicher Intelligenz* zeigen, in welch fundamentaler Weise unsere Welt durch
drei große parallele, interdependente Strömungen, durch die Technisierung,
Medialisierung und Digitalisierung verändert wird: unser Verhältnis zu unserer
Mit- und Umwelt, unser menschliches Selbstverständnis, unsere moralisch-
existenzielle und juristische Autonomie. Wie sehr wird auch unser individuelles
und soziales Verhalten in gegenseitiger Verantwortung verändert durch die
immensen Möglichkeiten, die sich mit der sog. Künstlichen Intelligenz eröffnen.
Durch die Kooperation mit sog. autonomen Systemen verändert sich das
Zusammenleben nicht nur der Menschen miteinander, sondern auch mit der
von Mensch und Technik diktierten *programmierten Autonomie* der Technik
und der im Wechselverhältnis *gefesselten, interaktiv gebundenen Autonomie* des
Menschen.

Die Beiträge haben die Faszination der technischen Möglichkeiten neuer Inter-
oder Ko-aktions- und Kommunikationsformen spüren lassen. Aber: haben sie

nicht auch die Beängstigung durch den losgelassenen Zauberlehrling gezeigt? Er weist uns auf die dringend erforderliche juristische und moralische Kontrolle auf der individuellen und der sozialen Ebene, auf das notwendige Nachdenken über die Verantwortlichkeit und Rechtfertigungsfähigkeit für uns selbst, für unsere gegenwärtige Gesellschaft wie auch im Blick auf unsere Kinder und Kindeskinder, auf die Zukunft, die Verantwortung für Mensch und Natur, für Kultur und Leben.

Die Beiträge haben auch die nötige interdisziplinäre Kooperation deutlich gemacht: von der inhaltlich-thematischen Konzeptualisierung, der technischen Bereitstellung und bis zur praktischen Umsetzung und Anwendung der verschiedenen technik-, ingenieur- und naturwissenschaftlichen Entwicklungen, der Mathematik und der Informatik ebenso wie die Herausforderungen für die Sozialwissenschaften und die unabdingbare Begleitung der expansiven Entwicklung durch die normativen Disziplinen der Jurisprudenz und der Philosophie, der materialen Wert-, Verhaltens- und Handlungsethik, die auch die Zukunft im Blick haben muss. Geht es doch um Wissenschaft als menschliche Daseinsgestaltung einschließlich der Wahrung und Förderung von Kunst und Literatur, um Lebenswirklichkeit. Wir bedürfen einer im weitesten Sinne politischen Vernunft für das Gemeinwesen.

Klaus Gahl
Vizepräsident der BWG

The manufacturer's authorised representative in the EU is Springer
Nature Customer Service Centre GmbH, Europaplatz 3, 69115 Heidelberg,
Germany. If you have any concerns regarding our products, please
contact ProductSafety@springernature.com

Printed and bound by CPI Group (UK) Ltd, Croydon, CR0 4YY
24/04/2026
02096340-0003